Python
程序设计
任务驱动式教程

郑凯梅 ⊙ 编著

清华大学出版社

北京

内 容 简 介

本书对 Python 程序设计的教学内容进行了系统化设计,形成了具有 3 个学习阶段(Python 基础语法、Python 面向对象程序设计和 Python 高级应用)、14 个单元和 2 条主线(理论知识主线和编程任务主线)的体系结构。

本书内容翔实,结构合理,语言精练,表述清晰,实用性强,易于自学,主要内容包括搭建环境和运行 Python 应用程序、Python 基本语法、Python 流程控制、列表与元组、函数与模块、文件、面向对象编程、异常处理、GUI 编程、进程和线程、Python 与数据库、网络编程、Web 编程、Python 工程应用等。

本书适合作为高等学校计算机及其他理工科类专业的教材,也可以作为相关培训机构的培训教材,还可以供对 Python 程序设计感兴趣的广大读者自学时选用。

图书在版编目(CIP)数据

Python 程序设计任务驱动式教程/郑凯梅编著.—北京:清华大学出版社,2018(2022.7重印)
ISBN 978-7-302-49046-3

Ⅰ. ①P…　Ⅱ. ①郑…　Ⅲ. ①软件工具－程序设计－教材　Ⅳ. ①TP311.561

中国版本图书馆 CIP 数据核字(2017)第 295512 号

责任编辑:刘翰鹏
封面设计:傅瑞学
责任校对:袁　芳
责任印制:丛怀宇

出版发行:清华大学出版社
　　　　网　　　址:http://www.tup.com.cn,http://www.wqbook.com
　　　　地　　　址:北京清华大学学研大厦 A 座　　　　　　邮　　编:100084
　　　　社 总 机:010-83470000　　　　　　　　　　　　　邮　　购:010-62786544
　　　　投稿与读者服务:010-62776969,c-service@tup.tsinghua.edu.cn
　　　　质量反馈:010-62772015,zhiliang@tup.tsinghua.edu.cn
　　　　课件下载:http://www.tup.com.cn,010-62770175-4278

印 装 者:北京富博印刷有限公司
经　　销:全国新华书店
开　　本:185mm×260mm　　　印　张:25.25　　　字　数:612 千字
版　　次:2018 年 4 月第 1 版　　　　　　　　　　印　次:2022 年 7 月第 5 次印刷
定　　价:59.00 元

产品编号:074912-01

前言

    Python 是一种跨平台的面向对象的程序设计语言,具有简单性、易学性、开源性、可移植性、可扩展性和丰富类库支持的特点,是目前非常流行的程序设计语言之一,广泛应用于窗口界面程序开发、网络程序开发、数据库程序开发、嵌入式程序开发和机器学习开发等。

    本书特色如下所述。

    (1) 本书对 Python 程序设计的教学内容进行了系统化设计,形成了 Python 基础语法、Python 面向对象程序设计和 Python 高级应用 3 个学习阶段、14 个单元的体系结构。

    (2) 每个教学单元由理论知识、案例和任务组成。其中,理论知识和案例相融合,便于读者掌握基本编程思想和语法;任务部分将相关知识点综合应用,通过这一环节的训练,提高读者分析问题和解决问题的能力,达到学以致用的目标。

    (3) 任务环节由任务描述和任务实现组成。其中,任务实现由设计思路、源代码清单和程序运行结果组成。书中以采用相关技术解决问题和实现功能为出发点组织任务环节,让读者通过编程思路、程序开发技巧等方面逐步掌握 Python 编程相关知识,提高编程能力。

    (4) 程序代码注释详尽,有利于初学者理解程序结构和编程思想,既有启发性,又降低了学习难度。

    (5) 本书内容翔实,语言精练,结构合理,循序渐进,便于读者自学。

    初级篇——Python 基础语法:包括单元 1～单元 6。各单元具体内容如下所述。

    单元 1 简要介绍 Python 的由来、特色、开发工具、编码规范及文件类型等方面,详细介绍如何搭建 Eclipse＋Pydev 开发环境,方便初学者从零开始搭建环境。最后讲解如何开发 Python 程序,并介绍 Eclipse 开发环境的常用快捷键。

    单元 2 介绍 Python 编程基础知识,如数据类型、标识符、变量、运算符、字符串、正则表达式、数学运算等;还讲述 Python 的输入和输出,为开发程序做好准备。

    单元 3 介绍 Python 的流程控制,主要内容包括顺序结构、选择结构、循环结构及循环结构的退出,帮助读者掌握 Python 面向过程的编程技术,并能设计简单的 Python 程序。

    单元 4 介绍 Python 中常用的内置数据结构:列表、元组、字典和集合,以便读者解决一些复杂存储结构的问题。

    单元 5 介绍 Python 减少重复代码编写的解决机制——函数机制。Python 的函数机制与其他语言的函数机制差别较大,本单元详细阐述了 Python 特有的参数定义、参数传递、返回值、匿名函数、嵌套函数、高级函数、递归函数等,以及包和模块机制。读者可以根据实际情况灵活地选用适当的函数或模块机制来解决问题。

    单元 6 介绍 Python 文件、目录和 CSV 文件的操作,以便读者对文本文件、二进制文件及其他类型的文件,如电子表格文件等进行输入和输出操作。

    中级篇——Python 面向对象程序设计:包括单元 7～单元 10。各单元具体内容如下所述。

单元 7 介绍 Python 实现面向对象编程设计中的类、继承、多态、抽象类等的技术,以便读者使用面向对象的技术来解决问题。

单元 8 介绍 Python 的异常处理机制和断言机制,包括异常处理、捕获异常、抛出异常等,以便读者在高级程序设计中正确处理 Python 程序中出现的异常和错误。

单元 9 介绍 Python 图形界面开发库 Tkinter 模块和核心功能,包括界面布局、常用控件、对话框等,以便读者利用 Tkinter 模块提供的控件开发完整的、功能完备的 GUI 应用程序。

单元 10 介绍 Python 的多线程和多进程机制,包括多线程、多进程、线程之间的同步等技术,以便读者编程解决并发类的问题。

高级篇——Python 高级应用:包括单元 11～单元 14。各单元具体内容如下所述。

单元 11 介绍 Python 的数据库编程接口,主要讲述 SQLite 和 MySQL 数据库的操作方法,以便读者完成嵌入式数据库应用或信息管理类应用程序的开发。

单元 12 介绍 Python 网络编程,包括 Socket 客户端和服务器端编程、SocketServer 编程、多连接应用、FTP、电子邮件的接收和发送等,以便读者轻松开发通信类程序。

单元 13 介绍 Python 开发 Web 应用程序,包括普通 Web 表单程序设计、Tornado 服务器和 SQLAlchemy 模块,以便读者开发 MVC 模式的 B/S 结构的应用程序。

单元 14 介绍 Python 工程应用,包括 NumPy、SciPy、Matplotlib 库的应用,以便读者解决一些工程应用问题或绘制各类图表。

为满足教学和读者的需要,本书配有电子课件以及书中示例源码。需要者,请到清华大学出版社网站 http://www.tup.com.cn/下载。

由于编者水平有限,书中难免存在不足之处,恳请读者批评、指正。

编　者

2017 年 10 月

目 录

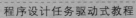

中级篇——**Python 面向对象程序设计**

高级篇——Python 高级应用

初级篇

Python基础语法

搭建环境和运行 Python 应用程序

Python 是一种跨平台的面向对象的程序设计语言，具有简单性、易学性、开源性、可移植性、可扩展性和丰富类库支持等特点，是目前非常流行的程序设计语言之一。Python 广泛应用于窗口界面程序开发、网络程序开发、嵌入式程序开发和机器学习开发等领域。Eclipse＋Pydev 是较适合初学者学习和使用的开发工具之一。

1.1 认识 Python

1.1.1 Python 的由来

1989 年，CWI（阿姆斯特丹国家数学和计算机科学研究所）的研究员 Guido van Rossum 需要一种高级脚本语言来为 Amoeba 分布式操作系统执行管理任务。他决定开发一个新的继承自高级数学语言 ABC（All Basic Code）的解释型脚本语言，并命名为 Python。该名字来源于他喜爱的 BBC 电视剧 *Monty Python's Flying Circus*。ABC 也是由 Guido 参加设计的一种为非专业程序员设计的教学语言，非常优美和强大。但是 ABC 语言没有获得成功，Guido 认为是由于非开放式造成的。他从 ABC 中汲取了大量语法，从系统编程语言 Modula-3 借鉴了错误处理机制，并且完美结合了 UNIX Shell 和 C 以及其他一些语言，设计出一种开源的面向对象的脚本语言——Python。

Python 的设计哲学是"优雅""明确""简单"。Python 开发者的哲学是"用一种方法，最好是只用一种方法来做一件事"。在设计 Python 语言时，如果面临多种选择，Python 开发者一般会拒绝复杂的语法，而选择明确没有或者很少有歧义的语法。这些准则称为"Python 格言"。

由于 Python 语言的简洁性、易读性以及可扩展性，在国外用 Python 做科学计算的研究机构日益增多，一些知名大学采用 Python 来教授程序设计课程。例如，美国卡耐基·梅隆大学的编程基础、麻省理工学院的计算机科学及编程导论就使用 Python 语言讲授。另外，众多开源的科学计算软件包都提供 Python 的调用接口，例如著名的计算机视觉库 OpenCV、三维可视化库 VTK、医学图像处理库 ITK 等。Python 专用的科学计算扩展库就更多了，例如下面 3 个十分经典的科学计算扩展库：NumPy、SciPy 和 Matplotlib，为 Python 提供了快速数组处理、数值运算以及绘图功能。因此，Python 语言及其众多的扩展库所构成的开发环境十分适合工程技术人员及科研人员处理实验数据、制作图表，甚至开发科学计算应用程序。

1.1.2　Python 的特色

Python 是一种应用较为广泛的计算机语言,具有如下特点。

(1) 简单:Python 是一种代表简单主义思想的语言。一个良好的 Python 程序阅读起来就感觉像是在读英语文章一样。Python 的这种伪代码本质,使得人们能够专注于解决问题,而不是去弄清语言本身。

(2) 易学:Python 的语法很简单,并且在使用变量之前不需要声明变量的类型。使用 Python 编程,不必像 C 语言那样关注内存空间的使用,它可以自动地进行内存分配和回收。另外,Python 提供了功能强大的内置对象和方法。

(3) 免费、开源:Python 是 FLOSS(自由/开放源码软件)之一。用户可以自由地发布该软件的拷贝,阅读源代码,进行修改,用在新的自由软件中等。用户在使用过程中不需要支付任何费用,也不存在版权问题。

(4) 可移植性:Python 被移植在许多平台上(经过改动,使它能够工作在不同平台上)。Python 程序无须修改,就可以在许多平台上运行。

(5) 解释性:Python 语言写的程序不需要编译成二进制代码。Python 程序运行时,首先由 Python 解释器把源代码转换为称为字节码的中间代码形式,然后翻译成计算机使用的机器语言并运行。

(6) 面向对象:Python 既支持面向过程的编程,也支持面向对象的编程。在面向过程编程中,Python 程序由模块或函数来构建。在面向对象编程中,Python 程序通过数据和功能组合形成的类来构建。与 C++ 和 Java 相比,Python 的面向对象编程更简单。

(7) 可扩展性:Python 的扩展接口可以把 Python 代码嵌入 C 或 C++ 程序,也可以在 Python 程序中调用使用 C 或 C++ 编写的代码。

(8) 丰富的库:Python 标准库很庞大,并且可以加载数量庞大的第三方库。因此,可以快速构建相关应用程序,如网络应用程序、数据库应用程序、多线程应用程序、GUI 界面程序等。

1.1.3　Python 的开发工具

IDE(Integration Development Environment)是指集成开发环境,以代码编辑器为核心,包括一系列周边组件和附属功能的软件开发工具。一个优秀的 IDE,除了提供普通文本编辑之外,还需要提供针对特定语言的各种快捷编辑功能,让程序员尽可能快捷、舒适、清晰地浏览、输入、修改代码。对于 IDE 来说,语法着色、错误提示、代码折叠、代码完成、代码块定位、重构,以及与调试器、版本控制系统(VCS)的集成等都是重要的功能。通过插件、扩展系统为代表的可定制框架,是 IDE 的流行趋势。

下面介绍几个流行的 IDE 工具。

IDLE 是 Python 标准发行版内置的一个简单、小巧的 IDE,包括交互式命令行、编辑器、调试器等基本组件,足以应付大多数简单应用。IDLE 是用纯 Python 基于 Tkinter 编写的,其最初的作者正是 Python 之父 Guido van Rossum 本人。

PythonWin 是 Python Win32 Extensions(半官方性质的 Python for Win32 增强包)的一部分,也包含在 ActivePython 的 Windows 发行版中,但它只能用于 Win32 平台。

PythonWin 是一个增强版的 IDLE,尤其是在易用性方面。除了易用性和稳定性之外,(简单的)代码完成和更强的调试器都是相较于 IDLE 的明显优势。

MacPythonIDE 是 Python Mac OS 发行版内置的 IDE,可以看作是 PythonWin 的 Mac 版本,由 Guido 的哥哥 Just van Rossum 编写。

Emacs 和 Vim 是功能非常强大的文本编辑器,与同类的通用文本编辑器,如 UltraEdit 相比,其优势在于强大的扩展功能,可以有针对性地搭建出更加完整、便利的 IDE。

Emacs 和 Vim 是"编程利器",掌握其使用方法之后,用户将受益匪浅,但是这两个 IDE 的设计理念都是基于纯 ASCII 码环境,需要大量记忆并使用快捷键才能获得最大的便利。

Eclipse 是新一代优秀泛用型 IDE。虽然它基于 Java 技术开发,但出色的架构使其具有不逊于 Emacs 和 Vim 的可扩展性,是许多程序员目前喜爱的集成开发环境。

PyDev 是 Eclipse 上的 Python 开发插件中最成熟和完善的,并且还在持续开发中。除了 Eclipse 平台提供的基本功能之外,PyDev 的代码完成、语法查错、调试器、重构等功能都相当出色,在开源产品中是最强大的。但其速度和资源占用是缺陷,在低配置机器上运行速度慢。

UliPad 是国内知名的 Pythoner,是 PythonCN 社区核心成员 limodou 开发的 IDE。

初学者应首选 IDLE、PythonWin 或 MacPython,其次是 Emacs、Vim 或 Eclipse+PyDev。Emacs 或 Vim 是强大且通用的解决方案,实践中采用哪一个,取决于用户熟悉哪个环境。本书中的案例使用的环境是 Eclipse+PyDev。

1.1.4　Python 文件类型

Python 文件类型分为 3 种,分别是源代码、字节代码和优化代码。这些代码可以直接运行,不需要编译或者链接。这正是 Python 语言的特性。Python 文件通过 Python 解释器解释运行。在 Windows 环境中必须有 python.exe 与 pythonw.exe,只要正确设置环境变量,即可运行 Python 程序。

1. 源代码

Python 源代码文件的扩展名是.py,可在控制台下运行。Python 程序不需要编译成二进制代码,可以直接运行源代码。pyw 文件是 Windows 下开发图形用户接口(Graphical User Interface)的源文件,作为桌面应用程序的扩展名。这种文件专门用于开发图形界面,pythonw.exe 负责解释运行。以.py 和.pyw 为扩展名的文件可以用文本编辑工具打开,并修改文件的内容。

2. 字节代码

Python 源文件经过编译后生成以.pyc 为扩展名的文件。PYC 文件是字节码文件,不能使用文本编辑工具打开或修改。PYC 文件与平台无关,因此 Python 程序可以运行在 Windows、UNIX、Linux 等操作系统中。PY 文件直接运行后,即可得到 PYC 文件,或通过脚本生成该类型的文件。

运行下面这段脚本,可以把 hello.py 编译为 hello.pyc。

```
import py_compile
py_compile.compile('hello.py')
```

3. 优化代码

扩展名为.pyo 的文件是经过优化的源文件。PYO 类型的文件需要用命令行工具生成，也不能使用文本编辑工具打开或修改。利用 python-O-m 命令，可以把 hello.py 编译成 hello.pyo。

(1) 启动命令行窗口，进入 hello.py 文件所在的目录。

(2) 在命令行中输入 python-O-m py_compile hello.py，并按 Enter 键。

查看 hello.py 文件所在的目录，其中出现一个名为 hello.pyo 的文件。

1.1.5 Python 编码规范

1. 代码的布局

1）缩进

使用默认值：4 个空格表示 1 个缩进层次。

2）行的最大长度

将行限制在最大 80 个字符。折叠长行的首选方法是使用 Python 支持的圆括号、方括号和花括号内的行延续。如果需要，可以在表达式周围增加一对额外的圆括号，也可以使用反斜杠，并确认恰当地缩进了延续的行。

3）空行

用 2 行空行分隔顶层函数和类的定义。类内方法的定义用单个空行分隔，额外的空行可用于分隔相关函数组成的群。当空行用于分隔方法的定义时，在 class 行和第一个方法定义之间也要有一个空行。

2. 导入

通常应该在单独的行中导入模块。

imports 通常放置在文件的顶部，位于模块注释和文档字符串之后，在模块的全局变量和常量之前。建议使用如下导入顺序，并在每组导入之间添加一个空行：

导入标准库→导入相关库→导入特定应用

3. 运算符

最好在下面这些二元运算符的两边各放置一个空格：赋值（＝）、比较（＝＝、＜、＞、！＝、＜＞、＜＝、＞＝、in、not in、is、is not）及布尔运算（and、or、not）。

4. 注释

当要修改代码时，始终优先更新注释。非英语国家的 Python 程序员最好用英语书写注释，以便于阅读。

注释块应该与代码有着相同的缩进层次。在注释块中，每行以 ♯ 和一个空格开始。注释块内的段落以仅含单个 ♯ 的行分隔。注释块上、下方最好有一个空行包围。

行内注释是和语句在同一行的注释。行内注释应尽量少用。行内注释应该至少用两个空格和语句分开，且以 ♯ 和单个空格开始。

5. 命名约定

(1) 所有单词的首字母都大写，如 CapitalizedWords（或 CapWords、CamelCase），其优点是可以从字母的大小写分出单词；也可以第一个单词的字母小写，其后所有单词的首字母大写，如 mixedCase。

（2）带有下划线的首字母大写，如 Capitalized_Words_With_Underscore。

（3）用较短的特别前缀将相关的名字组合在一起。例如，os. stat()函数返回一个元组，其元素名如 st_mode、st_size、st_mtime 等。

（4）以下划线作为前导或结尾，如下所示。

① _single_leading_underscore（单个下划线作前导）：弱的"内部使用（internal use）"标志。例如，"from M import ＊"不会导入以下划线开头的对象。

② single_trailing_underscore_（单个下划线结尾）：用于避免与 Python 关键词的冲突。例如，"Tkinter. Toplevel(master,class_ ＝ 'ClassName')"。

③ __double_leading_underscore（双下划线）：从 Python 1.4 起，为类的私有属性名。

（5）不要用字符 l、O（大写字母 O）或 I 作为单字符的变量名。在某些字体中，这些字符不能与数字 1 和 0 很好地区分。

（6）模块名应该是不含下划线的、简短的、小写的名字。因为模块名被映射到文件名，有些文件系统大小写不敏感，并且截短长名字。

（7）类名使用 CapWords 约定。内部使用的类外加一个前导下划线。

（8）全局变量名用一个下划线作为前缀来防止其被导出。

（9）函数名使用小写字母，并使用下划线风格单词，以增加可读性。

（10）方法名和实例变量通常使用小写单词。必要时，用下划线分隔，以增加可读性。使用两个前导下划线表示的是类中的私有属性的名字。

1.2 Python 程序开发环境的搭建与配置

任务 1-1　Python 程序开发环境的搭建与配置

Python 环境的搭建可分为以下 4 个步骤，具体可扫描二维码阅读并参照操作。

（1）安装并配置 JDK8。

（2）安装并配置 Eclipse。

（3）下载并安装 Python 3.6。

（4）下载并安装 PyDev 插件。

任务 1-1 Python 程序开发
环境的搭建与配置.pdf

1.3 Eclipse 集成开发环境使用

任务 1-2　编写第一个程序 Hello World

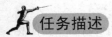 任务描述

在搭建好的开发环境中编写第一个 Python 程序。

任务实现

（1）打开 Eclipse，在菜单栏中，选择 File→New→Pydev→Project 命令，然后在窗口中选择 PyDev Project。可以创建三种项目，选择 PyDev Project，如图 1-1 所示。

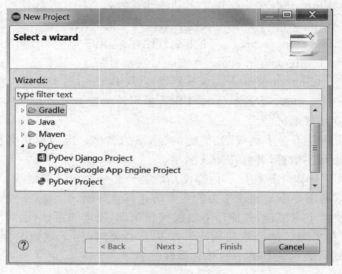

图 1-1　创建 Python 项目

（2）单击 Next 按钮，打开如图 1-2 所示对话框。在 Project name 文本框中输入项目名称 PythonTest，并选择相应的项目类型为 Python，所使用的 Python 语法版本为 3.6，选用 Python 解释器，然后单击 Next 按钮。

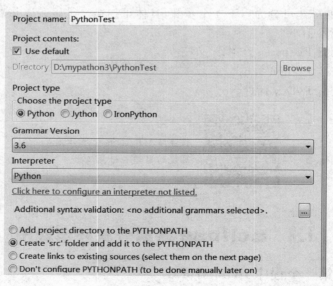

图 1-2　新建 Python 项目

（3）创建成功后，打开如图 1-3 所示项目管理器。在左边的视图窗口中，右击 src 图标，然后选择 New→PyDev Package 命令，在弹出的对话框中输入新的包名，如图 1-4 所示。系

统将自动生成 __init__.py 文件,该文件不包含任何内容。

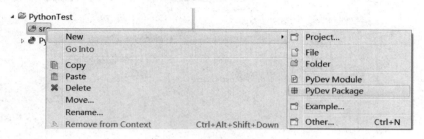

图 1-3　新建一个 Python 包

图 1-4　输入新的包名

（4）右击新创建的包,然后选择 New→PyDev Module,创建一个新的 Python 模块,名字为 Hello,如图 1-5 所示。最后,单击 Finish 按钮。

图 1-5　创建新的模块

（5）在 Hello.py 文件中输入语句 print('hello world'),然后单击"运行"按钮,得到输出结果,如图 1-6 所示。

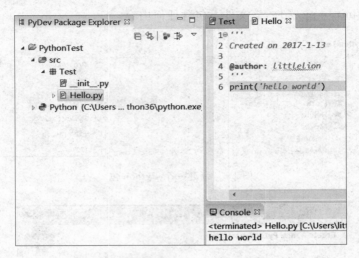

图 1-6　编辑和运行第一个 Python 程序

 Eclipse 集成开发环境常用
快捷键. pdf

1.4　习　　题

（1）简述 Python 的发展。

（2）简述 Python 的特点。

（3）简述 Python 编码规范。

（4）在自己的计算机上搭建 Python 开发环境。

（5）编写一个 Python 程序，用于输出学号、姓名和专业。

Python 基础语法

Python 语法简单易学,最基本的语法包括数据类型、标识符、变量、运算符和语句等。Python 中的字符串类型功能强大,不仅提供了大量的函数用于处理常规字符串,还提供了功能强大的正则表达式用于完成字符串的匹配运算。

2.1 基本数据类型

程序设计的基础是数据类型,不同的数据类型有不同的运算规则和处理方式。对于普通任务,使用 Python 内置的数据类型即可。

Python 中的基本数据类型主要分两种,即数值数据类型和字符串数据类型。与其他高级语言(如 C 和 Java)不同,Python 的数据类型一般不用于定义变量,而是根据赋值给变量的数据来自动确定变量的类型,然后分配相应的存储空间。

Python 使用对象模型来存储数据,每一个数据类型都有一个相对应的内置类。新建一个数据,实际就是初始化并生成一个对象,即所有数据都是对象。

Python 中的对象有下述 3 个特性。

(1) 标识:对象的内存地址,可以使用函数 id()来获得。

(2) 类型:决定了该对象可以保存什么值,可执行何种操作,需遵循什么规则,可以使用函数 type()来获取。

(3) 值:内存空间中保存的真实数据。

2.1.1 数值

Python 数值数据类型用于存储数值,其最大特点是不允许改变。如果改变数值数据类型的值,将导致重新分配内存空间。

Python 3 支持 int、float、bool、complex(复数)等几种数值数据类型。

(1) 整型(int):整型数据可以是正整数或负整数,无小数点。Python 3 中的整型数据是没有大小限制的,可以作为 long 类型使用。

整型数据的 4 种表现形式如下所述。

① 二进制:以 0b 开头,例如,0b11011 表示十进制的 27。

② 八进制:以 0o 开头。例如,0o33 表示十进制的 27。

③ 十进制:正常显示。

④ 十六进制:以 0x 开头。例如,0x1b 表示十进制的 27。

这 4 种进制数据的转换,通过 Python 中的内置函数 bin()、oct()、int()、hex()来实现。

(2) 浮点型(float):浮点型数据由整数部分和小数部分组成。浮点型常量也可以使用科学计数法表示,如 $2.5e2 = 2.5 \times 10^2 = 250$。

(3) 布尔型(bool):布尔型数据的运算结果是常量 True 或 False。这两个常量的值是 1 和 0,可以和数值型数据进行运算。

(4) 复数(complex):复数由实数部分和虚数部分构成,可以用 a+bj,或者 complex(a,b) 表示。复数的实部 a 和虚部 b 都是浮点型数据。

> **注意**
>
> (1) 通过调用 float()函数,可以显式地将 int 类型数据强制转换为 float 类型数据。
>
> (2) 通过调用 int()函数,可以将 float 类型数据强制转换为 int 类型数据。执行 int()函数,将进行取整运算,而不是四舍五入运算。
>
> (3) 通过调用 type()函数,可以得到任何值或变量的数据类型。
>
> (4) 通过调用 isinstance()函数,可以判断某个值或变量是否为给定的类型。
>
> (5) complex(x)将 x 转换为复数,实数部分为 x,虚数部分为 0。complex(x,y) 将 x 和 y 转换为复数,实数部分为 x,虚数部分为 y。x 和 y 是数字表达式。

【例 2-1】 数值数据类型及转换测试。程序代码如下:

```
a,b,c,d = 20,3.5,False,5 + 6j
print(type(a),type(b),type(c),type(d))          #输出每个数据的类型
e = 201700000002017000002017
f = e + 5
print(e)                                         #输出很大的整数
print(f)
g = 2.17e + 18
print(g)                                         #输出浮点数
print(bin(26),oct(26),hex(26))                   #输出十进制数所对应的其他进制的值
print(oct(0x26),int(0x26),bin(0x26))
print(int(35.8),float(23))                       #使用函数转换数据类型
print(isinstance(24,float))                      #判断数据是否是某个数据类型
print(complex(5))                                #整数转换为复数
print(complex(3,4))
```

例 2-1 运行结果.txt

2.1.2 字符串

Python 中的字符串是用单引号(')、双引号(")或三引号(''')括起来,同时使用反斜杠(\)转义特殊字符的一段文字。字符串是一个有序字符的集合,用于存储和表示基本的文本

信息,但是它只能存放一个值,一经定义,不可改变。

注意

（1）反斜杠可以用来转义；在反斜杠前使用 r,可以让反斜杠不发生转义。

（2）字符串可以用＋运算符进行字符串连接,用 ＊ 运算符进行字符串重复。

（3）Python 中的字符串有两种索引方式,即从左往右从 0 开始,和从右往左从 －1 开始。

（4）反斜杠可以作为续行符,表示下一行是上一行的延续；还可以使用"""…"""或者'''…'''跨越多行。

（5）可以对字符串进行切片来得到子串。切片的语法是用冒号分隔两个索引,形式为

字符串变量[头下标:尾下标]

（6）字符串不能被改变。向一个索引位置赋值,比如 word[0] ＝ 'm',会导致错误。

（7）find()函数用于在一个较长的字符串中查找子字符串,返回子串所在位置的最左端索引。如果没有找到,返回－1。

（8）lower()函数返回字符串的小写字母表示,upper()函数返回字符串的大写字母表示。

（9）replace()函数返回某个字符串的所有匹配项均被替换之后的字符串。

若字符串中包含特殊含义的符号,需要使用转义字符。常见的转义字符如表 2-1 所示。

表 2-1　常见的转义字符

转义字符	含　义	转义字符	含　义
\'	单引号	\v	纵向制表符
\"	双引号	\r	回车符
\a	发出系统响铃声	\f	换页符
\b	退格符	\o	八进制数代表的字符
\n	换行符	\x	十六进制数代表的字符
\t	横向制表符	\000	终止符,\000 后的字符串全部忽略

【例 2-2】 字符串数据类型测试。测试代码如下:

```
mystr = 'I \' am a student'
print(mystr,type(mystr),len('My major is computer.'))
print('c:\\address\name')
print(r'c:\\address\name')
print('hello,' + mystr,mystr * 2)
print(mystr[3:5])
print(mystr + '\
    My major is computer')
print(mystr.find('am'))
print(mystr.lower(),mystr.upper())
print(mystr.replace('student','teacher'))
```

例 2-2 运行结果.txt

Python 中提供了大量的字符串操作函数。常用字符串操作函数如表 2-2 所示。

表 2-2　常用字符串操作函数一览表

字符串函数名	功 能 描 述
len(str)	获取字符串 str 的长度,即字符串中字符的个数
strcpy(str1,str2)	复制字符串
strcat(str1,str2)	连接两个字符串
strcmp(str1,str2)	比较两个字符串的大小
S.find(substr,[start,[end]])	返回 S 中出现 substr 的第一个字母的索引;如果 S 中没有 substr,返回-1
S.index(substr,[start,[end]])	返回 S 中出现 substr 的第一个字母的索引;只是在 S 中没有 substr 时,返回一个运行时错误
S.rfind(substr,[start,[end]])	返回 S 中最后出现的 substr 的第一个字母索引;如果 S 中没有 substr,返回-1
S.rindex(substr,[start,[end]])	返回 S 中最后出现 substr 的第一个字母的索引;只是在 S 中没有 substr 时,返回一个运行时错误
S.count(substr,[start,[end]])	计算 substr 在 S 中出现的次数
S.replace(oldstr,newstr,[count])	把 S 中的 oldstr 替换为 newstr。count 为替换次数
S.strip([chars])	把 S 中前、后由 chars 指定的特殊字符全部去掉
S.expandtabs([tabsize])	把 S 中的 tab 字符替换为空格,每个 tab 替换为 tabsize 空格
S.split([sep,[maxsplit]])	以 sep 为分隔符,把 S 分隔成一个列表对象
S.splitlines([keepends])	按照行分隔符,把 S 分隔成一个列表对象
S.join(seq)	返回通过指定字符连接序列中所有元素后所生成的新字符串
S.swapcase()	字符串 S 大小写互换
S.capitalize()	字符串 S 首字母大写
str.strip()	去掉字符串 S 两边的空格
str.lstrip()	去掉字符串 S 左边的空格
str.rstrip()	去掉字符串 S 右边的空格
S.encode([encoding,[errors]])	对字符串 S 编码
S.decode([encoding,[errors]])	对字符串 S 解码
S.startwith(prefix[,start[,end]])	判断字符串是否以 prefix 开头
S.endwith(suffix[,start[,end]])	判断字符串是否以 suffix 结尾
S.isalnum()	判断字符串 S 是否全是字母和数字,并至少有一个字符
S.isalpha()	判断字符串 S 是否全是字母,并至少有一个字符
S.isdigit()	判断字符串 S 是否全是数字,并至少有一个数字
S.isspace()	判断字符串 S 是否全是空白字符,并至少有一个空格
S.islower()	判断字符串 S 中的字母是否全是小写
S.isupper()	判断字符串 S 中的字母是否全是大写
S.istitle()	判断字符串 S 是否是首字母大写的
S.rjust(width)	获取固定长度,右对齐,左边不够用空格补齐
S.ljust(width)	获取固定长度,左对齐,右边不够用空格补齐
S.center(width)	获取固定长度,中间对齐,两边不够用空格补齐
S.zfill(width)	获取固定长度,右对齐,左边不够用 0 补齐

【例 2-3】 字符串函数使用举例。程序代码如下：

```
mystr = 'PythonInteresting'
print('字符串字符大小写变换函数示例：')
print('%s lower = %s' % (mystr,mystr.lower()))
print('%s upper = %s' % (mystr,mystr.upper()))
print('%s swapcase = %s' % (mystr,mystr.swapcase()))
print('%s capitalize = %s' % (mystr,mystr.capitalize()))
print('%s title = %s' % (mystr,mystr.title()))
print('字符串格式相关函数示例：')
print('%s ljust = %s' % (mystr,mystr.ljust(20)))
print('%s rjust = %s' % (mystr,mystr.rjust(20)))
print('%s center = %s' % (mystr,mystr.center(20)))
print('%s zfill = %s' % (mystr,mystr.zfill(20)))
print('字符串搜索相关函数示例：')
print('%s find on = %d' % (mystr,mystr.find('on')))
print('%s find t = %d' % (mystr,mystr.find('t')))
print('%s find t from %d = %d' % (mystr,1,mystr.find('t',1)))
print('%s find t from %d to %d = %d' % (mystr,1,2,mystr.find('t',1,2)))
print('%s rfind t = %d' % (mystr,mystr.rfind('t')))
print('%s count t = %d' % (mystr,mystr.count('t')))
print('字符串替换相关函数示例：')
print('%s replace t to * = %s' % (mystr,mystr.replace('t','&')))
print('%s replace t to * = %s' % (mystr,mystr.replace('t','&',1)))
print('字符串分隔相关函数示例：')
mynewstr = 'apple banana orange peach'
print('%s strip = %s' % (mynewstr,mynewstr.split()))
mynewstr = 'apple;banana;orange;peach'
print('%s strip = %s' % (mynewstr,mynewstr.split(';')))
print('字符串判断相关函数示例：')
print('%s startwith t = %s' % (mystr,mystr.startswith('P')))
print('%s endwith d = %s' % (mystr,mystr.endswith('m')))
print('%s isalnum = %s' % (mystr,mystr.isalnum()))
print('%s isalnum = %s' % (mystr,mystr.isalnum()))
print('%s isalpha = %s' % (mystr,mystr.isalpha()))
print('%s isupper = %s' % (mystr,mystr.isupper()))
print('%s islower = %s' % (mystr,mystr.islower()))
print('%s isdigit = %s' % (mystr,mystr.isdigit()))
strnew = '3478'
print('%s isdigit = %s' % (strnew,strnew.isdigit()))
```

例 2-3 运行结果.txt

2.1.3 变量

Python 是一种动态类型语言，在赋值过程中可以绑定不同类型的值。这个过程叫作变量赋值操作，赋值时才确定变量的类型。

Python 中的变量不需要声明，但是每个变量在使用前必须赋值。只有变量赋值后，才会创建该变量并分配内存空间。在 Python 中的变量没有类型。所说的"类型"，是变量所指的内存中对象的类型。变量命名规范如下：

（下划线或字母）＋（任意数目的字母、数字或下划线）

变量名必须以下划线或字母开头，后面跟任意数目的字母、数字或下划线。

注意

（1）变量名由字母、数字、下划线组成，但是数字不能作为开头。

（2）系统关键字不能作为变量名使用。

（3）除了下划线之外，其他符号不能作为变量名使用。

（4）Python 的变量名是区分大小写的。

（5）尽量使用有意义的单词作为变量名，多个单词之间可以用下划线分隔；或者除第一个单词外，其余单词的首字母用大写来命名。

（6）前、后有下划线的变量名（_X_）是系统定义的变量名，对解释器有特殊意义。

（7）变量的赋值方式如下所述。

① 普通赋值：y＝1

② 链式赋值：y＝x＝a＝1

③ 多元赋值：x,y＝1,2　　x,y＝y,x

④ 增量赋值：x＋＝1

（8）Python 是弱类型的，即变量的类型不是一成不变的，当给变量赋其他类型的值时，变量的类型随之相应地改变。

任务 2-1　信息查找

任务描述

编写一个 Python 程序，用字符串保存 5 位学生的姓名以及手机和邮箱信息，用分号分隔每位学生。输入姓名，显示该学生的所有信息。

任务实现

1. 设计思路

把信息保存在字符串中，利用字符串查找函数 find() 找到对应学生信息的起始索引，由于不同学生的信息用分号分隔，因此再找到从起始索引开始的第一个分号的位置，即相应的学生信息的末尾索引，最后输出结果。

2. 源代码清单

程序代码见表 2-3。

表 2-3　任务 2-1 程序代码

♯程序名称 task2_1.py	
序号	**程序代码**
1	♯用字符串保存所有学生信息,末尾的\表示本行未结束,是续行符
2	address = "李明13567102011 liming@126.com;\
3	刘东13667102012 liudong@163.com;\
4	张晓 13584023115 zhangxiao@sina.com;\
5	陈旭阳 18884026791 chenxuyang@sohu.com;\
6	欧阳贝贝 15840236688 ouyangbeibei@sina.com;"
7	name = input("请输入要查找的姓名:")　　♯从键盘输入要查找的姓名
8	start = address.find(name)　　♯记录找到信息的起始索引
9	temp = address[start:]　　♯截断字符串
10	end = temp.find(";") + start　　♯记录找到信息的末尾索引
11	print(address[start:end])　　♯输出结果

任务 2-1 运行结果举例.txt

2.1.4　正则表达式

正则表达式 RE(Regular Expression)是定义模式的字符串,其本质是字符串,主要用来匹配目标字符串,以找到匹配的字符串,并对其进行处理,如替换、分隔等。正则表达式匹配语法如表 2-4 所示。

表 2-4　正则表达式匹配语法一览表

语　　法	说　　明	语 法 实 例	匹配字符串
普通字符	匹配自身	ant	ant
.	匹配除换行符\n外的任意字符	a. t	act
\	转义字符	\\ant	\ant
[...]	匹配方括号[]中间的任何一个字符。[]是字符集,可以将所有可以匹配的字符列在里面,也可以指定范围,还可以将这两种混用。第一个字符如果是^,表示取反	[ant]	n
		[a-z]	a~z 任何字符
		[^ant]	除 ant 之外的其他字符
\d	数字:[0-9]	ant\d	ant8
\D	非数字:[^\d]	ant\D	ants
\s	空白字符	a\snt	a nt
\S	非空白字符	a\Snt	amnt
\w	单词字符:[a-zA-z0-9]	a\wnt	amnt

续表

语　法	说　明	语　法　实　例	匹配字符串
\W	非单词字符：[^w]	a\Wnt	a nt
*	匹配前一个字符任意次(包括 0)	ant *	an
+	匹配前一个字符至少一次	ant＋	ant
?	匹配前一个字符 1 次或 0 次	ant?	an 或 ant
{m}	匹配前一个字符 m 次	an{2}t	annt
{m,n}	匹配前一个字符 m~n 次。无 m,匹配 0~n 次；无 n,匹配到与 m 之间的任意次	an{1,2}t	ant annt
^	匹配字符串开头	^ant	ant
$	匹配字符串末尾	ant$	ant
\A	仅匹配字符串开头	\Aant	ant
\Z	仅匹配字符串末尾	Ant\Z	ant
|	左、右表达式任意匹配一个	ant|cmd	cmd
(…)	括起来的表达式作为分组,每遇到分组的左括号,加 1,作为分组编号	(ant){2}	antant
(P<name>…)	分组,并除编号外增加一个别名	(?P<n1>ant){2}	antant
\<number>	引用 number 编号的分组来匹配	(\d)ant\1	6ant6
(?P=name)	引用 name 别名的分组来匹配	(?P<n1>\d)a(?P=n1)	2a2
(?…)	不分组	(?ant){2}	antant
(?♯…)	♯之后的内容是注释	ant(?♯mayi)123	ant123
(?=…)	之后的字符串匹配,则成功	a(?=\d)	后面是数字的 a
(?!…)	之后的字符串不匹配,则成功	a(?!\d)	后面不是数字的 a
(?<=…)	之前的字符串匹配,则成功	(?<=\d)a	前面是数字的 a
(?<!…)	之前的字符串不匹配,则成功	(?<!\d)a	前面不是数字的 a

在 Python 中使用正则表达式,需要引入 re 模块。该模块中的常用函数介绍如下。

1. re. compile()函数

使用正则表达式之前,需要将自定义的模式编译为正则表达式对象(也称模式对象),这个对象代表了模式对应的正则表达式。匹配时,可以调用其 match()和 search()方法。

re 模块中编译正则表达式对象的函数为 re. compile()。例如 p1＝re. compile('abc * '),p1 就是经过编译得到的正则表达式对象。

函数语法:

```
re.compile(pattern, flags = 0)
```

参数说明:pattern 是匹配的正则表达式;flags 是标志位,控制匹配的方式。

compile()函数中的 flag 取值如表 2-5 所示。

表 2-5　**compile 函数中的 flag 取值**

flag 取值	含　义
re. A re. ASCII	\w、\W、\b、\B、\d、\D、\s 以及\S 只进行 ASCII 匹配
re. DEBUG	显示编译的表达式的 debug 信息
re. I re. IGNORECASE	匹配时,不区分大小写

续表

flag 取值	含　义
re. M re. MULTILINE	^'匹配整个字符的开始以及每一行字符串的开始。'$'匹配整个字符串的结尾以及每一行字符串的结尾
re. S re. DOTALL	'.'匹配包括换行符在内的任何一个字符
re. x re. VERBOSE	写传递给 compile()的 pattern 参数时进行换行、注释

2．re. match()函数

re. match()函数尝试从字符串的起始位置匹配一个模式。匹配成功,re. match()函数返回一个匹配的对象,否则返回 None。

函数语法:

```
re. match(pattern, string, flags = 0)
```

参数说明:pattern 是匹配的正则表达式;string 是进行匹配的目标串;flags 是标志位,控制正则表达式的匹配方式,如是否区分大小写、多行匹配等。

3．re. search()函数

re. search()函数扫描整个字符串并返回第一个成功的匹配。匹配成功,返回一个匹配的对象,否则返回 None。

函数语法:

```
re. search(pattern, string, flags = 0)
```

参数含义同 re. match()函数。

4．re. findall()函数

re. findall()函数返回的总是正则表达式在字符串中所有匹配结果的列表。

函数语法:

```
re. findall(pattern, string[, flags])
```

参数含义同 re. match()函数。

5．re. sub()函数

re. sub()函数用于替换字符串中的匹配项。

函数语法:

```
re. sub(pattern, repl, string, count = 0, flags = 0)
```

参数说明:pattern 是正则表达式中的模式字符串;repl 是替换的字符串,也可为一个函数;string 是要被查找替换的原始字符串;count 是模式匹配后替换的最大次数,默认为0,表示替换所有的匹配。

任务 2-2　电子邮箱格式检测

任务描述

编写一个 Python 程序,检测电子邮箱格式是否正确。

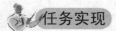

任务实现

1. 设计思路

用户从键盘输入邮箱,构造邮箱检测正则表达式,调用 re.match() 函数进行检测并输出结果。

2. 源代码清单

程序代码如表 2-6 所示。

表 2-6　任务 2-2 程序代码

#程序名称 task2_2.py

序号	程序代码	
1	import re	#导入 re 模块
2	p = re.compile(r'^[\w\d] + [\d\w_.] + @([\d\w] +)\.	
3	([\d\w] +)(?:\.[\d\w] +)? $ |^(?:\ + 86)?(\d{3})	
4	\d{8} $ |^(?:\ + 86)?(0\d{2,3})\d{7,8} $ ')	#邮箱检测正则表达式
5	email = input("请输入邮箱: ")	#输入邮箱
6	m = p.match(email)	#匹配检测
7	print(m.group())	#输出结果,m.group()返回所有匹配的结果

任务 2-2 运行结果举例.txt

任务 2-3　电话号码检测

任务描述

编写一个 Python 程序,输入学生信息,并检测输入的电话号码格式是否正确。

任务实现

1. 设计思路

用户从键盘输入学生信息,先用正则表达式提取所有的数字,然后构造电话号码检测的正则表达式,调用 match() 函数进行检测并输出结果。

电话号码检测正则表达式为:

`'^0\d{2,3}\d{7,8} $ |^1[358]\d{9} $ |^147\d{8}'`

只考虑国内情况,电话号码匹配正则表达式规则说明如下:

(1) ^0\d{2,3},固定电话区号是 3 或 4 位数字,以 0 开头。

(2) d{7,8} $,固定电话号码一般是 7 或 8 位数字。

(3) 国内手机号码是 11 位数字,除了 147 号码段,其他的都只考虑前两位。

2. 源代码清单

程序代码如表 2-7 所示。

表 2-7　任务 2-3 程序代码

♯程序名称 task2_3.py	
序号	程 序 代 码
1	import re　♯导入 re 模块
2	address = "李明 13530315051 liming@126.com; \
3	刘东 13791072536 liudong@163.com; \
4	张晓 18667676767 zhangxiao@sina.com; \
5	陈旭阳 18884026791 chenxuyang@sohu.com; \
6	欧阳贝贝 15840236688 ouyangbeibei@sina.com;"　♯构造用户信息字符串
7	p1 = re.compile(r'\d + ')　♯构造检测字符串中数字的正则表达式
8	♯用 findall() 函数检测出字符串中的所有数字,并存入元组变量 phone
9	phone = p1.findall(address)
10	♯输出提取到的所有数字信息
11	print(phone)
12	♯构造电话号码检测的正则表达式
13	p2 = p2 = re.compile('^0\d{2,3}\d{7,8} $ |^1[358]\d{9} $ |^147\d{8}')
14	♯利用循环结构检测每一个提取的数字
15	for e in phone:　　　　　♯循环结构,冒号不要丢掉
16	♯对当前索引的数字,检测是否是电话号码.如果 m 为空,则不是
17	m = p2.match(e)
18	if(m):　♯选择结构,冒号不要丢掉
19	♯m 非空,输出匹配的电话号码
20	print(p2.match(e).group())

任务 2-3 运行结果举例.txt

2.2　运算符与表达式

　　Python 运算符包括赋值运算符、算术运算符、关系运算符、逻辑运算符、位运算符、成员运算符。表达式是将不同类型的数据(常量、变量、函数)用运算符按照一定的规则连接起来的式子。

2.2.1　算术运算符与算术表达式

　　Python 支持的算术运算符如表 2-8 所示。

表 2-8 Python 支持的算术运算符

运 算 符	操 作	实 例
+	加法	5+2 结果是 7
−	减法	5−2 结果是 3
*	乘法	5*2 结果是 10
/	除法	5/2 结果是 2.5
%	取余	5%2 结果是 1
**	幂(指数)	5**2 结果是 25
//	整除	5//2 结果是 2

上述算术运算符的优先级如表 2-9 所示,表中优先级由低到高排列。

表 2-9 算数运算符的优先级

运 算 符	操 作
+、−	加法和减法
*、/、//、%	乘法、除法、整除、取余
+x、−x	正号和负号
**	幂
()	括号

算术表达式是常量、变量、函数和算术运算符的任意组合,并且表达式的运算结果是一个数值。

> **注意**
>
> (1) 一个单独的常量或变量是表达式的一种特殊形式。
>
> (2) 表达式中使用的常量不可以出现逗号、美元符号和百分号。
>
> (3) 表达式中不能出现未使用运算符连接的独立常量或变量。
>
> (4) 不同类型的数值参与运算时,会发生强制类型转换。例如,一个整数和一个浮点数相加时,首先把整数转换为浮点数,运算结果也是浮点数。

任务 2-4 计算圆锥体的体积和表面积

任务描述

编写一个 Python 程序,计算任意圆锥体的体积和表面积。

任务实现

1. 设计思路

从键盘接收两个数据——圆锥体底面半径和高,存入相应的变量,然后根据公式 $S = \pi r L + \pi r^2$,$L^2 = r^2 + h^2$,$V = \dfrac{1}{3}\pi r^2 h$ 来计算,最后输出结果。其中,圆周率和开方运算调用

math 模块中的函数来完成。

2. 源代码清单

程序代码如表 2-10 所示。

表 2-10 任务 2-4 程序代码

♯程序名称 task2_4.py

序号	程 序 代 码
1	import math ♯引入数学函数模块
2	print("即将计算圆锥体的表面积和体积,请输入相关数据")
3	♯ input()函数输入的数据是字符串类型,因此需要用 float()转换为浮点型
4	radius = float(input("请输入圆锥体的半径: "))
5	height = float(input("请输入圆锥体的高: "))
6	♯math.pi 是圆周率常数,math.sqrt()是开根号函数,末尾\表示本行未完
7	sarea = math.pi * radius * math.sqrt(radius ** 2 + height ** 2)\
8	+ math.pi * radius ** 2
9	volume = 1/3 * math.pi * radius ** 2 * height
10	♯{0: 0.2f}用于对输出数据占位并规定输出格式,小数点后输出 2 位
11	print("圆锥体的表面积 = {0:.2f}".format(sarea),\
12	"圆锥体的体积 = {0:.2f}".format(volume))

任务 2-4 运行结果举例.txt

2.2.2 关系运算符和逻辑运算符

关系运算符用来比较两个数字或对象,如表 2-11 所示。比较运算的结果是 False(假)或 True(真)。字符串比较也可以使用关系运算符,比较时按字符在编码表中的位置来决定其大小,位置靠前的字符比位置靠后的字符小。

表 2-11 Python 的关系运算符

运 算 符	操 作	实 例
==	等于	5==2 结果为 False
!=	不等于	5!=2 结果为 True
<	小于	5<2 结果为 True
<=	小于或等于	5<=2 结果为 False
>	大于	5>2 结果为 True
>=	大于或等于	5>=2 结果为 True
is	判断两个标识符是否引用同一个对象	引用(地址)比较
is not	判断两个标识符是否引用不同的对象	引用(地址)比较

注意

（1）8 个比较运算符的优先级相同。

（2）Python 允许 x＜y＜＝z 这样的链式比较，它相当于(x＜y)and(y＜＝z)。

（3）复数不能比较大小，只能比较是否相等。

（4）除整数、浮点数、字符串可以比较外，所有其他类型的值之间不能直接比较。

（5）用关系运算符连接的表达式称为关系表达式。表达式中可以包含变量、算术运算符和函数。在没有括号的情况下，先进行算术运算或函数运算，再进行比较。

逻辑运算符用来连接若干个关系表达式，以便构造复杂的判断。使用这些运算的判断称为复合判断。Python 中的逻辑运算符如表 2-12 所示。

表 2-12　Python 的逻辑运算符

运 算 符	操　　作	说　　明
and	逻辑与	a and b，当 a 为 True 时才计算 b，a 与 b 都为真时，结果为真；否则结果为假
or	逻辑或	a or b，当 a 为 False 时才计算 b，a 与 b 都为假时，结果为假；否则结果为真
not	逻辑非	not a，取反，a 为真时，结果为假；否则为真

注意

（1）逻辑运算符的优先级低于关系运算符和算术运算符。

（2）在无括号的情况下，三个运算符的优先级为：not＞and＞or。

（3）Python 的 and 和 or 具有短路求值的特点。运算规则如表 2-12 所示。

（4）使用 in 或 not in 成员运算符可以简化条件。

任务 2-5　闰年判断

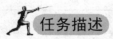

任务描述

编写一个 Python 程序，判断某年是否是闰年。

任务实现

1．设计思路

用户从键盘输入一个整数年份，构造逻辑判断表达式，并输出判断结果。闰年的判断规则是：能整除 4 且不能整除 100；能整除 400。

2. 源代码清单

程序代码如表 2-13 所示。

表 2-13　任务 2-5 程序代码

# 程序名称 task2_5.py	
序号	程 序 代 码
1	# 使用 int() 把字符串转换为整数
2	year = int(input("请输入年份："))
3	# 用关系表达式和逻辑表达式构造判断条件, if 是判断语句
4	if (year % 4 == 0) and (year % 100 != 0) or (year % 400 == 0):
5	# if 内的语句必须空 4 格
6	print("是闰年")
7	# else 后面的冒号不能省略
8	else:
9	print("不是闰年")

任务 2-5 运行结果举例.txt

2.2.3　赋值运算符

Python 除了普通赋值运算符外,还支持复合赋值运算符,如表 2-14 所示。赋值运算的规则是从右向左运算。

表 2-14　Python 的赋值运算符

运 算 符	操　作	实　例
=	简单赋值运算符	c = 5 + 2　c 为 7
+=	加法赋值运算符	c += 2　等价于 c = c + 2
-=	减法赋值运算符	c -= 2　等价于 c = c - 2
*=	乘法赋值运算符	c *= 2　等价于 c = c * 2
/=	除法赋值运算符	c /= 2　等价于 c = c / 2
%=	取余赋值运算符	c %= 2　等价于 c = c % 2
**=	幂赋值运算符	c **= 2　等价于 c = c ** 2
//=	整除赋值运算符	c //= 2　等价于 c = c // 2

2.2.4　位运算符

位运算的规则是把数字转换为二进制数后进行运算,运算结果再转换回原来的进制。位运算符如表 2-15 所示。

表 2-15   Python 的位运算符

运 算 符	操　作	实　例
&	按位与运算符：对于参与运算的两个值，如果两个对应的位都为 1，则该位的结果为 1；否则为 0	12&5　结果为 4
|	按位或运算符：只要对应的两个二进位有一个为 1，结果位就为 1	12|5　结果为 13
^	按位异或运算符：当两个对应的二进位相异时，结果为 1	12^5　结果为 9
~	按位取反运算符：对数据的每个二进制位取反，即把 1 变为 0，把 0 变为 1	~12　结果为 −13
<<	左移动运算符：运算数的各二进位全部左移若干位，由 <<右边的数指定移动的位数，高位丢弃，低位补 0	12<<5　结果为 384
>>	右移动运算符：把 >>左边的运算数的各二进位全部右移若干位，>>右边的数指定移动的位数，高位补 0	12>>5　结果为 0

2.2.5　成员运算符

成员运算符用来判断一个元素是否在某一个序列中。比如，判断一个字符是否属于某个字符串，判断某个对象是否是列表中的一个元素等。成员运算符如表 2-16 所示。

表 2-16   Python 的成员运算符

运 算 符	操　作	实　例
in	在指定的序列中找到，返回 True；否则返回 False	a in b
not in	在指定的序列中没有找到，返回 True；否则返回 False	a not in b

2.3　Python 输入

Python 从键盘输入使用的是 input()函数，该函数的返回值是字符串。
语法格式：

变量名 = input("输入提示信息字符串")

功能：从标准输入读取一行，并以字符串形式返回（去掉结尾的换行符）。

注意

（1）通过 int()、float()或 eval()函数与 input()函数的组合，可以输入整数或小数。

（2）同时接收多个数据输入，需要使用 eval()函数。例如：

a,b,c = eval(input())

2.4　Python 输出

Python 输出使用的是 print()函数。print()函数的使用较灵活,与相关格式化函数组合使用,可以实现输出控制。

语法格式:

print(∗ objects,sep = ' ',end = '\n',file = sys. stdout,flush = False)

功能:把 objects 中的每个对象都转化为字符串的形式,然后写到 file 参数指定的文件中,默认是标准输出(sys. stdout);每一个对象之间用 sep 所指的参数进行分隔,默认是空格。所有对象都写到文件后,写入 end 参数所指字符,默认是换行。

> **注意**
>
> 　　(1) 如果想把输出之间的分隔符逗号换成其他符号,可以使用 sep 参数。例如 print('Hello','world!',sep＝' ∗∗ ')输出 Hello ∗∗ world!。
>
> 　　(2) print()函数的当前内容输出后会换行。如果下一个输出不想换行,使用 end 参数。
>
> 　　(3) 在输出字符串中可以使用转义字符\t(8 个空格的制表符)和\n(换行)来控制输出格式。
>
> 　　(4) 可以使用转义子符\'(单引号)、\"(双引号)和\\(斜线)来分别输出'、"和\。
>
> 　　(5) 如果需要以固定的宽度一列一列地输出,可以使用 ljust(n)、rjust(n)和 center(n),分别表示宽度为 n 显示中的左对齐、右对齐和居中。
>
> 　　(6) zfill()函数可以在数字的左边填充 0。
>
> 　　(7) 在字符串中还可以使用 format()函数进行控制。

format()函数是 Python 2.6 之后的版本中新增的格式化输出函数,功能十分强大。其特点是用{}代替原来的%进行格式控制,且不限参数个数,位置不必按顺序书写;一个参数可多次使用,也可以不使用。

fomat()函数中可以使用如下格式声明。

(1) 花括号声明{},用于渲染前的参数引用声明。花括号里可以用数字代表引用参数的序号,或者变量名直接引用。

(2) 从 format 参数引入的变量名。

(3) 冒号(:)后面带填充的字符,只能是一个字符,默认使用空格填充。

(4) 字符位数声明,用数字表示。

(5) 精度的声明,常跟类型 f 一起使用。

(6) 逗号(,)是千分位的声明。

(7) 变量类型的声明:字符串 s、数字 d、浮点数 f。

(8) 对齐方向符号<^>,分别表示左对齐、居中、右对齐,后面可带宽度。

(9) 属性访问符中括号[]。

(10) 使用感叹号!后接 a、r、s,声明是使用何种模式,如 ACSII 模式、引用__repr__或

__str__。

(11) 增加类魔法函数 __format__(self,format),可以根据 format 前的字符串格式来定制不同的显示。例如'{:xxxx}',此时 xxxx 作为参数传入 __format__()函数。

【例 2-4】 format()函数应用示例。代码如下:

```python
import math
#括号及其里面的字符(称作格式化字段)将会被 format() 中的参数替换
print('We are the {} who say "{}!"'.format('knights','Ni'))
#在括号中的数字用于指向传入对象在 format() 中的位置
print('{0} and {1}'.format('chicken','eggs'))
print('{1} and {0}'.format('chicken','eggs'))
#如果在 format() 中使用了关键字参数,它们的值将指向使用该名字的参数
print('This {food} is {adjective}.'.format(\
food = 'milk',adjective = 'absolutely horrible'))
#位置及关键字参数可以任意结合
print('The story of {0},{1},and {other}.'.\
format('Bill','John',other = 'Dan'))
#可选项 ':'和格式标识符可以跟着字段名,允许对值进行更好的格式化
#下面的例子将 Pi 保留到小数点后 3 位
print('The value of PI is approximately {0:.3f}.'.format(math.pi))
#在 ':'后传入一个整数,可以保证该域至少有这么大的宽度.在美化表格时很有用
print('{0:10} ==> {1:10d}'.format("Bill",8752))
#:冒号 + 空白填充 + 右对齐 + 固定宽度 18 + 浮点精度.2 + 浮点数声明 f
print('{:>18,.2f}'.format(76305784.0))
#右对齐,使用空格填充
print('{:>8}'.format('286'))
#右对齐,使用 0 填充
print('{:0>8}'.format('286'))
#右对齐,使用 * 填充
print('{:*>8}'.format('286'))
#采用不同的进制输出数据
print('二进制输出{:b}'.format(17))
print('千分位输出{:,}'.format(1234567890))
#通过关键字输出
print('{name},{cardNo}'.format(cardNo = 10012001,name = 'cat') )
#输出正、负号
print('{:+f}; {:+f}'.format(25.168, - 98.705))
print('The rate is: {:.2%}'.format(0.7892))
fruit = ('apple','peach','orange')
#通过下标匹配参数
print('fruit: {0[2]}; {0[0]}'.format(fruit))
```

例 2-4 运行结果.txt

任务 2-6 位运算实例

任务描述

编写一个 Python 程序,将 x 中从 p 位开始的 n 个(二进制)位设置为 y 中最右边 n 位的

值,x 的其余各位保持不变。

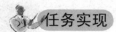 任务实现

1. 设计思路

用户从键盘输入整数 x 和整数 y,以及位标 p 和位个数 n。构造位运算表达式,并分别输出二进制运算结果和十进制运算结果。

首先将 x 与~(~(~0<<n)<<(p+1-n))进行与运算,清零 x 的左边第 p 位向右 n 位,得到结果 1。其次,将 y 与~(~0<<n)进行与运算,清零 y 除 0 到 n-1 的位。将上述结果左移 p+1-n 位,即将 y 的低 n 位左移,得到结果 2。最后,将结果 1 与结果 2 进行或运算,得到最终结果。使用 bin() 函数,可以把十进制数转换为二进制数。

2. 源代码清单

程序代码如表 2-17 所示。

表 2-17 任务 2-6 程序代码

♯程序名称 task2_6.py	
序号	程序代码
1	♯把从键盘输入的数据转换为整数并赋值给 x
2	x = int(input("请输入 x: "))
3	y = int(input("请输入 y: "))
4	p = int(input("请输入起始位 p: "))
5	n = int(input("请输入位数 n: "))
6	♯根据设计和分析,构造相应的位运算表达式
7	z = ~(~(~0 << n) << (p + 1 - n)) & x | ((~(~0 << n) & y) << (p + 1 - n));
8	♯输出十进制结果
9	print("x = {},y = {},z = {}".format(x,y,z))
10	♯输出二进制结果
11	print("x = {},y = {},z = {}".format(bin(x),bin(y),bin(z)))

任务 2-6 运行结果举例.txt

2.5 Python 数学运算

Python 除支持基本的数学运算外,还提供其他语言不常见的数学特性,如分数运算和复数运算。Python 的 math 模块包含高级运算中常见的三角函数、统计函数、对数函数等。

2.5.1 分数

Python 的模块 fractions 中定义了一个特殊的对象,叫作 Fraction。该对象的属性包括分子和分母。一旦定义了分数对象,就可以进行各种算术运算了。

在使用分数对象之前,需要引入 fractions 模块,语法如下:

```
from fractions import Fraction
```

Fraction 对象有 3 种实例化方式。

(1) 两个整数作为参数,如 t＝Fraction(1,3)。函数中的第一个参数是分子,第二个参数是分母,表示 1/3。

(2) 一个浮点数作为参数,如 t＝Fraction(3.5),表示 7/2。

(3) 一个字符串作为参数,如 t＝Fraction('3/5'),表示 3/5。

> **注意**
>
> (1) 自动约分,如果分子、分母中有负号,将负号归于分子。
>
> (2) 两个分数相加得到一个分数;一个分数加一个整数得到一个分数;一个分数加一个浮点数得到一个浮点数;其他二元运算规则同加法运算。
>
> (3) 如果要获取 Fraction 对象属性,numerator 获取分子,denominator 获取分母。例如,Fraction('3/4'). numerator 获得分子 3,Fraction('3/4'). denominator 获得分母 4。
>
> (4) 通过 from fractions import gcd 语句的导入,可以使用 gcd(a,b)函数得到 a 和 b 的最大公约数。

任务 2-7　分数运算

任务 2-7 分数运算.pdf

2.5.2　复数

Python 内建函数库提供 complex()函数来处理复数问题。要创建一个复数,需要指定实部作为第一个参数,虚部作为第二个参数。例如 t＝complex(2,3),表示复数 2＋3j。

一旦定义了复数对象,就可以进行各种算术运算了。

> **注意**
>
> (1) 可以将字符串形式的复数转化为复数。例如 complex('2＋3j'),表示复数 2＋3j。
>
> (2) 可以用 real 取得复数的实部,imag 取得复数的虚部。例如,complex(2,3). real 的运算结果是 2.0,complex(2,3). imag 的运算结果是 3.0,得到浮点型数值。
>
> (3) 可以用内置的 abs 函数计算复数的模,如 abs(complex(2,3)),结果是 3.605551275463989。

任务 2-8　复数运算

任务 2-8 复数运算.pdf

2.5.3　math 模块

Python 支持的一些高级数学运算功能，都可以在 math 模块中找到，如对数函数、三角函数、随机数函数等。使用这些函数必须引入 math 模块，语句如下：

```
import math
```

Python 常用数学函数.pdf

任务 2-9　计算汽车贷款

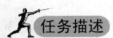任务描述

编写一个 Python 程序，用户输入贷款额、利率和贷款年限后，计算每月的还款额。

任务实现

1. 设计思路

每月还款额公式如下所示。其中，r 是月复合利率，A 是贷款总额，n 是还款年数。

$$\text{还款额} = \frac{i}{1-(1+i)^{-12n}} \times A, \quad i = r/1200$$

2. 源代码清单

程序代码如表 2-18 所示。

表 2-18　任务 2-9 程序代码

♯程序名称 task2_9.py	
序号	程序代码
1	♯把键盘输入的字符串型的数据转换为浮点型并赋值给 r
2	r = float(input("请输入月复合利率："))
3	n = float(input("请输入贷款年限："))
4	A = float(input("请输入贷款总额："))
5	♯根据公式进行计算

续表

序号	程 序 代 码
6	i = r/1200
7	s = (i/(1 − (1 + i) ** (− 12 * n))) * A
8	♯输出计算结果,利用 format()函数控制输出两位小数
9	print("月还款额为{:.2f}".format(s))

任务 2-9 运行结果举例.txt

2.6 习　　题

(1) 下列变量名中,哪些是合法的?

sale.2017, room&Board, fOrM_1020, 1028B, expense?, WELCOME 2017

(2) 写出下列公式的 Python 表达式。

$$① \quad x = \frac{-b \pm \sqrt{b^2 - 4ac}}{2a}$$

$$② \quad v = \frac{4}{3}\pi r^3$$

$$③ \quad t = \log_2 3e^{-j\omega t} + 4m$$

(3) 给出下例函数的运算结果。

int(10.75)　　abs(3 − 10)　　abs(10 ** (− 3))　　round(3.1279, 3)　　round(− 2.6)

(4) 给出下列表达式的值。

① "Python"[4]　　"Python"[− 2]　　"Python"[1:3]　　"Python"[2: − 2]
   "Python"[− 4:4]

② "Python".find("th")　　"Python".upper()　　len("Python")

(5) 假设 a=2,b=3,判断下列表达式的结果。

① 3 * a = 2 * b　　　　② ((5 − a) * b) < 7　　　　③ b <= 3

④ a ** b = b ** a　　　⑤ 3e^{-2} < 0.01 * a　　　⑥ (a < b)or(b < a)

⑦ not((a < b)and(a < (a + b)))

⑧ (a * a < b) or not(a * a < a)

⑨ ((a == b) or not (b < a))and((a < b)or(b == a + 1))

(6) 编写程序,计算圆柱体的表面积和体积。

(7) 编写程序,用字符串保存一个通信录,然后查找某人的所有通信信息。

(8) 编写程序,输入一个小数,计算小数点左、右各有几个数字。

(9) 编写程序,输入一句话,再输入这句话中的两个单词,相互替换。

(10) 编写程序,若某个人每年涨薪 5%,计算 5 年后薪水是多少,共涨了多少(百分比)。

(11) 假设投入本金 P 以复合年利率 $r\%$ 进行投资,计算 n 年后的未来值。公式如下:

$$m = P\left(1 + \frac{r}{100}\right)^n$$

(12) 编写程序,把英里、码、英尺和英寸转换为公制单位的千米、米和厘米。

(13) 编写程序,输入一个 3 位数,反转后输出。

Python 流程控制

Python 流程控制结构主要分为 3 种：顺序结构、选择结构和循环结构。顺序结构是按照每条语句的先后顺序依次执行每条语句,所有语句都执行且执行一次。选择结构则根据条件有选择地执行某语句块。循环结构重复执行某语句块若干次。

3.1 顺序结构

顺序结构是流程控制中最简单的一种结构。该结构的特点是按照语句的先后顺序依次执行,每条语句只执行一次。单元 2 中所有的实例全部是顺序结构。

顺序结构的程序设计方法如下所述。

（1）根据要解决的问题确定变量的个数。

（2）如果变量的值需要直接给出,如一个常量,需设计相应的赋值语句。

（3）如果变量的值需要用户从键盘输入,需设计相应的输入语句。

（4）如果变量是保存运算的结果,需设计相应的处理语句,如把相应的数学公式转换为 Python 运算表达式,或编写 Python 函数调用语句等。

（5）输出相应的信息和结果变量值。

任务 3-1 计算椭球的表面积和体积

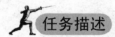 **任务描述**

编写一个 Python 程序,计算椭球的表面积和体积。

任务实现

1. 设计思路

椭球在 xyz-笛卡儿坐标系中的方程是：$x^2/a^2 + y^2/b^2 + z^2/c^2 = 1$。椭圆体的表面积 $S = \dfrac{4}{3}ab\pi$,椭圆体的体积 $V = \dfrac{4}{3}\pi abc$。根据公式和题目要求,可确定至少需要 5 个变量,其中 3 个存放从键盘输入的方程系数,另外 2 个存放计算后的表面积和体积。

2. 源代码清单

程序代码如表 3-1 所示。

表 3-1　任务 3-1 程序代码

＃程序名称 task3_1.py	
序号	程　序　代　码
1	import math　＃引入数学模块
2	print("请输入椭球方程的 3 个系数：")
3	＃从键盘输入方程的系数并转换为浮点型
4	a = float(input("请输入 a："))
5	b = float(input("请输入 b："))
6	c = float(input("请输入 c："))
7	s = 4/3 * a * b * math.pi　＃把公式转换为相应的 Python 语句，并计算
8	v = 4/3 * a * b * c * math.pi
9	＃格式化输出数据. 其中，大括号中的 0 表示第一个参数，.3f 表示小数点之后保留 3 位
10	print("x1 = {0:.3f}, x2 = {1:.3f}".format(s,v))

任务 3-1 运行结果举例.txt

3.2　选择结构

在实际应用中，有时需要通过某个判断来决定任务是否执行或者执行的方式。对于这样的情况，仅有顺序结构控制是不够的，需要选择结构。

Python 中的 if 语句实现了选择结构控制，还可以使用 if-elif 结构来实现多分支控制。与其他程序设计语言相比，Python 中没有 switch 语句，但是可以通过其他方式获得类似 switch 语句功能的效果。

3.2.1　if-else 条件语句

Python 中的选择结构使用 if 和 else 关键字来构造，语法如下：

```
if 条件：
    条件为真时要执行的语句块
else：
    条件为假时要执行的语句块
```

选择结构根据条件的判断结果来决定执行哪个语句块。在任何一次运行中，两个分支的语句块只执行其中的一个。不可能两个语句块同时执行。选择结构执行完毕，继续执行其后的语句。

>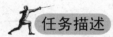
>
> **注意**
>
> （1）if 和 else 语句末尾的冒号不能省略。
>
> （2）Python 通过严格的缩进来决定一个块的开始和结束，因此为真或为假的语句块都必须向右缩进相同的距离。
>
> （3）条件可以是关系表达式或逻辑表达式，也可以是各种类型的数据。对于数值型数据（int，float，complex），非零为真，零为假。对于字符串或集合类数据，空字符串和空集合为假，其余为真。
>
> （4）else 分支可以省略。在单分支结构中，当条件为假时，继续执行 if 语句块之后的代码。else 不能单独使用。
>
> （5）if 可以嵌套使用。

任务 3-2　输出最大的数

任务描述

编写一个 Python 程序，用户输入 3 个数，输出最大的数。

任务实现

1. 设计思路

分别定义 3 个变量来存放 3 个数。假定第一个变量是最大值，分别与第二个数和第三个数进行比较。如果发现逆序，则修改。最后输出结果。

2. 源代码清单

程序代码如表 3-2 所示。

表 3-2　任务 3-2 程序代码

＃程序名称 task3_2.py

序号	程序代码
1	print("请输入 3 个数: ")
2	＃把键盘输入的字符串型的数据转换为浮点型并赋值给 a
3	a = float(input("请输入 a: "))
4	b = float(input("请输入 b: "))
5	c = float(input("请输入 c: "))
6	maxNum = a　＃假定 a 是最大值
7	＃与 b 进行比较. 如果 b 大, 修改当前最大值为 b
8	if (maxNum < b):　　＃此处的冒号不可省略
9	maxNum = b　　　＃此语句必须缩进 4 格
10	if(maxNum < c):
11	maxNum = c
12	print("最大值是: {0:.3f}".format(maxNum))　　＃format 格式控制输出结果

任务 3-2 运行结果举例.txt

任务 3-3　计算一元二次方程的根

任务描述

编写一个 Python 程序,计算一元二次方程的根。

任务实现

1. 设计思路

根据题目,可确定至少需要 5 个变量,其中 3 个用来存放从键盘输入的方程系数,另外 2 个变量存放计算后得到的方程的根。还需要增加判断功能,如 a 不能为零,方程是否有实根。需要把如下公式转换为 Python 语句。

$$x = \frac{-b \pm \sqrt{b^2 - 4ac}}{2a}$$

2. 源代码清单

程序代码如表 3-3 所示。

表 3-3　任务 3-3 程序代码

♯程序名称 task3_3.py	
序号	程序代码
1	import math　　　　　　　　　　　　　　　　　♯导入数学函数模块
2	print("请输入一元二次方程的 3 个系数: ")
3	♯从键盘接收输入的数据,转换为浮点型并赋值给 a
4	a = float(input("请输入 a: "))
5	b = float(input("请输入 b: "))
6	c = float(input("请输入 c: "))
7	♯判断是否是一元二次方程
8	if(a == 0):
9	♯a 为 0,不是一元二次方程
10	print("二次系数不能为零,非一元二次方程!")
11	♯exit()函数退出当前程序的运行
12	exit(0)
13	tmp = b * b - 4 * a * c　　　　　　　　　　　　　♯计算 delt
14	♯if 判断方程是否有实根
15	if(tmp >= 0):
16	x1 = (-b + math.sqrt(b * b - 4 * a * c))/(2 * a)　♯计算并输出方程的实根
17	x2 = (-b - math.sqrt(b * b - 4 * a * c))/(2 * a)
18	print("x1 = {0:.3f}, x2 = {1:.3f}".format(x1, x2))

续表

序号	程 序 代 码
19	`else:`
20	`    print("该方程无实根")`

任务3-3运行结果举例.txt

3.2.2 if-elif-else 判断语句

在实际中经常存在两种以上可能的选择,比如,学生成绩的等级转换,一个学生的成绩可以转换为五个不同的等级。Python 中提供了 if-else 语句的扩展。

if-elif-else 语法格式如下:

```
if 条件 1:
    条件 1 为真时执行的语句块 1
elif 条件 2:
    条件 1 为假且条件 2 为真时执行的语句块 2
    ⋮
elif 条件 n:
    条件 1 至条件 n−1 全部为假且条件 n 为真时执行的语句块 n
else:
    上述条件都不满足时执行的语句块 n+1
```

执行过程说明如下:

(1) 首先判断条件 1,如果其值为 True,执行语句块 1,然后结束整个选择结构。

(2) 如果条件 1 的值为 False,则判断条件 2;如果其值为 True,执行语句块 2,然后结束整个选择结构。

(3) 如果表达式 2 的值为 False,继续往下判断其他表达式的值。

(4) 如果所有表达式的值都为 False,则执行 else 之后的语句块 n+1。

任务 3-4 成绩分等

任务描述

编写一个 Python 程序,用户输入成绩,输出该成绩的等级。成绩等级划分原则为:90 分以上为"优秀",80~90 分为"良好",70~80 分为"中等",60~70 分为"及格",60 分以下为"不及格"。

任务实现

1. 设计思路

定义一个变量来接收键盘输入的成绩。首先判断成绩是否有效,然后根据等级转换规则构造多分支判断结构并输出结果。

2. 源代码清单

程序代码如表 3-4 所示。

表 3-4　任务 3-4 程序代码

♯程序名称 task3_4.py

序号	程 序 代 码
1	print("成绩等级换算")
2	grade = float(input("请输入学生的成绩"))
3	♯判断成绩是否在[0,100]分之间
4	if(grade < 0 or grade >= 100):
5	♯成绩无效,则退出,不再执行后面的代码
6	print("成绩无效")
7	exit(0)
8	♯构造多分支选择结构
9	if(grade >= 90):
10	♯成绩大于等于90,输出"优秀"
11	print("{0}的成绩等级是{1}".format(grade,"优秀"))
12	elif(grade >= 80):
13	print("{0}的成绩等级是{1}".format(grade,"良好"))
14	elif(grade >= 70):
15	print("{0}的成绩等级是{1}".format(grade,"中等"))
16	elif(grade >= 60):
17	print("{0}的成绩等级是{1}".format(grade,"及格"))
18	else:
19	print("{0}的成绩等级是{1}".format(grade,"不及格"))

任务 3-4 运行结果举例.txt

3.2.3　if 语句的嵌套

在 if-else 语句的缩进块中可以包含其他 if-else 语句,称作嵌套 if-else 语句。在嵌套的选择结构中,根据对齐的位置来进行 else 与 if 的配对。

简单的形式如下:

```
if 条件 1:
    if 条件 2:
        条件 1 为真且条件 2 为真时执行的语句块 1
    else:
        条件 1 为真且条件 2 为假时执行的语句块 2
else:
    条件 1 为假时执行的语句块 3
```

执行过程说明如下:

（1）条件 1 为真时，判断条件 2。条件 1 为假时，执行语句块 3。

（2）如果条件 2 为真，执行语句块 1，然后结束整个选择结构。如果条件 2 为假，执行语句块 2，然后结束整个选择结构。

任务 3-5　判断三角形的类型

任务描述

编写一个 Python 程序，用户输入三角形的三条边的边长，判断是否是三角形及三角形的类型：直角三角形、钝角三角形和锐角三角形。

任务实现

1. 设计思路

根据题目，可确定至少需要 3 个变量，用来存放从键盘输入的三角形的三条边。首先判断是否是三角形，然后根据三角形的判断公式构造多分支选择结构，并输出结果。

2. 源代码清单

程序代码如表 3-5 所示。

表 3-5　任务 3-5 程序代码

♯程序名称 task3_5.py

序号	程序代码
1	print("请输入三角形三条边的边长：")
2	a = int(input("请输入第一条边的边长"))
3	b = int(input("请输入第二条边的边长"))
4	c = int(input("请输入第三条边的边长"))
5	♯第一个 if 判断是否是三角形
6	if(a + b > c and a + c > b and c + b > a):
7	♯满足三角形的条件，继续判断三角形的类型
8	♯下面的 if 是直角三角形的判断
9	if(a^2 + b^2 == c^2 or a^2 + c^2 == b^2 or b^2 + c^2 == a^2):
10	print("这是个直角三角形")
11	♯下面的 if 是锐角三角形的判断
12	elif(a^2 + b^2 < c^2 or a^2 + c^2 < b^2 or b^2 + c^2 < a^2):
13	print("这是个钝角三角形")
14	♯上述两个条件都不满足，则是钝角三角形
15	else:
16	print("这是个锐角三角形")
17	else:
18	♯不满足三角形的条件
19	print("这不是三角形")

任务 3-5 运行结果举例.txt

3.2.4 switch 语句的替代方案

C 语言或 Java 语言都支持 switch 多分支结构,但是 Python 没有提供 switch 关键字。然而在有些情况下,类似于 switch 结构的代码的清晰性和可读性要强于 if 多分支结构。

在 Python 中可以通过字典方式模拟类似的结果,其实现方法分为两步:首先,定义一个字典。字典是由键值对组成的集合。字典的使用参见单元 4。其次,调用字典的 get() 函数获取相应的表达式。

任务 3-6 简单的计算器

任务描述

编写一个 Python 支持的算术运算符的简单计算器。用户输入格式为 data1 op data2。其中,data1 和 data2 是参加运算的两个数;op 为运算符,可以是 +、-、*、/、%、// 和 ^。

任务实现

1. 设计思路

根据题目要求,用一个字符串接收一个运算式,需要使用正则表达式分解出两个操作数和一个运算符,然后使用字典方式构造多分支结构,计算表达式的结果并输出。

2. 源代码清单

程序代码如表 3-6 所示。

表 3-6　任务 3-6 程序代码

＃程序名称 task3_6.py

序号	程序代码
1	import re　＃导入正则表达式模块
2	print("简单计算器")
3	str = input("请输入只有一个运算符的式子(如 5 + 3):")
4	p = re.compile(r'\d + ')　　　＃生成正则表达式对象,用于提取数字
5	op1 = int(p.findall(str)[0])　＃获得提取到的第一个运算数
6	op2 = int(p.findall(str)[1])　＃获得提取到的第二个运算数
7	q = re.compile(r'\W + ')　　　＃定义提取非字母字符
8	opt = q.findall(str)[0]　　　＃获得提取到的运算符
9	＃在做除法运算之前检测是否会被零除
10	if((opt == '/'or opt == '% 'or opt == '//') and op2 == 0):
11	print("除数为零,非法!")　＃检测到被零除,提示并退出
12	exit(0)
13	＃定义运算字典.po 是字典的名字,字典中用逗号分隔的是键值对
14	po = {
15	' + ':op1 + op2,' - ':op1 - op2,
16	' * ':op1 * op2,'/':op1/op2,

续表

序号	程 序 代 码
17	'^':op1 ^op2,'%':op1 % op2,
18	'//':op1//op2
19	}
20	#通过字典对象调用 get()函数,获得参数 opt 对应的键值
21	result = po.get(opt)
22	#输出运算结果
23	print('{0}{1}{2} = {3}'.format(op1,opt,op2,result))

任务 3-6 运行结果举例.txt

3.3 循环结构

循环结构是结构化程序设计常用的结构,可以简化程序,或解决顺序结构和选择结构无法解决的问题。循环是指在满足一定条件的情况下,重复执行一组语句的结构。重复执行的语句称作循环体。

3.3.1 while 循环

while 循环语法格式如下:

```
[初始化语句]
while(循环条件):
    语句块
    [迭代语句]
```

循环结构的执行流程如下所述:执行到 while 循环的时候,先判断"循环条件",如果为 True,则执行下面缩进的循环体;执行完毕,再次判断"循环条件"。若为 True,继续执行循环体;若为 False,不再执行循环体,循环结束。循环结束后,继续执行循环结构之后的语句。

> **注意**
>
> (1) while 条件之后的冒号不能丢掉。
>
> (2) 如果循环条件不成立,则循环体一次也不执行。
>
> (3) 如果循环控制变量的改变不是向着循环结束条件的方向变化,或者循环条件是一个结果为 True 的表达式,则该循环结构是死循环或无限循环,即循环结构在没有特殊语句的控制下,循环会一直运行,无法结束。无限循环经常用于某些特定的场合,如菜单设计中。

（4）初始化语句和迭代语句可以没有，用于特殊的场合。

（5）循环体的所有语句必须对齐，且与 while 的位置具有相同的缩进。

（6）若 while 循环结构的循环体只有一条语句，这条语句可以直接跟在 while 行尾的冒号之后，即写在同一行上。

循环结构的设计其实就是循环次数的确定。对于 while 循环结构设计，只要掌握了如下"三要素原则"，就可以设计出循环结构。

（1）初始化语句：循环控制变量赋初值，或其他循环中用到的变量的初始化。

（2）循环条件：循环结构继续执行的条件，是一个结果为 True 或 False 的表达式。

（3）迭代语句：通常是循环控制变量的改变，且朝着循环结束条件的方向变化，使得循环可以正常结束。

例如，设计一个执行 100 次的循环，假定 i 为循环控制变量，则循环的 3 个要素设计如下：

（1）i＝1

（2）i＜＝100

（3）i＝i＋1

再比如，判断一个整数 n 是否是素数，需要判断 2～n－1 之间的所有数与 n 是否有整除关系。假定 i 为循环控制变量，则循环的 3 个要素设计如下：

（1）i＝2

（2）i＜＝n－1

（3）i＝i＋1

循环的三个要素确定以后，只要把这 3 个要素放在循环语句中合适的位置，再添加要重复执行的语句（循环体），便构成一个可执行的循环结构。

任务 3-7　自然数求和

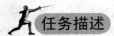

任务描述

编写一个 Python 程序，计算 1000 以内所有偶数的和。

任务实现

1．设计思路

根据题目，可确定至少需要 2 个变量，其中一个用作循环控制变量，另一个是用于存放和的累加器。循环控制变量用 i 表示，则循环的 3 个要素是：①i＝2；②i＜1000；③i＝i＋2，生成 1000 内的所有偶数。每执行一次，生成一个新的偶数。累加器 s 必须赋初值 0。循环体是一条累加语句 s＝s＋i。

2．源代码清单

程序代码如表 3-7 所示。

表 3-7　任务 3-7 程序代码

＃程序名称 task3_7.py	
序号	程序代码
1	＃循环体内变量的初始化语句
2	i = 2　　　　　　　　＃循环控制变量赋初值
3	s = 0　　　　　　　　＃累加器赋初值
4	＃while 循环结构,循环结束条件是 i >= 1000
5	while(i < 1000):
6	s = s + i;　　　　　　＃在原来和的基础上累加新生成的偶数
7	i = i + 2　　　　　　　＃循环控制变量增值,且生成新的偶数
8	print("1000 以内偶数的和是: {0}".format(s))　　＃输出结果

任务 3-7 运行结果.txt

任务 3-8　计算圆周率

任务描述

编写一个 Python 程序,用如下公式计算圆周率,要求前后两次的计算精度小于 0.0000000001。

$$\frac{\pi}{2} = \prod_{n=1}^{\infty} \left[\frac{(2n)^2}{(2n-1)(2n+1)} \right]$$

任务实现

1. 设计思路

根据公式,至少需要定义 2 个变量,一个变量 n 用来控制循环结构,一个变量 s 用来存放每次乘积的结果。变量 s 的初值必须为 1。循环结构的三要素如下: ①n = 1; ②公式中计算到无穷大,但实际是不可能的,根据题目要求,只要前后两次计算的差小于 0.0000000001,因此此题的循环条件与 n 没有直接的关系; ③n = n + 1。循环体是新生成的项与 s 的乘积。

2. 源代码清单

程序代码如表 3-8 所示。

表 3-8　任务 3-8 程序代码

＃程序名称 task3_8.py	
序号	程序代码
1	n = 1　　　　　　　＃循环控制变量 n 赋初值
2	s = 1.0　　　　　　＃累乘器 s 赋初值

续表

序号	程序代码	
3	tmp = 0	＃tmp 用来保存上一次运算结果
4	＃while 循环,结束条件是前后两次运算结果的差小于 0.0000000001	
5	＃abs 是取绝对值函数	
6	while(abs(s－tmp)＞0.0000000001):	
7	tmp = s	＃tmp 暂存上次的运算结果
8	s = s * ((2 * n) * (2 * n))/((2 * n－1) * (2 * n＋1))	＃新项产生后的运算结果
9	n = n＋1	＃循环控制变量加 1
10	s = s * 2	＃循环结构中计算的是 π/2,因此结果需要再乘以 2
11	print("圆周率是: {0}".format(s))	＃输出运算结果

任务 3-8 运行结果.txt

任务 3-9　系列数据的统计

任务描述

编写一个 Python 程序,用户输入一系列正数,输入－1 结束,统计所有数据的个数、最大值、最小值和平均值。

任务实现

1. 设计思路

根据题目,可确定至少需要 6 个变量。其中,变量 num 用来接收用户输入的数据,变量 count 用来计数,累加器变量 total 统计所有数据的和,变量 tmax 和 tmin 存放最大值和最小值,tavg 变量存放平均值。本题的循环是不固定次数的结构,在循环结构三要素中,只需要确定循环的继续执行条件即可,即 num!＝0。另外,累加器 total 和计数器 count 必须赋初值 0。

2. 源代码清单

程序代码如表 3-9 所示。

表 3-9　任务 3-9 程序代码

＃程序名称 task3_9.py

序号	程序代码	
1	total = 0	＃total 是累加器变量,初值为 0
2	count = 0	＃count 是计数器变量,初值为 0
3	print('请输入一系列数据,以－1 结束')	
4	num = int(input("请输入一个非负整数: "))	
5	＃tmax 和 tmin 存放最大值和最小值,初值为 num	
6	tmax = num	
7	tmin = num	

续表

序号	程序代码
8	while (num!= − 1):　　　　　　　　　　　　　# 循环语句,当输入 − 1 时循环结束
9	total = total + num　　　　　　　　　　# 累加器累加每次输入的数据
10	count = count + 1　　　　　　　　　　　# 计数器加 1
11	# 如果新输入的数据大,则替换之前保存的最大值
12	if(tmax < num):
13	tmax = num;
14	# 如果新输入的数据小,则替换之前保存的最小值
15	if(tmin > num):
16	tmin = num
17	num = int(input("请输入一个非负整数: "))　　　# 提示用户继续输入数据
18	tavg = total/count　　# 计算平均值
19	# 输出结果
20	print("一共输入{0}个数据,最大值是{1},最小值是{2},和是{3},平均值是
21	{4}".format(count,tmax,tmin,total,tavg))

任务 3-9 运行结果举例.txt

3.3.2　for 循环语句

一般情况下,使用 while 循环结构就可以完成任务,但是有些时候选择 for 循环结构更加有效。比如,要为一个集合(序列和其他可迭代对象)的每个元素都执行一个相同的代码块,使用 for 语句更有效。

for 语句的基本形式如下:

for <变量> in <序列>:
　　循环体语句块

其中,序列可以是等差数列、字符串、列表、元组或者是一个文件对象。在执行过程中,变量依次被赋值为序列中的每一个值,然后执行缩进块中的循环体语句。序列中的所有元素全部扫描完毕,循环结束。

❀ 注意

　　(1)循环体中的每条语句都缩进至相同的缩进级别,表示循环体的开始位置和结束位置。

　　(2)与其他语言的 for 循环不同,循环结构的控制被打包成序列方式,实际上仍然暗含循环结构设计的三要素。其中,序列中第一个元素的赋值相当于循环控制变量赋初值;每次循环结束后,选取列表中的下一个元素,相当于循环控制变量的迭代;只要序列中还有元素就执行循环体,相当于循环继续执行的条件。

　　(3)序列可以是后面要讲的数据结构对象,也可以通过 range 来产生一个连续的数字列表。range 不是一个真正的函数,它是一种数据类型,代表不可操作的连续数字。

（4）for 语句末尾要加冒号。

（5）在 Python 命令行交互方式使用循环语句时，需要在循环结构中的最后一条语句之后按两次 Enter 键，目的是提示交互式命令程序循环结构已经结束，可以开始执行了。但是在文本编辑器中不需要这个额外的按 Enter 键的操作。

（6）序列中的对象也可以由用户罗列，而不是由 range 函数生成，如[1,2,3,4,5]或['string1','string2',…,'stringn']，每个数据之间用逗号分隔。

（7）列表中的数据不需要按顺序排列。

range 的用法如下：

range([start,] stop [,step])

参数说明：start 为可选参数，起始数；stop 为终止数；step 为可选参数，步长。

1. range(stop)

功能：如果 range 只有一个参数 x，则产生一个包含 0～x−1 的整数序列。

例如，range(6)将产生序列 0、1、2、3、4、5。

2. range(start,stop)

功能：从 start 开始，产生一系列整数 start，start＋1，start＋2，…，stop−1。该序列的步长为 1。要求 start 和 stop 是整数，且 start<stop。

例如，range(0,5)将产生序列 0,1,2,3,4；range(−4,3)将产生序列 −4,−3,−2,−1,0,1,2。

3. range(start,stop,step)

功能：从 start 开始产生整数序列 start，start＋s，start＋2＊s，…，start＋r＊s。其中，最后一个数据小于 stop，即满足公式 start＋r＊s<stop。start、stop 和 step 都是整数，并且 start<stop。

例如，range(3,10,2)将产生序列 3,5,7,9；range(−10,10,4)将产生序列 −10,−6,−2,2,6。

任务 3-10 计算 n 的阶乘

任务描述

编写一个 Python 程序，用户输入一个正数，计算该数的阶乘并输出结果。

任务实现

1. 设计思路

根据阶乘的计算公式 $n!＝1×2×3×…×n$ 可知，首先需要生成一个 1～n 的序列，然后利用 for 循环依次把从序列中获得的数值进行累乘运算。另外，为累乘器的初值赋 1。

2. 源代码清单

程序代码如表 3-10 所示。

表 3-10　任务 3-10 程序代码

＃程序名称 task3_10.py

序号	程序代码
1	print("本程序计算 n 的阶乘!")
2	num = int(input('请输入一个正整数：'))
3	s = 1　　　　　　　　　　　　　＃累乘器变量 s 赋初值 1
4	＃for 循环结构,从 1 到 num 依次取一个数据赋值给 n
5	for n in range(1,num + 1):
6	s = s * n　　　　　　　　　＃实现累乘
7	print("{0}!= {1}".format(num,s))　　＃输出结果

任务 3-10 运行结果举例.txt

任务 3-11　计算分数之和

任务描述

编写一个 Python 程序,用户输入一个整数,计算下式的值：

$$s = \sum_{i=0}^{n} (-1)^i \frac{1}{2 \times i + 1}$$

任务实现

1. 设计思路

根据上述公式可知,这是一个分数的连续相加问题,且每项的分母是一个奇数。首先,需要生成一个 $1 \sim 2 \times n + 1$ 的奇数序列；然后,利用 for 循环,依次把从序列中获得的数值进行累加运算。另外,为累加器变量的初值赋 0。

2. 源代码清单

程序代码如表 3-11 所示。

表 3-11　任务 3-11 程序代码

＃程序名称 task3_11.py

序号	程序代码
1	print("本程序计算分数之和!")
2	num = int(input('请输入一个正整数：'))
3	s = 0　　　　　　　　＃累加器变量 s 赋初值 0

续表

序号	程 序 代 码
4	flag = 1　　　　　　　　　　　＃用来生成分数前面的符号,第一次是正号
5	＃用 range 函数生成从 1 开始的奇数序列
6	for i in range(1,num * 2 + 1,2):
7	s = s + flag * (1/i)　　　＃给当前的分数添加符号后累加
8	flag = - flag　　　　　　　＃产生正、负交替的符号
9	print("分数之和是: {0:.6f}".format(s))

任务 3-11 运行结果举例.txt

3.3.3 break 和 continue 语句

当需要中途从循环结构退出时,在 Python 中使用 break 语句。

语法格式:

```
break
```

功能:从循环体当前位置退出。在循环结构中执行到该语句时,循环马上退出并终止。通常 break 语句出现在 if 语句中,即通过某种条件判断来决定是否退出循环结构。

还有一种情况是跳过循环体中未执行的语句,返回到循环体的头部继续执行新一轮循环。在 Python 中可以使用 continue 语句。

语法格式:

```
continue
```

功能:结束当前循环,开始新一轮循环。即当前循环中的剩余语句不再执行,程序跳转到循环的头部重新开始下一轮循环。通常 continue 语句也出现在 if 语句中,即通过某种条件判断来决定是否退出当前循环。

任务 3-12　素数判断

任务描述

编写一个 Python 程序,用户输入一个正数,判断其是否是素数。

任务实现

1. 设计思路

根据素数的判断规则可知,对于一个整数 num,如果 num 与 2～num－1 的任何数都没有整除关系,则 num 就是一个素数。因此,需要生成一个 2～num－1 的序列,然后利用 for 循环,依次把从序列中获得的数值与 num 通过取余运算来进行整除关系的判断。另外,需设计一个标记变量 flag 来指示是否出现过整除的情况。

2. 源代码清单

程序代码如表 3-12 所示。

表 3-12　任务 3-12 程序代码

♯程序名称 task3_12.py

序号	程序代码
1	print("本程序判断一个整数是否是素数!")
2	num = int(input('请输入一个正整数：'))
3	♯检测输入数据的有效性，若非正数，则退出程序
4	if(num <= 0):
5	print("输入数据有误!")
6	exit(0)
7	♯flag 是标记变量，假定当前的数是素数
8	flag = 1
9	♯构造一个 2～num-1 的序列，并通过 for 循环依次取值进行判断
10	for i in range(2,num):
11	♯如果当前 i 与 num 有整除关系，则 num 不是素数，修改标记变量的值
12	♯如果 nun 是素数，下面 if 语句中的条件判断始终是假，则 flag 不会被改变
13	if(num % i == 0):
14	flag = 0
15	♯退出整个循环结构，其余的数不需要判断
16	break
17	♯根据标记变量的值输出判断结果
18	if(flag == 0):
19	print("{0}不是素数!".format(num))
20	if(flag == 1):
21	print("{0}是素数!".format(num))

任务 3-12 运行结果举例.txt

任务 3-13　用户登录模拟

任务描述

编写一个 Python 程序，输入用户名和密码。如果正确，显示欢迎信息，否则输出错误信息；连续超过 3 次错误，不能继续登录。

任务实现

1. 设计思路

首先使用变量预先存放用户名和密码，然后设计最多执行 3 次的循环结构。在循环体中要求用户输入用户名密码,并判断输入是否正确。如果输入 3 次都不正确,打印提示信息,不允许再次登录。

2. 源代码清单

程序代码如表 3-13 所示。

表 3-13 任务 3-13 程序代码

序号	程序代码
	♯程序名称 task3_13.py
1	♯用两个变量预先保存用户名和密码
2	uname = "zhangsan"
3	upass = "123456"
4	♯count 是计数器,判断用户输入错误的次数
5	count = 0;
6	♯构造一个最多执行 3 次的循环
7	for i in range(1, 4):
8	sname = input("请输入用户名:")
9	spass = input("请输入密码:")
10	♯判断用户名和密码是否正确.如果正确,显示提示信息并退出循环
11	if(sname == uname and spass == upass):
12	print("登录成功!")
13	break
14	♯用户名和密码有误,输出提示信息并累计出错次数
15	else:
16	print('用户名或密码错!')
17	count += 1
18	♯出错 3 次,退出程序
19	if(count == 3):
20	print("错误超过 3 次,不允许登录!")
21	exit(0)

任务 3-13 运行结果举例.txt

任务 3-14 数值计算

任务描述

编写一个 Python 程序,输出 100~300 以内所有能被 23 整除的数字。

任务实现

1. 设计思路

构造一个 100~300 的序列,用 for 循环逐一检测,并输出符合条件的数据。在此使用

continue 语句。

2. 源代码清单

程序代码如表 3-14 所示。

表 3-14　任务 3-14 程序代码

♯程序名称 task3_14.py

序号	程序代码
1	print('本程序输出 100～300 内所有能被 23 整除的数！')
2	♯for 循环测试 100～300 之间的每个数
3	for num in range(100,301):
4	♯若 num 不能被 23 整除,执行 continue 语句,跳到循环头部开始下一轮循环
5	if(num % 23!= 0):
6	continue
7	♯打印满足题目要求的数据,end = ';'表示用分号分隔数据,不换行
8	print(num,end = ';')

任务 3-14 运行结果举例.txt

3.3.4　循环中的 else 语句

Python 支持在循环语句中关联 else 语句。如果 else 语句和 for 循环语句一起使用,else 块只在 for 循环正常终止时执行(而不是遇到 break 语句)。如果 else 语句用在 while 循环中,当条件变为 False 时,执行 else 语句。

使用 else 语句的循环结构如下所示。

1. while 循环语法

```
[初始化语句]
while (循环条件):
    语句块
    [迭代语句]
else:
    语句块
```

2. for 循环语法

```
for <变量> in <序列>:
    循环体语句块
else:
    语句块
```

注意

(1) else 中的语句会在循环正常执行完后执行。

(2) 当 for 循环或 while 循环中的语句通过 break 跳出而中断时,不会执行 else 语句。

（3）for-else 结构或 while-else 结构一般要和 break 语句一起使用，才能体现其强大之处。

（4）在循环结构中使用 else 之后，类似于任务 3-12 中的程序不必使用标记变量了，并且调出循环之后也不需要额外的判断结构，程序结构简化很多。

任务 3-15　输出素数

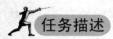 **任务描述**

编写一个 Python 程序，输出 100～200 之间的所有素数。

任务实现

1. 设计思路

素数的判断规则同任务 3-12，不同的是在 for 循环中使用 else 语句，从而不需要标记变量。

2. 源代码清单

程序代码如表 3-15 所示。

表 3-15　任务 3-15 程序代码

程序名称 task3_15.py

序号	程序代码
1	import math
2	print('本程序输出 100～200 内的所有素数！')
3	#count 用于计数素数个数，在输出时用于控制何时换行
4	count = 0;
5	#依次判断 100～200 之间的所有数值，下面的 for 语句是外循环
6	for num in range(100,201):
7	#从 2 到 num 的开方依次判断与 num 是否有整除关系．如果有，退出内循环
8	#由于用 break 语句退出，因此不执行内循环的 else 语句
9	for i in range(2,int(math.sqrt(num))):
10	if(num % i == 0):
11	break;
12	#如果内循环正常结束，则执行此 else 语句，输出素数
13	else:
14	#控制每输出 5 个数就换行
15	if(count % 5 == 0 and count!= 0):
16	print()
17	#输出结果，用分号分隔
18	print(num,end = ';')
19	count += 1

任务 3-15 运行结果.txt

3.3.5 嵌套循环

循环结构的循环体内可以包含任意 Python 语句，因此也可以包含另外的循环结构。其中，最外层的循环称为外循环，包含的循环称为内循环。内循环必须完全包含在外循环中。并且外循环和内循环的控制变量不能相同。在嵌套循环结构中，嵌套的层数可以是任意的。

任务 3-16 输出九九乘法表

任务描述

编写一个 Python 程序，输出阶梯形式的九九乘法表。

任务实现

1. 设计思路

根据题目要求，输出一张表格式的乘法表，需要用双重循环结构来完成。其中，外层循环控制输出的行数，内层循环控制每行输出的列数。循环体内输出乘法表。

2. 源代码清单

程序代码如表 3-16 所示。

表 3-16　任务 3-16 程序代码

程序名称 task3_16.py

序号	程序代码
1	print("九九乘法表")
2	# 外层 for 循环，控制输出行数，一共输出 9 行
3	for i in range(1,9):
4	# 内层循环，用于控制输出列数，输出 i 列
5	for j in range(1,i+1):
6	# 输出 1 * 1 = 1 这样的结果，不同列之间用两个空格分隔
7	print('{0} * {1} = {2}'.format(i,j,i * j),end = ' ')
8	# 外层循环的 print 语句，内循环结束后，用于换行
9	print()

任务 3-16 运行结果.txt

任务 3-17　输出水仙花数

任务描述

编写一个 Python 程序,输出 3 位数中的所有水仙花数。水仙花数是指一个 n 位正整数 ($n \geq 3$),它的每个位上的数字的 n 次幂之和等于它本身。例如,$1^3 + 5^3 + 3^3 = 153$。

任务实现

1. 设计思路

根据题目要求,用一个三重循环来表示 3 位数。其中,外层循环表示百位,第二层循环表示十位,最内层循环表示个位。在循环体内把三层循环结构所表示的数字组合成一个 3 位数,判断后输出结果。

2. 源代码清单

程序代码如表 3-17 所示。

表 3-17　任务 3-17 程序代码

# 程序名称 task3_17.py	
序号	程序代码
1	print("3 位数中的水仙花数是：")
2	#最外层循环,1~9,代表百位
3	for i in range(1,10):
4	#第二层循环,0~9,代表十位
5	for j in range(0,10):
6	#第三层循环,0~9,代表个位
7	for k in range(0,10):
8	#根据位序组合成相应的 3 位数
9	tmp = i * 100 + j * 10 + k
10	#判断是否是水仙花数
11	if(tmp == i ** 3 + j ** 3 + k ** 3):
12	#输出水仙花数,用空格分隔
13	print(tmp,end = ' ')

任务 3-17 运行结果.txt

3.3.6　字符串的遍历循环

除了遍历数字序列中的数字外,也可以使用 for 循环来处理单个的字符串或字符串列表。对于字符串列表,循环结构依次遍历每一个字符串列表中的单词,直到最后一个字符串经过遍历且执行完循环体,循环结构结束。for 语法中的<变量>的类型是字符串。

遍历字符串列表的 for 循环如下:

```
for <变量> in ['string1','string2',…,'stringn']:
    循环体语句块
[else:
    语句块]
```

对于单独的一个字符串,在<序列>中可以是一个只加引号的任意字符串。循环结构执行时,从第一个字符开始,针对字符串中的每一个字符执行一次循环体。循环执行的次数就是字符串的长度。

遍历字符串的 for 循环如下:

```
for <变量> in 字符串:
    循环体语句块
[else:
    语句块]
```

任务 3-18   创建扑克牌

任务描述

编写一个 Python 程序,生成一副扑克牌,有 4 个花色,每个花色有 13 张牌。

任务实现

1. 设计思路

根据题目要求,需要使用 2 个字符串列表来分别存放 13 张牌和 4 个花色。因为每个花色都要配 13 张牌,因此需要设计一个二重循环结构来完成。外层循环控制 4 个花色,遍历列表中的每一个花色,直到 4 个花色全部访问到。内层循环控制 13 张牌。在外层循环的每一次迭代中,内层循环都要执行一遍。在循环体中输出所有的牌面。

2. 源代码清单

程序代码如表 3-18 所示。

表 3-18   任务 3-18 程序代码

♯程序名称 task3_18.py

序号	程 序 代 码
1	♯ranks 表示扑克牌中的 13 个数字
2	ranks = ['2','3','4','5','6','7','8','9','10','J','Q','K','A']
3	suits = ['黑桃','红桃','方块','梅花'] ♯suits 表示扑克牌的 4 个花色
4	print("一副扑克牌:")
5	for suit in suits: ♯外层循环,控制花色的数目
6	for rank in ranks: ♯内层循环,为每个花色配相应的牌的数字
7	♯输出配好的牌面,每种花色一行内输出
8	print(suit + rank, end = ' ')
9	print() ♯换行

任务 3-18 运行结果.txt

任务 3-19　字符串逆序输出

任务描述

编写一个 Python 程序，输入一个字符串，然后逆序输出。

任务实现

1. 设计思路

根据题目要求，需要使用循环结构来遍历每个字符。在遍历过程中，依次把每次遍历的字符插到结果字符串的前面，最后输出结果字符串。

2. 源代码清单

程序代码如表 3-19 所示。

表 3-19　任务 3-19 程序代码

#程序名称 task3_19.py	
序号	程序代码
1	str = input("请输入一个字符串：")
2	#re 保存逆序后的字符串，赋空值
3	re = ' '
4	#对字符串中的每个字符进行遍历
5	for ch in str:
6	#依次把每次遍历的字符插到结果字符串的前面
7	re = ch + re
8	print(re)

任务 3-19 运行结果举例.txt

3.3.7　pass 语句

在循环结构中，for 语句或 while 语句之后必须紧跟至少包含一条语句的缩进语句块，有些情况下需要一个没有循环体语句块的循环结构，此时可以使用 pass 语句。pass 语句是一个"什么也不做"的占位符语句，例如：

```
for m in[1,2,3,4,5]:
    pass
```

3.4 习　题

（1）某种商品对于订购数量小于 100 个的订单无折扣，100～200 个的订单折扣 1.5%，200～500 个的订单折扣率是 3.5%，500 个以上的订单折扣率是 5%。编写程序，输入商品的单价和数量，计算付款额。

（2）编写一个复数运算的小计算器，用户输入任意两个复数和运算符号，输出运算结果。

（3）编写一个程序，输出三个数中两个较大值的平均值。

（4）编写一个程序，处理储蓄账户取款问题。要求输入账户余额和取款额，输出取款后余额。如果取款额大于余额，输出"余额不足，不能取款！"；如果取款后余额小于 100 元，输出"余额不足 100 元！"。

（5）从键盘输入一个学生的分数，要求实现下述判断功能：如果分数大于 100，输出"Input error!"；如果分数为 100～90，输出"Very Good!"；如果分数为 80～90，输出"Good!"；如果分数为 70～80，输出"Middle"；如果分数为 60～70，输出"Pass!"；如果分数小于 60，输出"Not Pass!"。

（6）编写程序，求 $S=1/(1\times2)+1/(2\times3)+1/(3\times4)+\cdots1/(50\times51)$ 之和。

（7）计算 $s=1-2!+3!-4!+\cdots-10!$ 的值并输出。

（8）编写程序，求出 555555 的约数中最大的 3 位数。

（9）编写一个程序，求出满足下列条件的 4 位数：该数是个完全平方数，且第一位与第三位数字之和为 10，第二位与第四位数字之积为 12。

（10）已知 $abc+cba=1333$，其中 a、b、c 均为 1 位数。编写一个程序，求出 a、b、c 分别代表什么数字。

列表与元组

Python 中的术语对象用来表示某种数据类型的任意实例。Python 的核心对象是数值、字符串、列表、元组、集合、字典和文件。本单元将介绍列表、元组、集合和字典。文件将在单元 5 介绍。

4.1 列　　表

列表是 Python 中最基本的数据结构，也是最常用的 Python 数据类型，列表的数据项不需要具有相同的类型。列表中为每个元素分配一个数字，表示它的位置或索引。第一个索引是 0，第二个索引是 1，以此类推。

列表的特点是通过一个变量存储多个数据值，且数据类型可以不同。另外，列表可以修改，如添加或删除列表中的元素。

Python 中内置了很多函数或方法来操作列表，主要包括索引、分片、列表操作符加和乘，以及其他一些函数和方法，如计算列表长度、最大值、最小值等函数以及添加、修改或删除列表元素的方法等。

4.1.1　列表的创建和使用

1. 列表的创建

列表的创建是用方括号括起所有元素，并且元素之间用逗号分隔。若使用一对空的方括号，创建的是一个空的列表。

列表举例如下：

[5,10,4,5 2]　　　['Monday','Month','Year']　　　[2014,'年']

为使用方便，通常给列表起一个名字，如 num=[5,10,4,5 2]。

列表创建后，逐一输出列表的元素称为列表的遍历。由于列表中可以存放很多元素，因此遍历列表通常需要用到循环结构。可以用下述 4 种方法来遍历列表元素。

(1) 使用 in 操作符遍历。

(2) 使用 range() 或 xrange() 函数遍历。

(3) 使用 iter() 函数遍历。它是一个迭代器函数。

(4) 使用 enumerate() 函数遍历。该函数用于遍历序列中的元素及其下标。

【例 4-1】 列表元素遍历示例。代码如下：

```
print('第一种遍历方法,使用 in 操作符')
```

```
mylist = ['1001','Apple',4.5,'山东','2016-9',300]
for item in mylist:
    print(item,end=' ')
print()
print('第二种遍历方法,使用 range()或 xrange()函数')
listLen = len(mylist)
for i in range(listLen):
    print(item,end=' ')
print()
print('第三种遍历方法,使用 iter()函数')
for item in iter(mylist):
    print(item,end=' ')
print()
print('第四种遍历方法,enumerate()函数')
for item in enumerate(mylist):
    print(item,end=' ')
```

例 4-1 运行结果.txt

2. 列表元素的访问与列表的切片

与字符串类似,列表中的元素也是从前往后使用从 0 开始的正向索引,或使用从 -1 开始的从后往前的逆向索引来标注元素的位置。

列表使用索引来访问列表中的元素,或使用方括号形式的切片功能来截取子列表。

切片语法格式:

a:b,且 a<b

功能:是从 a 表示的索引开始到 b-1 表示的索引为止的所有元素组成的子列表。

a 和 b 取值不同时的切片含义如表 4-1 所示。

表 4-1 a、b 取值不同时的切片含义

切片语句	含　　义
list1[m:n]	得到一个索引从 m 开始到 n-1 为止的元素所构成的子列表
list1[:]	得到一个与 list1 一样的新列表
list1[m:]	得到一个从 m 开始到列表末尾所有元素组成的子列表
list1[:n]	得到一个从开始到 n-1 索引为止的元素组成的子列表

【例 4-2】 索引和切片应用示例。代码如下:

```
# 分别输入年、月、日,组合后以对应的英文形式输出
months = ['January','February','March','April','May','June',
    'July','August','September','October','November','December']
# 定义 1～31 天的英文后缀
```

```
endings = ['st','nd','rd'] + 17 * ['th'] + ['st','nd','rd'] + 7 * ['th'] + ['st']
year = input('Year: ')
month = int(input('Month(1 - 12): '))
day = int(input('Day(1 - 31): '))
month_name = months[month - 1]
ordinal = str(day) + endings[day - 1]
print(month_name + ' ' + ordinal + '.' + year)
print('Spring is ',months[1:4])
print('Autumn is ',months[ - 5: - 2])
```

 例 4-2 运行结果.txt

3. 更新列表

Python 允许对列表的数据项进行修改或更新。如果对列表中的任意一项重新赋值，相当于修改，也可以使用 append() 方法添加新的列表项。

例如：

```
list1 = [1,2,3,4,5,6,7]
list[2] = 10              #把列表的第三项由原来的 3 改为 10
list1.append(8)          #在列表的尾部增加一个新元素 8,列表变为[1,2,3,4,5,6,7,8]
```

4. 删除列表

Python 中使用 del 语句来删除列表的元素。例如：

```
list1 = [1,2,3,4,5,6,7]
del list1[2]            #删除列表中的第三个元素,结果为[1,2,4,5,6,7]
del list1[2:4]          #删除索引从 2 开始到 3 的元素,结果为[1,2,5,6,7]
del list1               #删除整个列表
```

Python 中的 pop() 方法可以从列表中获取某索引位置的元素并删除这个元素。当从列表中弹出一个值时，其后面的元素会依次向前移动一个位置。例如：

```
t = ['a','b','c','d']
t.pop(2)
print(t)               #结果为：['a','b','d']
```

如果 pop() 方法中没有指定要弹出元素的索引，则弹出最后一个元素。例如：

```
t = ['a','b','c','d']
print(t.pop())         #输出弹出的元素 d
print(t)               #输出 pop 操作之后的列表,结果为['a','b','c']
```

5. 列表操作符

列表的 + 和 * 的操作符与字符串相似。其中，+ 用于合并列表，* 用于重复列表。成员运算符 in 和 not in 用来测试元素是否在列表中。使用方法如表 4-2 所示。

表 4-2　列表操作符示例

Python 语句	结　　果	说　　　　明
len([1,2,3,4,5])	5	列表的长度(元素个数)
[1,2,3,4] + [5,6,7]	[1,2,3,4,5,6,7]	合并两个列表为一个列表
['abc'] * 4	['abc','abc','abc','abc']	列表重复 4 次
[3] in [1,2,3,4,5]	True	检测元素是否存在列表中
[3] not in [1,2,3,4,5]	False	检测元素是否不存在列表中
for x in [1,2,3]: print x	1 2 3	循环迭代

6. 列表操作的函数和方法

操作列表时,函数和方法的区别在于:函数操作中,列表对象作为函数的参数;而方法操作中,通过列表对象名.方法名(参数表)的形式来调用方法。关于方法的定义和使用,参见高级篇中面向对象的单元。

列表中的常用函数如表 4-3 所示,其中 list1 = [1,2,3,4,5]。

表 4-3　列表中的常用函数

函数名	实　　例	结　　果	功　能　描　述
len(list)	print(len(list1))	5	计算列表元素个数
max(list)	print(max(list1))	5	返回列表元素最大值
min(list)	print(min(list1))	1	返回列表元素最小值
sum(list)	print(sum(list1))	15	列表中所有元素求和
list(seq)	print(list('a','b','c'))	['a','b','c']	将元组转换为列表

列表中的常用方法及示例如表 4-4 所示。

表 4-4　列表中的常用方法及示例

函　数　名	实　　例	结　　果	功　能　描　述
append(obj)	t=['a','b','c'] t. append('d')	['a','b','c','d']	在列表末尾添加新的对象
count(obj)	t=['a','b','c'] print(t. count('a'))	2	统计某个元素在列表中出现的次数
extend(seq)	t=['a','b','c'] t. extend(['c','d'])	['a','b','c','c','d']	在列表末尾一次性追加另一个序列中的多个值
index(obj)	t=['a','b','c','a'] print(t. index('a'))	0	从列表中找出与某个值第一次匹配的索引位置
insert(index,obj)	t=['a','b','c','d'] t. insert(2,'q')	['a','b','q','c','d']	将对象插入列表中 index 索引所指的位置
pop(index)	t=['a','b','c','d'] print(t. pop(2))	c	删除列表中的一个元素,并且返回该元素的值
remove(obj)	t=['a','b','c','a'] t. remove('a')	['b','c','a']	删除列表中某个值的第一个匹配项
reverse()	t=['a','b','c','d'] t. reverse()	['d','c','b','a']	反向列表元素
sort([func])	t=['g','b','a','k','m'] t. sort()	['a','b','g','k','m']	对原列表排序

注意

（1）列表在执行了 del()方法或 remove()方法之后,列表中被删除元素之后的其他元素会依次向前移动一个位置。

（2）列表在执行了 insert()方法之后,列表中大于等于给定索引位置的所有元素会依次向后移动一个位置。新增加的元素添加在 index 所指示的位置。

（3）使用 append()方法时,如果参数也是一个列表对象,要添加的列表对象会作为一个单独的元素来处理,即相当于一个嵌套列表。

例如:

```
t = ['a','b','c','d']
t.append(['e','f'])
```

运行结果是:

```
['a','b','c','d',['e','f']]
```

（4）如果只是想合并两个列表,不想得到上述嵌套的列表,不使用 append()方法,而采用 extend()方法。

（5）列表使用 sort()方法和 reverse()方法之后会重新排列列表,因此原来元素的索引会发生改变,在新列表中引用元素时要注意。

7. 嵌套列表

Python 中支持嵌套列表,即列表中的元素也是列表,也称多维列表。Python 中对于嵌套列表的层次数目没有限制,但是最好不要超过 3 层,否则会增加处理的复杂度。

对于两层嵌套列表而言,在嵌套列表中,一级索引的含义与普通列表相同。例如,对于列表 t=[[t00,t01,t02],[t10,t11,t12],t[20,t22,t23]],t[0]表示第一个元素[t00,t01,t02];对于列表中的每个元素,即子列表中的所有元素,需要使用二级索引来表示。例如,t[1][2]表示第二个子列表中的第三个元素 t12。

嵌套列表的遍历需要使用多重循环结构。如果只是嵌套两层,可以使用两重循环结构来遍历;如果嵌套层次大于两重,建议使用递归函数来遍历。

【例 4-3】 两层嵌套列表遍历示例。代码如下:

```
mylist = [['1001','Apple',4.5,'山东','2016 - 9',300],
        ['1002','Banana',2.5,'海南','2017 - 2',500],
        ['1001','Orange',3.3,'四川','2016 - 12',350]]
for each in mylist:
    for item in each:
        print(item,end = ' ')
    print()
```

例 4-3 运行结果.txt

任务 4-1　学生成绩统计

任务描述

编写一个 Python 程序,实现学生成绩统计。要求输入 n 个学生的学号、姓名和语文、数学、英语、综合四门课程的成绩,生成每个学生的总成绩和平均成绩,统计并输出各科成绩的最高分、最低分以及各科的平均分和总平均分。

任务实现

1. 设计思路

根据题目要求,需要设计一个学生成绩列表。其中,列表的每一项表示一个学生的成绩信息;每个学生的成绩信息也是一个列表,由 6 项组成,分别是学号、姓名、语文成绩、数学成绩、英语成绩和综合成绩;还需要增加两项,分别是总成绩和平均成绩,通过计算获得。学生列表创建完成后,根据统计要求,分别创建各科成绩和平均成绩的列表,然后在这些新创建的列表中进行各项统计。

2. 源代码清单

程序代码如表 4-5 所示。

表 4-5　任务 4-1 程序代码

程序名称 task4_1.py

序号	程序代码
1	`print("学生成绩统计")`
2	`num = int(input("请输入学生人数："))`
3	`grade = [ ]`　# grade 是存放所有学生成绩信息的列表,初始化为空列表
4	# 数据有效性检测. 如果输入数据小于等于 0,程序退出
5	`if(num < 0):`
6	`    print("输入错误!")`
7	`    exit(0)`
8	# 依次输入每个学生的相关信息
9	`for i in range(num):`
10	# 每个学生需要输入 5 项数据,存放在子列表,之后用于内嵌的列表
11	# 每轮循环都要重新初始化为空列表,用于存放下一个学生的数据
12	`    stu = [ ]`
13	# 输入学生的第一项信息,并添加到列表 stu 中
14	`    stu. append(input("请输入学生的学号："))`
15	`    stu. append(input("请输入学生的姓名："))`
16	# 输入学生的第三项信息,转换成数值形式后添加到列表 stu 中
17	`    stu. append(int(input("请输入学生的语文成绩：")))`
18	`    stu. append(int(input("请输入学生的数学成绩：")))`
19	`    stu. append(int(input("请输入学生的英语成绩：")))`
20	`    stu. append(int(input("请输入学生的综合成绩：")))`
21	# 每个学生的信息子列表创建完毕,作为一个元素添加到大列表中
22	`    grade. append(stu)`

续表

序号	程 序 代 码
23	#计算每个学生的总成绩和平均成绩
24	for i in range(num):
25	#从列表 grade 中依次提取每个子列表元素
26	stu = grade[i]
27	#列表 stu 中通过计算,添加总成绩项和平均成绩项
28	stu.append(stu[2] + stu[3] + stu[4] + stu[5])
29	stu.append(stu[6]/4)
30	#依次遍历列表 grade,以列表方式输出所有学生信息
31	for i in range(num):
32	print(grade[i])
33	#存放各科成绩的列表,赋初值为空列表
34	yuwen = []
35	shuxue = []
36	yingyu = []
37	zonghe = []
38	zp = []
39	#遍历整个列表 grade,取出相应的数据赋值给各科成绩列表
40	for i in range(num):
41	#取出当前学生的语文成绩,并添加到列表 yuwen 中
42	yuwen.append(grade[i][2])
43	shuxue.append(grade[i][3])
44	yingyu.append(grade[i][4])
45	zonghe.append(grade[i][5])
46	zp.append(grade[i][7])
47	#用 max()函数计算语文列表的最大值
48	maxyuwen = max(yuwen)
49	#用 min()函数计算语文列表的最小值
50	minyuwen = min(yuwen)
51	maxshuxue = max(shuxue)
52	minshuxue = min(shuxue)
53	maxyingyu = max(yingyu)
54	minyingyu = min(yingyu)
55	maxzonghe = max(zonghe)
56	minzonghe = min(zonghe)
57	maxzp = max(zp)
58	minzp = min(zp)
59	#用 sum()函数计算语文列表所有元素的和,然后除以人数,得到平均值
60	yuwenp = sum(yuwen)/num
61	shuxuep = sum(yuwen)/num
62	yingyup = sum(yuwen)/num
63	zonghep = sum(yuwen)/num
64	zpf = sum(zp)/num

续表

序号	程 序 代 码
65	＃输出统计信息
66	print("{0}最高分是{1},{0}最低分是{2},平均分是{3:.2f}".format('语文',
67	maxyuwen,minyuwen,yuwenp))
68	print("{0}最高分是{1},{0}最低分是{2},平均分是{3:.2f}".format('数学',
69	maxshuxue,minshuxue,shuxuep))
70	print("{0}最高分是{1},{0}最低分是{2},平均分是{3:.2f}".format('英语',
71	maxyingyu,minyingyu,yingyup))
72	print("{0}最高分是{1},{0}最低分是{2},平均分是{3:.2f}".format('综合',
73	maxzonghe,minzonghe,zonghep))
74	print("总平均分是{0:.2f}".format(zpf))

任务 4-1 运行结果举例.txt

任务 4-2 学生信息管理

任务描述

　　编写一个 Python 程序,实现对学生如下信息的管理:学号、姓名、性别、出生日期、电话、邮箱。要求提供菜单选择,实现学生信息的录入、查询、增加、修改、删除、排序等操作。

任务实现

　　1. 设计思路

　　根据题目要求,需要使用一个列表来存放所有学生信息,列表中的每个元素表示一个学生,每个学生的信息再用一个子列表来表示,因此需要创建一个嵌套的列表。对于学生信息的管理,通过一个循环结构以菜单的形式供用户选择,并根据选择执行相应的功能语句块。这里需要用到表 4-4 所示的方法来完成录入、查询、增加、修改、删除、排序操作。

　　2. 源代码清单

　　程序代码如表 4-6 所示。

表 4-6　任务 4-2 程序代码

＃程序名称 task4_2.py

序号	程 序 代 码
1	print("\t\t 学生信息管理")
2	grade = [ ]　　　　　　　　　　　　　　　＃grade 是学生信息列表,初值为空
3	num = 0　　　　　　　　　　　　　　　　＃num 是列表中的学生人数,初值为 0
4	＃利用 while 定义循环显示的菜单,True 表示真,是无限循环结构

续表

序号	程 序 代 码
5	while True:
6	print("1.录入")
7	print("2.查找")
8	print("3.添加")
9	print("4.修改")
10	print("5.删除")
11	print("6.排序")
12	print("7.显示")
13	print("0.退出")
14	choice = int(input("请输入你的选择(0～7)"))　　#接收用户的选择
15	#检查用户输入合法性.若输入不合法,重新显示菜单并重新输入
16	if(choice < 0 or choice > 7):
17	print("输入非法,请重新输入!")
18	if(choice == 0):　　　　　　　　　　　　#用户输入 0,则程序结束运行
19	#退出循环结构
20	break;
21	if(choice == 1):　　　　　　#用户输入 1,完成列表初次建立时的录入数据功能
22	num = int(input("请输入学生人数:"))　　　#输入要录入的学生人数
23	if(num < 0):　　　　　　　　　　　#输入合法性检查
24	print("输入错误!")
25	break;
26	for i in range(num):　　　　　　　　　#输入 num 个学生的信息
27	stu = []　　　　　　　　　#当前学生的信息暂存在列表 stu 中
28	stu.append(input("请输入学生的学号:"))
29	stu.append(input("请输入学生的姓名:"))
30	stu.append(input("请输入学生的性别:"))
31	stu.append(input("请输入学生的出生日期:"))
32	stu.append(input("请输入学生的电话:"))
33	stu.append(input("请输入学生的邮箱:"))
34	#stu 列表作为一个元素添加到 grade 列表中
35	grade.append(stu)
36	if(choice == 2):　　　　　　　　　　#用户选择 2,执行查找功能
37	que = input("请输入查找关键字")　　　#用户输入查找关键字
38	#对列表 grade 中的每个元素,查找关键字是否存在
39	for i in range(num):
40	stu = grade[i]　　　　　　　　#从列表中摘下当前元素
41	#在当前学生信息列表 stu 中查找是否存在关键字
42	if que in stu:
43	#如果找到,输出该学生的详细信息
44	print("你要找的学生信息如下:")
45	print(stu)
46	break;

续表

序号	程 序 代 码
47	`    else:`
48	`        print("未找到!")            #找不到,输出相应信息`
49	`if(choice == 3):                #用户选择3,执行添加功能`
50	`    #允许用户在当前索引范围内的任何位置添加`
51	`    index = int(input("请输入要添加的位置"))`
52	`    #超出索引范围,则不能添加`
53	`    if(index < 0 or index > len(grade)):`
54	`        print("输入错误!")`
55	`    #添加索引有效,执行添加语句块`
56	`    else:`
57	`        stu = []                    #要添加的学生信息先存放在 stu 列表中`
58	`        stu.append(input("请输入学生的学号:"))`
59	`        stu.append(input("请输入学生的姓名:"))`
60	`        stu.append(input("请输入学生的性别:"))`
61	`        stu.append(input("请输入学生的出生日期:"))`
62	`        stu.append(input("请输入学生的电话:"))`
63	`        stu.append(input("请输入学生的邮箱:"))`
64	`        #调用 insert()方法,在 index 的索引处添加列表 stu`
65	`        #原位置及之后所有元素后移一个位置`
66	`        grade.insert(index, stu)`
67	`        num += 1                    #修改元素个数`
68	`if(choice == 4):                #用户选择4,执行修改功能`
69	`    #按学号找到相应的学生来修改`
70	`    sno = input("请输入要修改信息的学生的学号")`
71	`    #在列表中遍历,查找学号 sno 是否存在`
72	`    for i in range(num):`
73	`        stu = grade[i]                  #摘下当前元素并添加到 stu 列表中`
74	`        #在 stu 列表中查找是否存在学号 sno`
75	`        if sno in stu:`
76	`            #如果学号 sno 存在,提供菜单,让用户选择修改哪一项`
77	`            print("你要修改的学生原信息如下:")`
78	`            print(stu)                  #用户修改之前,输出原有信息作为参考`
79	`            while True:`
80	`                print("1.修改学号")`
81	`                print("2.修改姓名")`
82	`                print("3.修改性别")`
83	`                print("4.修改出生日期")`
84	`                print("5.修改电话")`
85	`                print("6.修改邮箱")`
86	`                print("0.退出")`
87	`                ch = int(input("请输入你的选择(0～6)"))`
88	`                if(ch < 0 or ch > 6):      #用户输入的有效性检查`

序号	程 序 代 码
89	print("输入非法,请重新输入!")
90	if(ch == 0):
91	break;
92	elif(ch == 1): #用户选择 1,修改学号
93	#用新输入的学号覆盖原有的学号
94	stu[0] = input("请输入学生的学号: ")
95	elif(ch == 2):
96	stu[1] = input("请输入学生的姓名: ")
97	elif(ch == 3):
98	stu[2] = input("请输入学生的性别: ")
99	elif(ch == 4):
100	stu[3] = input("请输入学生的出生日期: ")
101	elif(ch == 5):
102	stu[4] = input("请输入学生的电话: ")
103	elif(ch == 6):
104	stu[5] = input("请输入学生的邮箱: ")
105	print("修改后的学生信息")
106	print(stu)
107	#列表中找不到,输出提示信息.此处的 else 与 for 对应
108	else:
109	print("未找到!")
110	if(choice == 5): #用户选择 5,执行删除功能
111	sno = input("请输入要删除的学生的学号")
112	for i in range(num): #查找学生学号,按学号删除
113	stu = grade[i]
114	if sno in stu:
115	print("你要删除的学生信息如下: ")
116	print(stu)
117	#删除前,让用户确认是否真正删除.输入 Y 或 y,确认删除
118	ok = input("你确定要删除吗(Y/N)")
119	if(ok == 'y'or ok == 'Y'):
120	grade.pop(i) #用 pop()方法删除索引为 i 的元素
121	num -= 1 #删除后,学生人数减 1
122	print("已成功删除!")
123	break;
124	#列表中找不到,输出提示信息.此处的 else 与 for 对应
125	else:
126	print("未找到!")
127	if(choice == 6): #用户选择 6,执行排序功能
128	while True:
129	print("请选择排序关键字: ")
130	print("1.按学号排序")

续表

序号	程 序 代 码
131	print("2.按姓名排序")
132	print("3.按性别排序")
133	print("4.按出生日期排序")
134	print("5.按电话排序")
135	print("6.按邮箱")
136	print("0.退出")
137	ch = int(input("请输入你的选择(0~6)"))
138	if(ch == 0):
139	break;
140	if(ch < 0 or ch > 6):
141	print("输入非法,请重新输入!")
142	if(ch == 1):
143	# 调用 sort()函数,以子列表的第一项作为关键字排序
144	# reverse = False 是升序排序,reverse = True 是降序排序
145	grade.sort(key = lambda x: x[0], reverse = False)
146	elif(ch == 2):
147	grade.sort(key = lambda x: x[1], reverse = False)
148	elif(ch == 3):
149	grade.sort(key = lambda x: x[2], reverse = False)
150	elif(ch == 4):
151	grade.sort(key = lambda x: x[3], reverse = True)
152	elif(ch == 5):
153	grade.sort(key = lambda x: x[4], reverse = True)
154	elif(ch == 6):
155	grade.sort(key = lambda x: x[5], reverse = True)
156	# 用户选择 7,执行列表元素输出功能
157	if(choice == 7):
158	for i in range(num):
159	print(grade[i])

任务 4-2 运行结果举例.txt

4.1.2 列表解析

Python 的强大特性之一是对 list 的解析。通过对 list 中的每个元素应用一个函数进行计算,将一个列表映射为另一个列表。

列表解析又叫列表推导式,比 for 更精简,运行更快,特别是对于较大的数据集合。以定义方式得到列表,通常要比使用构造函数创建这些列表更清晰。

列表解析的基本语法格式如下:

[<表达式> for <变量> in <列表>]

或

[<表达式> for <变量> in <列表> if <条件>]

其功能是将表达式应用到每个变量上,为新的列表创建一个新的数据值。表达式可以是任何运算表达式,变量是列表中遍历的元素的值。

1. 简单的列表解析

```
t = [x for x in range(1,10)]
print(t)        #结果是:[1,2,3,4,5,6,7,8,9]
t = [x * x for x in range(1,10)]
print(t)        #结果是:[1,4,9,16,25,36,49,64,81]
```

2. 两次循环

```
t = [x for x in range(1,5)]
s = [x for x in range(5,8)]
print(t)                            #输出[1,2,3,4]
print(s)                            #输出[5,6,7]
print([x * y for x in t for y in s])  #输出[5,6,7,10,12,14,15,18,21,20,24,28]
```

【例 4-4】 列表解析应用示例。代码如下:

```
import random
mylist = [random.randint(0,100) for i in range(10)]   #生成0~100内的10个随机数列表
print(mylist)
mylist2 = [i * i for i in mylist]                     #对列表中的每个元素求平方
print(mylist2)
mylist3 = [i for i in mylist if i % 2 == 0]           #挑选列表中的所有偶数
print(mylist3)
mymatrix = [[1,3,5,8],[4,2,6,7],[9,0,4,2]]
print('按行遍历矩阵')
print([row for row in mymatrix])
print('按列遍历矩阵')
print([mymatrix[row][1] for row in range(3)])
print('遍历矩阵对角线')
print([mymatrix[i][i] for i in range(3)] )
transposed = [list(row) for row in zip( * mymatrix)]   #使用列表解析进行矩阵转置
print('遍历矩阵的每一个元素')
print([mymatrix[row][col] for row in range(3)
    for col in range(4)])
print('两个矩阵相加')
mymatrixNew = [[3,6,2,5],[2,4,6,8],[7,5,2,9]]
mymatrixadd = [[mymatrix[row][col] + mymatrixNew[row][col]
            for col in range(4)] for row in range(3)]
print(mymatrixadd)
print('矩阵转置:')
print(transposed)
a = ['4k', '8k', '12k']
b = ['1', '2', '3']
```

```
c = ['libaio','bio','directio']
print('获取笛卡尔积:')
result = [(x,y,z)
          for x in a for y in b for z in c]print(result)
text = ['Python','is','very','intersting']
maxlen = max(len(word) for word in text)          #生成器表达式
maxword = [word for word in text if len(word) == maxlen]
print(maxword)
```

例 4-4 运行结果.txt

任务 4-3   输出乘法表

 **任务描述**

编写一个 Python 程序,用列表解析方式输出九九乘法表。

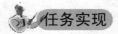 **任务实现**

1. 设计思路

根据题目要求,设计具有两个变量的列表解析语句。变量 x 用于控制乘号左边的数字,变量 y 用于控制乘号右边的数字。

2. 源代码清单

程序代码如表 4-7 所示。

表 4-7   任务 4-3 程序代码

#程序名称 task4_3.py

序号	程序代码
1	'''
2	建立了两个变量的列表,第一个变量 x 从 1 到 9,第二个变量 y 从 1 到 x
3	并对这两个变量逐一配对,并以 x * y = z 的格式作为列表元素
4	用 join() 函数把所有 x 相同的列表元素用空格分隔连接成一个字符串
5	在上述字符串的末尾加换行符,输出的是三角形结构
6	'''
7	print('\n'.join([''.join(['%s * %s = %-2s '%(y,x,x * y)\
8	for y in range(1,x+1)])for x in range(1,10)]))

任务 4-3 运行结果.txt

4.1.3　列表实现堆栈

前面所讲的列表有时也称作线性表,是由一组数据元素组成的集合。线性表的第一个元素的位置称为表头,最后一个元素的位置称为表尾。在有效索引位置范围内,可以任意添加或删除元素。

栈是一种特殊的线性表,它限定插入和删除数据元素的操作只能在线性表的一端进行。栈的这种操作特点是"后进先出"。在栈中,插入操作称为入栈,删除操作称为出栈。

使用列表来模拟栈,可以使用 insert()或 append()方法模拟入栈,使用 pop()方法模拟出栈。

1. 用 insert()和 pop()方法模拟堆栈

采用这种方法模拟的堆栈的特点是列表的表头入栈和出栈。例如:

```
S = []
S.insert(0,'a')           #在列表的第一个位置添加元素,相当于在列表的表头入栈
S.insert(0,'b')
S.insert(0,'c')
print(S)                  #输出结果为:['c','b','a']
print(S.pop(0))           #在列表的第一个位置删除元素,相当于在列表的表头出栈
print(S.pop(0))           #输出结果为:c b
```

2. 用 append()和 pop()方法模拟堆栈

采用这种方法模拟的堆栈的特点是列表的表尾入栈和出栈。例如:

```
S = []
S.append('a')            #在列表的最后一个位置添加元素,相当于在列表的表尾入栈
S.append('b')
S.append('c')
print(S)                  #输出结果为:['a','b','c']
print(S.pop(),end = ' ')  #在列表的最后一个位置删除元素,相当于在列表表尾出栈
print(S.pop(),end = ' ')  #输出结果为:c b
```

任务 4-4　表达式括号匹配

任务描述

编写一个 Python 程序,输入一个带括号的表达式,检测表达式的括号是否匹配。

任务实现

1. 设计思路

用字符串形式从键盘接收一个带括号的任意表达式,通过堆栈来解决括号匹配问题。如果遇到左括号,则入栈;如果遇到右括号,则出栈;如果字符串遍历结束后,栈刚好为空,说明匹配;否则,不匹配。

2. 源代码清单

程序代码如表 4-8 所示。

表 4-8　任务 4-4 程序代码

＃程序名称 task4_4. py

序号	程序代码
1	print("本程序判断表达式的括号是否匹配")
2	exp = input("请输入一个带括号的表达式：")
3	S = [ ]　　　　　　　　　　　　　　　　　＃S是一个模拟堆栈的列表,初值为空
4	＃在循环结构中对字符串的每一个字符进行检测
5	for ch in exp:
6	if (ch == '('):　　　　　　　　　　　＃如果是左括号,则入栈
7	S. append(ch)　　　　　　　　　　＃在表尾入栈
8	if(ch == ')'):　　　　　　　　　　　　＃如果是右括号,则出栈
9	if(len(S) == 0):　　　　　　　　　＃如果栈空,则不能出栈.此时,右括号多于左括号
10	print("右括号多于左括号,不匹配!")
11	exit(0)　　　　　　　　　　　　＃退出循环结构
12	else:　　　　　　　　　　　　　　　＃栈不为空,则出栈
13	S. pop()　　　　　　　　　　　　＃表尾出栈
14	if(len(S) == 0):　　　　　　　　　　　　　＃循环结束后,根据栈的状态判断是否匹配
15	print("括号匹配")　　　　　　　　　　　＃栈空,则匹配
16	else:
17	print("左括号多于右括号,不匹配!")　　＃栈非空,则不匹配

任务 4-4 运行结果举例 . txt

4.1.4　列表实现队列

　　队列也是一种特殊的线性表,它限定插入和删除数据元素的操作分别在线性表的两端进行。其中,插入元素的一端称为队头,删除元素的一端称为队尾。队列的操作特点是"先进先出"。在队列中,插入操作称为入队,删除操作称为出队。

　　用列表来模拟队列,可以使用 insert()或 append()方法模拟入队,使用 pop()方法模拟出队。

　　1. 用 insert()和 pop()方法模拟队列

　　采用这种方法模拟的队列的特点是列表的表头入队,表尾出队。例如：

```
S = [ ]
S. insert(0,'a')              ＃在列表的第一个位置添加元素,相当于在列表的表头入队
S. insert(0,'b')
S. insert(0,'c')
print(S)  ＃输出结果为：['c','b','a']
print(S. pop(),end = '')      ＃在列表最后一个位置删除元素,相当于在列表的表尾出队
print(S. pop(),end = '')      ＃输出结果为：a b
```

2. 用 append()和 pop()方法模拟队列

采用这种方法模拟的队列的特点是列表的表尾入队,表头出队。例如:

```
S = []
S.append('a')            #在列表的最后一个位置添加元素,相当于在列表的表尾入队
S.append('b')
S.append('c')
print(S) #输出结果为:['a','b','c']
print(S.pop(0),end = ' ')    #在列表第一个位置删除元素,相当于在列表的表头出队
print(S.pop(0),end = ' ')    #输出结果为: a b
```

任务 4-5 约瑟夫环问题

任务描述

编写一个 Python 程序,解决约瑟夫环的问题。

已知 n 个人(以编号 $1,2,3,\cdots,n$ 分别表示)围坐在一张圆桌周围。从编号为 k 的人开始报数,数到 k 的那个人退出;他的下一个人又从 1 开始报数,数到 k 的那个人又退出;以此规律重复下去,直到圆桌周围的人只剩最后一个。

任务实现

1. 设计思路

用队列实现,就是将 n 人构成一个队列,从队头开始报数。队头的人若报 m,则移出队列;不是,则出队再入队(模拟圆环),等待下次到达队头位置。

2. 源代码清单

程序代码如表 4-9 所示。

表 4-9 任务 4-5 程序代码

序号	程序代码
	#程序名称 task4_5.py
1	num = int(input("请输入参与的人数")) #输入参与游戏的人数
2	if(num <= 0):
3	print("输入错误!")
4	exit(0)
5	name = [] #存放人名的列表,初值为空
6	#在循环结构中依次输入每个人的名字,并存放在列表 name 中
7	for i in range(num):
8	name.append(input("请输入每个人的名字"))
9	Q = [] #Q是模拟队列的列表,初值为空
10	#在循环结构中,依次把每个人添加到队列中
11	for each in name:
12	Q.append(each) #在列表的尾部入队
13	#在队列中,人数大于 1 时,按约瑟夫规则出队

续表

序号	程序代码
14	while len(Q)>1:
15	for i in range(num): #队头不报 num,则出队后继续入队,模拟圆环
16	Q.append(Q.pop(0)) #队头元素出队,并入队尾
17	Q. pop(0) #队头报 num,该元素从队列中删除
18	print(Q.pop(0)) #输出最后留下的人名

任务 4-5 运行结果举例.txt

4.2 元 组

元组与列表类似,也是元素的有序序列。元组与列表的区别是:元组存储的值不能被修改,即这些数据值是不可改变的。元组中没有 append( )、extend( )和 insert( )等方法。除此之外,列表中的其他函数和方法对元组同样适用。

元组可以当成一个独立的对象使用,也可以通过索引方式引用其他任何元素。

4.2.1 元组的创建和使用

1. 元组的创建

元组的定义通常是由逗号分隔,或由圆括号括住的一个序列。列表是用方括号括住。例如:

```
t1 = ('Month','Year',1997,2000);     #用圆括号包围多个用逗号分隔的元素
t2 = (1,2,3,4,5);
t3 = "a","b","c","d";                 #多个用逗号分隔的元素,输出时自动加上圆括号
```

注意

> (1)元组中数据的类型可以不同。
>
> (2)t=( )表示创建一个空元组,而不是表达式。
>
> (3)创建只有一个元素的元组时,语句的末尾要加逗号,如 t='a'或 t=('a',)。
>
> (4)可以使用 tuple( )函数把一个列表转换为元组,如 t1 = [1,2,3,4,5],t2 = tuple(t1)。

2. 元组的访问和切片

元组内元素的访问和切片与列表一致。通过单个索引,可以获得该索引位置的元素,但是只能读,不能修改。通过切片,可以获得由若干个元素构成的子元组。

3. 元组操作符

元组对+和 * 的操作符与字符串相似。其中,+用于合并元组, * 用于重复元组。成员

运算符 in 和 not in 用来测试元素是否在元组中。使用方法如表 4-2 所示。

4. 删除整个元组

虽然元组的元素不能修改，但是可以用 del 元组名来删除整个元组。

5. 元组的函数与方法

在列表的函数和方法中，除 append()、extend()、insert()、pop()和 remove()这 5 种方法之外，其他函数和方法都可以用于元组。使用方法如表 4-3 和表 4-4 所示。

4.2.2　不可变和可变对象

对象是一个可以存储数据并且具有数据操纵方法的实体。数值、字符串、列表和元组都是对象。当使用赋值语句创建一个变量后，赋值号之后的值就成为内存中的一个对象，变量名(引用)指向该对象。修改一个列表是在该对象所在空间中完成。当一个变量要修改的值是数值、字符串或元组时，Python 会分配一个新的内存空间存储新值，并把此对象赋值给该变量。

因此，列表相当于原地修改，但是数值、字符串和元组不是。能够原地修改的对象称为可变的，不能原地修改的对象是不可变的。

任务 4-6　扑克游戏发牌模拟

任务描述

编写一个 Python 程序，模拟扑克游戏的发牌，两副牌，4 个人玩。

任务实现

1. 设计思路

由于扑克牌的牌面是固定的，由 13 个数字和 4 种花色组成，因此可以使用元组来完成任务。首先定义 2 个元组分别存放 13 个数字和 4 种花色，然后组合成具有 52 张牌的元组；接着，采用随机数把牌打乱，分发给 4 个人；最后，输出结果。

2. 源代码清单

程序代码如表 4-10 所示。

表 4-10　任务 4-6 程序代码

#程序名称 task4_6.py

序号	程序代码
1	import random
2	print("扑克游戏发牌模拟")
3	#定义牌的数字元组
4	ranks = ('2','3','4','5','6','7','8','9','10','J','Q','K','A')
5	#定义牌的花色元组
6	suits = ('黑桃','红桃','方块','梅花')
7	#通过列表解析，把 2 个元组组合在一起，生成新的列表
8	puke = [(x,y)for x in suits for y in ranks]

续表

序 号	程 序 代 码
9	pai = puke * 2 ♯由于是 2 副牌,因此列表扑克重复 2 次
10	cardRand = random.sample(pai,104) ♯使用随机函数打乱扑克牌的顺序
11	♯定义玩家列表,存放所分发的牌
12	play1 = [ ]
13	play2 = [ ]
14	play3 = [ ]
15	play4 = [ ]
16	♯洗好的牌按顺序分发给 4 个玩家,模拟发牌
17	for i in range(26):
18	play1.append(cardRand.pop())
19	play2.append(cardRand.pop())
20	play3.append(cardRand.pop())
21	play4.append(cardRand.pop())
22	play1.sort(key = lambda x: x[0]) ♯按花色对分到的牌排序
23	play2.sort(key = lambda x: x[0])
24	play3.sort(key = lambda x: x[0])
25	play4.sort(key = lambda x: x[0])
26	print("玩家 1 的牌")
27	♯输出玩家的牌,每行输出 6 个数据
28	i = 1
29	for each in play1:
30	print(each, end = ',')
31	if(i % 6 == 0):
32	print()
33	i = i + 1
34	print("\n 玩家 2 的牌")
35	i = 1
36	for each in play2:
37	print(each, end = ',')
38	if(i % 6 == 0):
39	print()
40	i = i + 1
41	print("\n 玩家 3 的牌")
42	i = 1
43	for each in play3:
44	print(each, end = ',')
45	if(i % 6 == 0):
46	print()
47	i = i + 1
48	print("\n 玩家 4 的牌")
49	i = 1
50	for each in play4:
51	print(each, end = ',')
52	if(i % 6 == 0):
53	print()
54	i = i + 1

任务 4-6 运行结果举例.txt

4.3 字　　典

Python 中的字典是另一种可变容器,且可存储任意类型对象,如字符串、数字、元组等其他对象。字典是 Python 中最强大的数据类型之一。

字典中的每个数据称作项,由两部分构成:一部分称作值,存储有效数据;另一部分称作键,可以对数据值进行索引,并且仅能被关联到一个特定的值,因此字典也称作键/值对。

字典是 Python 语言中唯一的映射类型。映射关系中,哈希值(键,key)和指向的对象(值,value)是一对一的关系。

4.3.1　创建和使用字典

1. 创建字典

Python 中创建字典的一般形式如下:

字典名 = {键 1:值 1,键 2:值 2,...,键 n:值 n}

字典是用大括号括住的键值对的集合。字典的数据类型名称是 dict。如果大括号中没有项,表示一个空字典。字典中的键和值可以是任意数据类型。

注意

(1) 键与值之间用冒号":"分开,项与项之间用逗号","分开。

(2) 字典中的键必须是唯一的,而值可以不唯一。

(3) 键必须是一个不可变对象,即键可以是字符串、数值和元组,但不能是列表。

(4) 如果字典中的值为数字,最好使用字符串数字形式。例如,使用 'no':'0040'而不用 'no':0040。

例如:

d1 = {1:'Monday',2:'Tuesday',3:'Wednesday',4:'Thursday',5:'Friday',6:'Saturday',7:'Sunday'}

Python 中使用 dict()函数
创建字典的方式.pdf

2. 访问字典的值

访问字典中的值,常用的方法是把键值放在方括号内进行访问。语法格式为:

字典对象名[键值]

(1) 在字典中查找一个不存在的键,会产生 KeyError 异常。

(2) 使用字符串对象形式的键要注意字母的大小写。

(3) 只能通过键来访问值,不能通过数字索引来访问,因为字典是无序的。

例如:

```
d1 = {'Name': 'John','Age': 17,'Class': 'A01'}
print("d1['Name']: {0}".format(d1['Name']))  #输出结果为: d1['Name']: John
```

为避免出现因键不存在而产生的异常,使用 get()方法来访问。

get()方法的语法如下:

字典对象名.get(键,[默认提示信息: 键不存在时的提示信息])

功能:在字典对象中找到键时,返回对应的值;否则返回作为默认值的字符串。如果没有给出默认提示信息,则键不存在时返回 None。

例如:

```
d1 = {'Name': 'John','Age': 17,'Class': 'A01'}
print(d1.get('Age'))              #输出结果为: 17
print(d1.get('IDno'))             #输出结果为: None
print(d1.get('IDno',"不存在的键值"))  #输出结果为: 不存在的键值
```

3. 添加字典元素

通过赋值语句添加一个新的键值对。语法格式为:

字典对象名[新键] = 新值

例如:

```
d1 = {'Name': 'John','Age': 17,'Class': 'A01'}
d1['School'] = 'First Middle School'
print(d1)
#输出结果为: {'Name': 'John','Age': 17,'Class': 'A01','School': 'First Middle School'}
```

4. 修改字典元素

通过赋值语句修改已有的键值对。语法格式为:

字典对象名[已有的键] = 新值

例如:

```
d1 = {'Name': 'John','Age': 17,'Class': 'A01'}
d1['Age'] = 18
print(d1)    #输出结果为: {'Name': 'John','Age': 18,'Class': 'A01'}
```

5. 删除字典元素或字典

使用 del 语句来删除字典中的一个元素或整个字典。

语法格式 1：

del 字典对象名[键]

功能：删除字典对象中键所在的项。

语法格式 2：

del 字典名

功能：删除整个字典对象。

语法格式 3：

字典对象名.clear()

功能：清空字典中的所有条目。

例如：

```
d1 = {'Name': 'John','Age': 17,'Class': 'A01','School':'First Middle School'}
del d1['School']              # 删除 School 键值对
print(d1)                     # 输出结果为：{'Name': 'John','Age': 17,'Class': 'A01'}
d1.clear()                    # 清空字典对象 d1
print(d1)                     # 输出结果为：{}
del d1                        # 删除字典对象 d1
print(d1)
```

输出结果如下：

```
Traceback (most recent call last):
   File "D:\mypython3\PythonTest\src\Test\temp.py",line 15,in <module>
     print(d1)
NameError: name 'd1' is not defined
```

6. 检测字典中是否存在键

用 in 或 not in 可以检测某个键是否在字典中。

语法格式 1：

键值 in 字典对象名

功能：键值存在,返回 True；否则返回 False。

语法格式 2：

键值 not in 字典对象名

功能：键值不存在,返回 True；否则返回 False。

例如：

```
d1 = {'a': 1,'b': 2,'c':3,'d':4}
print('a' in d1)        # 输出结果为：True
print('b' not in d1)    # 输出结果为：False
```

任务 4-7 字符个数统计

任务描述

编写一个 Python 程序,统计一个字符串中所有字母或符号分别出现的次数。

任务实现

1. 设计思路

定义一个字典对象,存放字符和出现次数键值对。遍历字符串中的每一个字符,如果第一次出现,则添加进字典,出现次数置为 1;否则该字符的出现次数加 1。最后输出结果。

2. 源代码清单

程序代码如表 4-11 所示。

表 4-11 任务 4-7 程序代码

程序名称 task4_7.py

序号	程 序 代 码
1	# text 是要进行字符个数统计的字符串
2	text = 'A computer is a device that can be instructed \
3	to carry out an arbitrary set of arithmetic or logical \
4	operations automatically. The ability of computers to \
5	follow a sequence of operations, called a program, \
6	make computers very flexible and useful.'
7	dt = {} # 定义一个空字典,用来存放统计结果
8	# 遍历字符串中的每个字符,并统计出现次数
9	for ch in text:
10	if ch in dt:
11	# ch 中的字符已经出现过,则该字符所对应的值加 1(累计出现次数)
12	dt[ch] += 1
13	else:
14	# ch 中的字符未出现过,则在字典中添加一项. ch 为键,1 为值
15	dt[ch] = 1
16	k = 0 # k 是控制输出换行的变量
17	print('每个字符出现的次数如下: ')
18	for item in dt.items():
19	print(item, end = ', ')
20	k = k + 1
21	if(k % 9 == 0 and k != 0):
22	print() # 每输出 9 个项后换行

任务 4-7 运行结果. txt

4.3.2 管理字典

除了上述使用字典的方法外,还有一些常用的方法或函数供字典对象使用。

字典中的常用函数和方法.pdf

任务 4-8　用户注册与登录模拟

任务描述

编写一个 Python 程序,进行登录模拟和新用户注册模拟。

任务实现

1. 设计思路

用字典预先存放一些用户的用户名和密码。用菜单形式提供登录和注册操作。如果是登录,用户输入用户名和密码后,在字典中查找,并比较是否正确。如果正确,允许登录;否则,给出出错信息;连续三次错误,退出程序。如果是注册,用户输入注册所需信息,并检测用户名是否存在。如果存在,要求用户修改,直到没有重名。最后,把新用户的用户名和密码添加到字典中。

2. 源代码清单

程序代码如表 4-12 所示。

表 4-12　任务 4-8 程序代码

#程序名称 task4_8.py

序号	程 序 代 码
1	#预先定义的存放用户名和密码的字典.在实际中,该数据来源于文件或数据库
2	dt = {'Alic':'a123','Mike':'good','John':'456','Kate':'ktt'}
3	while True:　　　　　　　　　　#提供菜单,让用户选择所需要的操作
4	print('用户登录和注册模拟')
5	print('1.登录',end = '　　　')
6	print('2.注册',end = '　　　')
7	print('0.退出',end = '　　　')
8	choice = int(input("请输入你的选择(1,2)"))　　　#接收用户的选择
9	if(choice == 0):　　　　　#输入 0,退出程序
10	exit(0)
11	if(choice == 1):　　　　　#输入 1,模拟登录行为
12	count = 0　　　　　　#count 用于统计用户登录的次数
13	while True:
14	if(count == 3):
15	print("连续 3 次错误,退出登录!")

续表

序号	程 序 代 码
16	exit(0); #如果连续登录 3 次,则退出程序
17	uname = input('请输入用户名: ') #用户输入用户名
18	upass = input('请输入密码: ')
19	#利用字典提供的 get()方法判断是否存在 uname 的键
20	if(dt.get(uname)!= None): #返回 None,表示不存在
21	#如果 uname 键存在,判断 upass 与键所对应的值是否相同
22	if (upass == dt.get(uname)):
23	#用户名和密码与字典中登记的完全一致,成功
24	print('成功登录!')
25	break;
26	#upass 与键所对应的值不相同,密码不正确
27	else:
28	print('密码不正确!')
29	#uname 不在字典的键中,用户名不正确
30	else:
31	print('用户名不正确')
32	count = count + 1 #累加登录次数
33	#用户输入 2,完成新用户注册
34	if(choice == 2):
35	#如果用户名已存在,要求用户重新输入,直到字典中没有为止
36	while True:
37	uname = input('请输入新的用户名: ')
38	if(dt.get(uname)!= None):
39	#get()方法的返回值不是 None,表示用户名已存在
40	print("用户名已存在,请换个用户名!")
41	#输入的用户名不在字典中,则该用户名可用,退出循环
42	else:
43	break;
44	upass = input('请输入密码: ')
45	dt[uname] = upass #把新的用户名和密码添加到字典中

任务 4-8 运行结果举例.txt

4.4 集　　合

集合是 Python 的一种数据类型。通过集合,可以很容易地确定哪个特定的元素在多个集合中、一个集合与另一个集合有哪些元素不同、一个元素在一组集合中是否唯一等。

Python 中的集合分为可变集合(set)和不可变集合(frozenset)两种。对于可变集合(set),可以添加和删除元素;对于不可变集合(frozenset),不允许这样做。

集合是一个无序不重复元素集,其基本功能包括关系测试和消除重复元素。集合对象还支持并、交、差、对称差等操作。

4.4.1 集合的创建和使用

1. 创建集合

由于集合没有自己的语法格式,只能通过集合的工厂方法 set() 和 frozenset() 创建。如果不提供任何参数,默认生成空集合。如果提供一个参数,则该参数必须是可迭代的,即一个序列,或迭代器,或支持迭代的一个对象,例如一个列表或一个字典。

【例 4-5】 集合使用示例。代码如下:

```
s1 = set('chocolate')          # 利用字符串创建一个集合,集合的元素是互不相同的单个字符
print(s1)                      # 输出结果为:{'l','a','c','t','o','e','h'}
print(type(s1))                # 输出结果为:< class 'set'>
s2 = {'chess','book'}          # 用列表创建一个集合,集合的元素就是列表中互不相同的元素
print(s2)                      # 输出结果为:{'book','chess'}
print(type(s2))                # 输出结果为:< class 'set'>
t = frozenset('salesman')      # 创建一个可变集合
print(t)                       # 输出结果为:frozenset({'s','m','l','a','n','e'})
print(type(t))                 # 输出结果为:< class 'frozenset'>
dt = {'1':'one','2':'two','3':'three'}   # 用字典创建一个集合,集合的元素是字典的键
s3 = set(dt)
print(s3)                      # 输出结果为:{'3','2','1'}
list1 = [1,2,3,4,5,1,2,3,4,5]
s4 = set(list1)                # 用列表创建一个集合,集合的元素是列表中不重复的元素
print(s4)                      # 输出结果为:{1,2,3,4,5}
```

2. 访问集合

由于集合本身是无序的,所以不能为集合创建索引或切片操作,只能循环遍历,或者使用 in、not in 来访问或判断集合元素。

3. 集合中添加元素

为了向集合添加一个元素,可以使用 add() 或 update() 方法。注意,只能用于可变集合。

(1) add() 方法语法格式:

集合对象名.add(元素)

(2) update() 方法语法格式:

集合对象名.update(元素)

4. 删除集合元素

删除集合元素的方法有三种,分别是 remove() 方法、discard() 方法和 pop() 方法。这三种方法也只能用于可变集合。

(1) remove() 方法语法格式:

集合对象名.remove([要删除的集合元素])

功能:删除集合中的指定元素。如果该元素不存在,则报错。

(2) discard() 方法语法格式:

集合对象名.discard([要删除的集合元素])

功能：删除集合中的指定元素。如果该元素不存在，也不会报错。

（3）pop()方法语法格式：

集合对象名.pop()

功能：随机删除集合中的一个元素，并返回该元素。

任务 4-9 集合运算小测验

任务描述

编写一个 Python 程序，随机生成两个集合，要求用户输入答案，并给出测试结果。

任务实现

1. 设计思路

利用随机数生成两个集合，集合元素是英文的小写字母，要求用户输入两个集合的运算结果，最后输出测试结果。

2. 源代码清单

程序代码如表 4-13 所示。

表 4-13　任务 4-9 程序代码

＃程序名称 task4_9.py

序号	程序代码	
1	import random	＃导入随机数模块
2	n = random.randint(1,10)	＃生成第一个集合的元素个数 n
3	m = random.randint(1,10)	＃生成第二个集合的元素个数 m
4	set1 = set()	＃第一个集合初始化为空集
5	set2 = set()	＃第二个集合初始化为空集
6	＃通过循环结构给第一个集合添加 n 个元素	
7	for i in range(n):	
8	s = chr(random.randint(97,122))	＃随机生成一个小写字母
9	set1.add(s)	＃把元素 s 添加到第一个集合中
10	＃通过循环结构给第二个集合添加 m 个元素	
11	for i in range(m):	
12	s = chr(random.randint(97,122))	
13	set2.add(s)	
14	op = random.randint(1,4)	＃随机生成一个集合运算符编号
15	if(op == 1):	＃如果编号为1，执行集合的差集运算
16	print("{0} - {1} = ".format(set1,set2))	＃输出随机生成的两个集合
17	result = input("请输入结果：")	＃要求用户以字符串方式输入结果
18	sety = set(result)	＃把用户输入的字符串结果转换为集合
19	setr = set1 - set2	＃进行集合的差运算
20	if(sety == setr):	＃检测用户的运算结果是否正确
21	print("恭喜你,答对了")	＃输出答案正确的提示信息
22	else:	
23	print("很遗憾,答错了")	＃输出答案错误的提示信息
24	print("正确答案是{0}".format(setr))	＃输出正确答案

续表

序号	程序代码
25	#如果编号为2,执行集合的交集运算
26	if(op == 2):
27	print("{0}&{1} = ".format(set1,set2))
28	result = input("请输入结果: ")
29	sety = set(result)
30	setr = set1&set2
31	if(sety == setr):
32	print("恭喜你,答对了")
33	else:
34	print("很遗憾,答错了")
35	print("正确答案是{0}".format(setr))
36	#如果编号为3,执行集合的并集运算
37	if(op == 3):
38	print("{0}|{1} = ".format(set1,set2))
39	result = input("请输入结果: ")
40	sety = set(result)
41	setr = set1|set2 　　　　　　　　#集合的并集运算
42	if(sety == setr):
43	print("恭喜你,答对了")
44	else:
45	print("很遗憾,答错了")
46	print("正确答案是{0}".format(setr))
47	#如果编号为4,执行集合的对称差分运算
48	if(op == 4):
49	print("{0}^{1} = ".format(set1,set2))
50	result = input("请输入结果: ")
51	sety = set(result)
52	setr = set1^set2
53	if(sety == setr):
54	print("恭喜你,答对了")
55	else:
56	print("很遗憾,答错了")
57	print("正确答案是{0}".format(setr))

任务4-9运行结果举例.txt

4.4.2 集合运算

集合的主要运算是关系测试,以及并、交、差、对称差等操作。

表 4-14 所示是集合运算符及其示例,可用于可变集合和不可变集合。

假定集合 s1＝set([1,2,3,4,5]),s2＝set([1,3])。

表 4-14　Python 的集合运算符

集合运算符	操　作	实　　例	
—	差集,相对补集	print(s1—s2)	结果是{2,4,5}
&	交集	print(s1&s2)	结果是{1,3}
|	并集	print(s1|s2)	结果是{1,2,3,4,5}
^	对称差分	print(s1^s2)	结果是{2,4,5}
!=	不等于	print(s1!=s2)	结果是 False
==	等于	print(s1==s2)	结果是 True
in	是集合中的元素	print(1 in s2)	结果是 True
not in	不是集合中的元素	print(1 not in s2)	结果是 False

集合中还提供了用于集合运算的一些方法。这其中有些是可变集合和不可变集合都可以使用的,有些是只可用于可变集合的,详细内容可扫描下方二维码阅读。

集合中常用的方法和函数.pdf

任务 4-10　简单的购物分析

任务描述

编写一个 Python 程序,统计商品的如下销售情况:①每个人的购物总额;②有人购买的商品;③哪些商品每个人都购买;④哪些商品无人购买。

任务实现

1. 设计思路

定义一个字典对象,存放商品编号和商品名称及单价的键值对。定义三个用户的购买清单,根据题目要求进行统计。最后,输出统计结果。

2. 源代码清单

程序代码如表 4-15 所示。

表 4-15　任务 4-10 程序代码

#程序名称 task4_10.py

序号	程　序　代　码
1	#text 是要进行字符个数统计的字符串
2	#goods 是一个商品信息字典.其中,键表示商品编号,值是表示商品名称和价
3	#格的列表,每行末尾的\表示字典未结束

续表

序号	程 序 代 码
4	goods = {'01':['牛奶',1.5],'02':['橙汁',5.8],'03':['酸奶',2.5],\
5	'04':['啤酒',5.5],'11':['牙膏',6.8],'12':['牙刷',4.6],\
6	'13':['洗发水',22.5],'14':['沐浴液',27],'21':['上衣',155],\
7	'22':['牛仔裤',215],'23':['帽子',55],'24':['袜子',12.3],\
8	'31':['火腿',23],'32':['培根',21],'33':['酱肉',45],\
9	'34':['牛肉',65]}
10	#定义第一个客户的购买清单,列表中的每一项表示商品的编号和数量
11	user1 = [['01',20],['02',4],['04',6],['13',1],['31',1]]
12	user2 = [['01',15],['03',4],['11',1],['12',3],['22',1],['23',2],['31',1],['33',2]]
13	user3 = [['01',10],['02',3],['03',6],['13',1],['31',1],['32',3]]
14	#初始化第一个客户购买商品的集合为空集
15	set1 = set()
16	set2 = set()
17	set3 = set()
18	#表示购物总额的变量 total 初始化为 0
19	total = 0
20	#通过循环结构,对第一个客户的列表进行遍历
21	for item in user1:
22	#以当前列表项的第一个元素作为键,在商品字典中查找所对应的值
23	tmp = goods.get(item[0])
24	#计算当前商品的付款总额并累计
25	total = total + tmp[1] * item[1]
26	#当前列表项的商品加入第一个客户的集合
27	set1.add(item[0])
28	#输出第一个客户的购物总额
29	print("第一个客户的购物总额是: {0}".format(total))
30	#计算并输出第二个客户的购物总额
31	total = 0
32	for item in user2:
33	tmp = goods.get(item[0])
34	total = total + tmp[1] * item[1]
35	set2.add(item[0])
36	print("第二个客户的购物总额是: {0}".format(total))
37	#计算并输出第三个客户的购物总额
38	total = 0
39	for item in user3:
40	tmp = goods.get(item[0])
41	total = total + tmp[1] * item[1]
42	set3.add(item[0])
43	print("第三个客户的购物总额是: {0}".format(total))
44	#计算 3 个客户所购商品的并集
45	set4 = (set1.union(set2)).union(set3)

续表

序号	程 序 代 码
46	#计算3个客户所购商品的交集
47	set5 = (set1.intersection(set2)).intersection(set3)
48	#从字典中获得所有商品的集合
49	setall = set(goods.keys())
50	#计算两个集合的差集
51	set6 = setall.difference(set4)
52	#输出相应的统计信息
53	print("有人购买的商品有：{0}".format(set4))
54	print("所有人都购买的商品有：{0}".format(set5))
55	print("无人购买的商品有：{0}".format(set6))

任务 4-10 运行结果.txt

4.5 习　题

（1）编写程序，分析用户输入的文本中单词的个数，以及每个单词出现的次数。

（2）编写程序，实现员工工资统计。要求用列表来存储员工的工资信息。每个人的工资信息如下：员工编号、姓名、部门、基本工资、职务工资、补贴、扣款、所得税、实发总额。其中，除所得税和总额是程序统计外，其余所有的项需要从键盘输入。

要求统计如下信息。

① 计算每个员工的所得税，税率如下：小于 3500 元，不征税；3500～8000 元，3%；8000～15000 元，5%；15000 元以上，7.5%。

② 计算每个员工的实发总额。

③ 计算最低工资、最高工资和平均工资。

（3）编写程序，实现商品如下信息的管理：商品编号、商品名称、重量、产地、生产厂家、出厂日期、库存数量。要求提供菜单选择，实现商品信息的录入、查询、增加、修改、删除、排序等操作。

（4）编写程序，输入一个整数，输出该整数的二进制编码，要求用堆栈来实现。

（5）编写程序，生成一副麻将牌，随机分发给 4 个玩家，输出 4 个玩家的牌。

（6）编写程序，用字典存放星座和性格描述，输入生日，输出相应的星座和性格描述。

（7）编写程序，预定义一个前 3 个季度的所有新电影，输入 5 名观众的观影记录，统计哪个电影大家都看了，哪些电影有人看了，哪些电影大家没看过。

（8）编写程序，判断 C 语言源码中的大括号是否匹配。

函数与模块

函数是组织好的,可重复使用的,用来实现单一,或相关联功能的代码段。Python 提供了许多内建函数,也可以创建自定义函数。

模块(module)是方法的集合,相当于内部函数的集合。Python 提供了很多内置模块。模块在使用前需要用 import 语句导入,模块的文件类型是 py。

包(package)是一个总目录。包目录下为首的一个文件便是 __init__. py,用于定义初始状态。

5.1 函 数

在编程中会发现某些代码需要重复编写,既降低开发效率,又不易维护。如果代码只写一次,而可以多次使用,可大大提高编程效率和代码的可靠性。

Python 中的函数机制可以达到上述目的。函数是一个被指定名称的代码块,在任何地方要使用该代码块时,只要提供函数的名称即可,也称为函数调用。

5.1.1 函数的定义与使用

1. 定义函数

定义函数使用关键字 def,后接函数名和位于圆括号()中的可选参数列表。函数体位于冒号之后的数行,并且具有相同的缩进。

一般格式如下:

```
def 函数名(参数列表):
    "函数文档字符串"
    函数体
    return [表达式|值]
```

> **注意**
>
> (1) 函数代码块以 def 关键词开头,后接函数标识符名称和圆括号(),不用指定返回值的类型。
>
> (2) 任何传入的参数必须放在圆括号之内。圆括号之间的函数参数可以是 0 个、1 个或者多个,且都不用指定数据类型。
>
> (3) 函数的第一行语句可选,可以使用文档字符串来对函数进行说明。
>
> (4) 函数体是功能实现代码,必须缩进。

（5）return 语句是可选的，可以在函数体内的任何地方出现，表示函数调用执行到此结束。如果没有 return 语句，自动返回 NONE；如果有 return 语句，但是 return 后面没有表达式或者值，也返回 NONE。

（6）函数名称必须唯一。如果以同样的名字再定义一个函数，将覆盖之前的函数定义，并且不会报错。

2. 使用函数

函数定义不会改变程序的执行流程。函数定义中的语句不是立即执行的，而是等到函数被程序调用时才被依次执行。

在一个程序 A 中调用函数 B 时，会暂停当前程序 A 的运行，程序执行流程会跳到函数 B 中；执行完函数 B 中所有语句后，再跳转到程序 A 中的函数调用语句位置，继续执行程序 A 中的其余代码。

函数调用格式如下：

函数名(参数列表)

注意

（1）函数名必须是已经定义好的函数。

（2）参数列表中参数的个数和类型与函数定义中的参数一般要一一对应。另外，Python 支持其他参数传递方式，详见 5.1.2 小节。

（3）在函数定义之前调用函数会发生错误。

任务 5-1　爱心输出

任务描述

编写一个 Python 程序，输出心形图形。

任务实现

1. 设计思路

定义一个输出爱心图形的函数，再调用函数输出图形。

2. 源代码清单

程序代码如表 5-1 所示。

表 5-1　任务 5-1 程序代码

#程序名称 task5_1.py	
序号	程序代码
1	#定义一个函数显示爱心，函数的名字是 love
2	def **love**():

续表

序号	程 序 代 码
3	'''
4	利用 join 函数连接心形字符串,join 之前的\n是要连接的字符串之间的
5	分隔符,用于控制换行
6	用 x 和 y 来控制行数和列数,用公式控制输出文字还是空格
7	(x - y)%10 控制从哪个位置的字符开始输出
8	'''
9	print('\n'.join([''.join([('lovePython'[(x - y) % 10]\
10	if((x * 0.05) ** 2 + (y * 0.1) ** 2 - 1) ** 3 - (x * 0.05) ** 2 * (y * 0.1) ** 3\
11	<= 0 else ' ') for x in range(- 30,30)])for y in range(10, - 10, - 1)]))
12	love() # 调用已定义的函数 love()

任务 5-1 运行结果.txt

5.1.2 函数的参数

Python 函数有两种类型的参数。一种是函数定义中出现的参数,称为形参;另一种是调用函数时传入的参数,称为实参。

Python 中的任何东西都是对象,所以参数只支持引用传递的方式。通过名称绑定的机制,把实际参数的值和形式参数的名称绑在一起,即形参与实参指向内存中同一个存储空间。

在 Python 函数中,实参向形参的传递方式有 4 种:按位置传递参数、按默认值传递参数、按关键字传递参数和可变参数传递。

1. 按位置传递参数

当实际参数按位置传递给形参时,函数调用语句中的实际参数和函数头中的形式参数按顺序一一对应,即第一个实参传递给第一个形参,第二个实参传递给第二个形参,以此类推。如果实参是一个表达式,则先计算表达式的值,再把计算后的结果传递给形参。

如果实参指向的对象是不可变的,如数值、字符串或元组对象等,即使在函数中改变了形参的值,实参指向的对象也不会发生任何改变。

【例 5-1】 不可变对象传值。

下面的程序展示了即使形式参数 num 在函数定义中发生了变化,在调用函数的程序中实参也没有发生变化。

```python
def sample1(num):
    num = num + 2
    return num
num = 25
```

```
print(sample1(num))
print(num)
```

例 5-1 运行结果.txt

【例 5-2】 可变对象传值。

下面的程序展示了可变列表对象作为形参,形式参数 list1 在函数定义中发生了变化,且在函数调用之后,调用函数的程序中实参 list1 也发生了同样的变化。

```
#定义函数 sample2(),形参是列表对象,属于可变对象
def sample2(mylist):
    #修改传入的列表
    mylist.append([1,2,3,4])
    print("函数内取值: ",mylist)
    return
mylist = ['a','b','c']
sample2(mylist)
print("函数外取值: ",mylist)
```

例 5-2 运行结果.txt

2. 按默认值传递参数

Python 中的函数也可以给一个或多个参数(包括全部形参)指定默认值。如果在函数调用过程中省略了相应的实际参数,这些形参就使用默认值。这样,在调用时可以选择性地省略该参数。

定义默认值函数的格式如下:

```
def 函数名(形参 1,形参 2,形参 3 = 值 1,形参 4 = 值 2):
    函数体
```

注意

(1) 函数调用时,除具有默认值的形参外,其他形参必须有对应的实参传递值。

(2) 函数定义时,没有默认值的参数必须放在有默认值的参数的前面,否则会报错。例如,下述函数头定义不合法。

```
def func(par1,par2 = value11,par3):
```

(3) 当函数有多个参数时,把变化大的参数放前面,变化小的参数放后面。变化小的参数就可以使用默认参数。

【例 5-3】　小测试。

下面的程序给用户一次回答的机会；也可以不用修改函数，而改变调用方式，给用户多次回答的机会。

```python
def askandanswer(question,answer,tries = 1):
    n = 0
    while n < tries:
        n = n + 1
        ans = input(question)
        if ans == answer:
            print("恭喜你,答对了")
            break;
    else:
        print("你的机会全部用完,回答错误!")
        print("正确答案是{0}".format(answer))
def main():
    question = "Python 是什么类型的语言?"
    answer = "面向对象"
    print("第一次函数调用结果: ")
    askandanswer(question,answer)
    print("第二次函数调用结果: ")
    askandanswer(question,answer,3)
main()
```

例 5-3 运行结果举例.txt

3. 按关键字传递参数

函数也可以使用形式参数的名字,以"形参名＝值"的形式来进行函数调用。这种形参和实参之间传值的方式称为关键字传值。由于在调用中通过形参名明确地指出了对应关系,所以不限制参数传递的顺序。

※ 注意

　　默认参数必须指向不变对象,否则在连续多次调用时,上次调用后计算的结果会保留,从而影响下次调用。

【例 5-4】　按照年复合利率计算储蓄账户余额,计算公式如下：

$$账户余额 ＝ 本金 \times (1＋年利率)^{到期年数}$$

下面的程序展示了上述几种参数传递的用法。

```python
def balance(capital,years,rate = .02):
    bal = capital * ((1 + rate) ** years)
    return bal
def main():
    # 按位置传递前 2 个实参.其中,最后一个参数使用默认值
    print('￥{0:,.4f}'.format(balance(10000,3)))
```

```
    #按位置传递3个实参
    print('￥{0:,.4f}'.format(balance(10000,3,0.4)))
    #按关键字传递参数,可与按位置传递参数混合使用
    print('￥{0:,.4f}'.format(balance(10000,rate = 0.35,years = 5)))
    print('￥{0:,.4f}'.format(balance(years = 4,capital = 30000)))
    print('￥{0:,.4f}'.format(balance(rate = 0.47,capital = 30000,years = 3)))
main()
```

例 5-4 运行结果.txt

4. 可变参数传递

到目前为止,在定义一个函数的时候,必须预先确定该函数需要多少个参数(或者说可以接收多少个参数)。一般情况下都是可以确定的。但是也有在定义函数的时候,不能确定参数个数的情况。Python 中带 * 的参数就是用来接收可变数量参数的。

在形参前加一个星号(*)或两个星号(**)来指定函数可以接收任意数量的实参。

典型的定义可变参数的函数格式如下:

def 函数名(形参 1,形参 2,…,形参 n, * tupleArg, ** dictArg):
　　函数体

注意

> (1) 不带 * 的参数是普通形参。调用时,实参可选择按位置传递、按默认值传递或按关键字传递的方式使用。
>
> (2) 形参 tupleArg 前面的 * 表示这是一个元组参数,默认值为( )。
>
> (3) 形参 dictArg 前面的 ** 表示这是一个字典参数(键值对参数),默认值为{ }。
>
> (4) 可以把 tupleArg 和 dictArg 看成两个默认参数。
>
> (5) 对于多余的非关键字参数,函数调用时放在元组参数 tupleArg 中。
>
> (6) 对于多余的关键字参数,函数调用时放在字典参数 dictArg 中。
>
> (7) 在实参的参数中,如果使用 * 元组参数或者 ** 字典参数,这两种参数应该放在参数列表最后,并且 * 元组参数位于 ** 字典参数之前。
>
> (8) 实参中的元组对象前面如果不带 * ,或者字典对象前面如果不带 ** ,则作为普通的对象传递参数。

【例 5-5】 可变参数实例。

下面的代码展示了可变参数的用法。

```
#定义示例函数,包含普通参数和两种类型的可变参数
def func(para1,para2 = "LOVE PYTHON", * tupleArg, ** dictArg):
    #输出普通形参的值
    print("para1 = ",para1)
    print("para2 = ",para2)
    #输出元组的所有元素
```

```
        for i,elem in enumerate(tupleArg):
            print("tupleArg(元祖对象) %d-->%s" % (i,str(elem)))
        #输出字典的所有元素
        for key in dictArg:
            print("dictArg(字典对象) %s-->%s" % (key,dictArg[key]))
#主函数进行不同参数组合的函数调用
def main():
        #定义一个列表
        myList = ["苹果","桔子","菠萝","哈密瓜"]
        #定义一个字典
        myDict = {"name":"Tom","age":22}
        #第一次函数调用,只传递一个实参,其他形参使用默认值
        func("第一个实参")
        #输出分隔界限
        print(" * " * 40)
        #第二次函数调用,传递 3 个实参.其中,a 是多余的非关键字参数,存放在元组中
        func("第一个实参","第二个实参",1)
        print(" * " * 40)
        #第三次函数调用,字典实参前没有加 *,当作普通参数使用
        #相当于多余的非关键字参数,存放在元组中
        func(345,myList,myDict)
        print(" * " * 40)
        #第四次函数调用,rt 是多余的关键字参数,存放在字典中
        #mylist 变量之前加 *,传递给元组形参变量; myDict 前加 **,传递给字典形参变量
        func(345,rt = 123, * myList, ** myDict)
main()
```

例 5-5 运行结果.txt

任务 5-2　输出指定范围内的素数

任务描述

编写一个 Python 程序,输出指定范围内的所有素数。

任务实现

1. 设计思路

定义一个判断素数的函数,要判断的数作为形参,返回判断结果。返回 0,表示否定;返回 1,表示肯定。然后,在程序中输入整数范围,利用循环结构调用素数判断函数得到判断结果。如果是素数,则输出。

2. 源代码清单

程序代码如表 5-2 所示。

表 5-2 任务 5-2 程序代码

程序名称 task5_2.py

序号	程 序 代 码
1	# 定义有一个参数的函数 prime,用于判断形参是否是素数
2	def **prime**(num):
3	for i in range(2,num − 1):　　　　　　# 循环迭代生成 2~num − 1 的整数 i
4	if(num % i == 0):
5	# 一旦有整除关系,则不是素数,函数结束,并返回值 0
6	return 0
7	# 所有数据经判断都没有整除关系,则是素数,函数结束,并返回值 1
8	return 1
9	print("请指定一个正整数的数据范围[a,b]")
10	# 从键盘上接收整数 a 和 b 作为一个数据范围
11	a = int(input("请输入范围的下限: "))
12	b = int(input("请输入范围的上限: "))
13	if(a <= 0 or b <= 0):　　　　　　　　# a 或 b 是负数,则数据无效,输出提示信息
14	print("数据输出有误!")
15	exit(0)
16	if(a > b):　　　　　　　　　　　　　# 保证 a < b. 若 a > b,交换 a 与 b 的值
17	t = a
18	a = b
19	b = a
20	print('[{0},{1}]范围内的素数如下: '.format(a,b))
21	i = 0　　　　　　　　　　　　　　　# i 用于统计素数的个数
22	# 对[a,b]范围内的整数逐一检测是否是素数
23	for num in range(a,b + 1):
24	if(prime(num) == 1):　　# 调用函数 prime()对当前的 num 进行检测
25	# 如果返回值是 1,则是素数,并输出
26	print("{0},".format(num),end = ' ')
27	i = i + 1　　　　　　　　　# 素数个数加 1
28	if(i % 10 == 0 and i!= 0):
29	print()　　　　　　　# 每输出 10 个数据就换行

任务 5-2 运行结果举例.txt

5.1.3　函数的返回值

　　函数的返回值个数可以是 0 个、1 个或多个,返回值可以是数值、字符串、布尔型、列表型、元组型等任何类型的对象。函数也可以没有返回值,即没有 return 语句。如例 5-5 中的 main()函数就没有 return 语句。

Python 支持一个函数返回多个结果。返回多个值的 return 语句格式如下：

return [表达式 1|值 1],[表达式 2|值 2],…,[表达式 n|值 n]

注意

> （1）实际上返回的多个值是一个元组。
>
> （2）返回一个 tuple 可以省略括号。
>
> （3）可以使用多个变量同时接收一个 tuple，按位置赋给对应的值。

【例 5-6】 计算球的表面积和体积。

下面的代码展示了可变参数的用法。

```python
import math
#定义无参和无返回值函数 main()，完成输入、计算函数调用、计算结果输出操作
def main():
    radius = float(input("请输入球的半径"))
    #同时用两个变量接收 compute()函数的两个返回结果
    area,vol = compute(radius)
    print("半径为{0}的球的表面积是{1:.3f},体积是{2:.3f}".format(radius,area,vol))
    #定义 compute()函数，具有一个形参，两个返回结果
def compute(radius):
    mj = 4 * math.pi * radius ** 2
    tj = 4/3 * math.pi * radius ** 3
    return mj,tj    #在 return 语句中用逗号分隔多个返回结果
main()              #调用 main()函数，得到运行结果
```

 例 5-6 运行结果举例.txt

任务 5-3　关键字检索

任务描述

编写一个 Python 程序，用户输入一系列要检索的关键字和文本，定义函数完成关键字出现的次数及出现位置的统计。最后，调用函数并输出结果。

任务实现

1. 设计思路

设计一个函数来完成关键字的相关统计功能。该函数具有两个形参，分别用来接收一段文字和若干关键字。对每个关键字都遍历整个字符串，统计出现的次数和出现的位置，用列表来存放当前关键字出现的位置，然后把关键字、出现次数和所在位置组合成一个列表项并添加到结果列表中。最后，把结果列表对象作为返回值返回。

在主函数中,首先输入要检索的文本和关键字,并通过 split()函数转换成关键字列表;然后调用上面定义的函数;最后输出函数返回值。

2. 源代码清单

程序代码如表 5-3 所示。

表 5-3　任务 5-3 程序代码

#程序名称 task5_3.py

序号	程 序 代 码
1	#定义主函数,主要完成输入、函数调用、输出任务
2	def **main**():
3	print("关键字次数与位置统计")
4	str = input("请输入一段文字")
5	keywords = input("请输入若干关键字,用分号(;)分隔")
6	#应用字符串的 split()函数,把用分号隔开的字符串转换为字符串列表
7	keys = keywords.split(';')
8	print(keys)
9	#调用函数完成统计操作,实参是一个字符串对象和一个字符串列表
10	result = keysCount(str,keys)
11	#输出结果,形式为[关键字,出现次数,[位置1,位置2,…],…]
12	print(result)
13	#定义关键字检索统计函数,有两个形参
14	def **keysCount**(str,keys):
15	result = []　　　　　　　　　　　#初始化存放最终结果的列表对象
16	for item in keys:　　　　　#遍历关键字列表,分别对每个关键字进行统计
17	tmpStr = str　　　　　　　　#tmpStr 存放下次要检索的字符串
18	count = 0　　　　　　　　　#关键字出现次数变量初始化为0
19	location = tmpStr.find(item)　#查找关键字 item 第一次出现的位置
20	loc = []　　　　　　　#存放关键字所有出现位置的列表对象初始化
21	length = 0　　　#length 表示字符串的切片位置,用于剪掉已查过的子串
22	#在余下的未检索的字符串中继续检索,直到找不到为止
23	while(location!= − 1):
24	count += 1　　　　　　　　#累计找到的次数
25	loc.append(location + length)　#添加到位置列表对象中
26	length += location + len(item)　#计算下一次检索的起始位置
27	tmpStr = tmpStr[length:]　#剪掉已检索的子串后余下的子串
28	location = tmpStr.find(item)　#继续在子串中检索 item
29	#当前关键字统计完毕,统计结果以列表形式添加到结果列表中
30	result.append([item,count,loc])
31	return result　　　　　　　　　#返回结果列表对象
32	main()　　　　　　　　　　　　#调用 main()函数开始执行

任务 5-3 运行结果举例.txt

5.1.4 变量作用域

在 Python 程序中创建、改变或者查找变量名都是在命名空间中完成。作用域就是命名空间。

Python 中的变量名在第一次赋值时已经创建，并且必须赋值后才能使用。因变量名不需要声明，Python 将一个变量名被赋值的位置关联为一个特定的命名空间。代码中变量赋值的位置决定了该变量的命名空间，即该变量的可见范围。

在 Python 中，模块（module）、类（class）以及函数（def、lambda）会引入新的作用域，而其他代码块（如 if、try、for 等）不会引入新的作用域，即定义在这些代码块之内的变量还是可以被外部访问的。

所有的变量根据作用域可归纳为 4 种：①L：local，局部作用域，即函数中定义的变量；②E：enclosing，嵌套的父级函数的局部作用域，即包含此函数的上级函数的局部作用域，但不是全局的；③G：global，全局变量，就是模块级别定义的变量；④B：built-in，系统固定模块里面的变量，比如 int、bytearray 等。

1. 局部变量

赋值的变量名除非声明为全局变量，否则均为本地变量。如果需要在函数内部对模块文件顶层的变量名赋值，需要在函数内部通过 global 语句声明该变量。

> **注意**
>
> （1）一个在 def 内定义的变量名能够被 def 内的代码使用。不能在函数的外部引用这样的变量名。
>
> （2）def 之中的变量名与 def 之外的变量名并不冲突。一个在 def 之外被赋值的变量 X，与在这个 def 之中赋值的变量 X 是完全不同的。

【例 5-7】 局部变量应用。

```
area = '面积'                    # 全局变量 area
cir = '体积'                     # 全局变量 cir
def jisuan(length, wid):
    area = length * wid         # 局部变量 area，只在函数体内有效
    cir = 2 * (length + wid)    # 局部变量 cir，只在函数体内有效
    print("函数内的 area = ", area)
    print("函数内的 cir = ", cir)
    return area, cir
print('函数调用结果', jisuan(15, 6))
print("函数外的 area = ", area)    # 此处使用的是全局变量 area
print("函数外的 cir = ", cir)
```

例 5-7 运行结果.txt

2. 全局变量

每个模块都是一个全局作用域。因此,创建于模块文件顶层的变量具有全局作用域。对于外部访问,就成了一个模块对象的属性。全局作用域的作用范围仅限于单个文件。"全局"指的是在一个文件的顶层的变量名,对于这个文件而言是全局的。

> ❋ **注意**
>
> (1) 全局变量是位于模块内部的顶层的变量名。
>
> (2) 全局变量如果是在函数内部赋值,必须经过声明。
>
> (3) 全局变量在函数内部不经过声明也可以使用。

【例 5-8】 全局变量应用。

```
fruit = ['苹果','梨']            # 全局变量
fruit1 = ['香蕉','菠萝']         # 全局变量
fruit2 = ['桔子','橙子']         # 全局变量
def f1():
    fruit.append('葡萄')         # 列表的 append()方法可改变外部全局变量的值
    print('函数内 fruit: % s'% fruit)
    fruit1 = '浙江省'            # 重新赋值不可改变外部全局变量的值
    print('函数内 fruit1: % s'% fruit1)
    global fruit2                # 如果需要重新给列表赋值,需要使用 global 定义全局变量
    fruit2 = '浙江省'
    print('函数内 NAME3: % s'% fruit2)
f1()
print('函数外 fruit: % s'% fruit)
print('函数外 fruit1: % s'% fruit1)
print('函数外 fruit2: % s'% fruit2)
```

例 5-8 运行结果.txt

3. 变量名查找原则

Python 的变量名解析机制也称为 LEGB 法则,具体说明如下:当在函数中使用未确定的变量名时,Python 搜索 4 个作用域:①本地作用域(Local);②上一层嵌套结构中 def 或 lambda 的本地作用域(Enclosing);③全局作用域(Global);④内置作用域(Built-in)。按上述查找原则,在第一处找到的地方停止。如果没有找到,Python 报错。

【例 5-9】 变量作用域示例。

如下代码能很好地表示上述 4 个作用域之间的关系。

```
x = int(10)              # Python 内置作用域 B
y = 2                    # 当前模块中的全局变量 G
def outfunction():
    outfx = 2            # 外层作用域 E
        def infunction():
            infx = 3     # 局部作用域 L
```

5.1.5 匿名函数

在临时需要使用一个函数且功能非常简单的情况下,可以使用 Python 提供的匿名函数定义来完成。

Python 允许快速定义单行的不需要函数名字的最小函数,称为 lambda() 函数。它是从 Lisp 语言借用来的,可以用在任何需要函数的地方。

使用 lambda() 函数的优势如下所述。

(1) 使用 lambda 可以省去定义函数的过程,让代码更加精简。

(2) 对于一些抽象的、不会被再次使用的函数,使用 lambda 不需要考虑命名的问题。

(3) 使用 lambda,在某些时候让代码更容易理解。

lambda() 函数定义格式如下:

lambda 参数 1,参数 2,… :表达式

功能:lambda 是一个表达式,而不是一个语句。作为一个表达式,lambda 返回一个值,把结果赋值给一个变量名。

> **注意**
>
> (1) 在参数列表周围没有括号,而且忽略了 return 关键字(隐含存在,因为整个函数只有一行)。可以没有参数,也可以有一个或多个参数。
>
> (2) 使用 lambda() 函数时,可以不把表达式的结果赋值给一个变量。
>
> (3) 可以把匿名函数赋值给一个变量,再利用变量来调用该函数。
>
> (4) 可以把匿名函数作为函数的返回值返回给调用者。
>
> (5) 在 lambda() 中仅能封装有限的业务逻辑。lambda() 函数的目的是方便编写简单函数,def 则专注于处理更大、更复杂的业务。
>
> (6) 如果在程序中大量使用 lambda 表达式,会造成程序的结构混乱。另外,如果 lambda 表达式过于复杂,将降低程序的可读性。

【例 5-10】 匿名函数示例。

```
t = lambda:1                              # 不带参数的匿名函数,并把函数赋值给一个变量
print('t:{0}'.format(t))                  # t 是一个匿名函数的引用
print('t():{0}'.format(t()))              # 通过变量名()方式调用匿名函数,得到函数的计算结果
# 函数的返回值是一个匿名函数
def compute(a,b,c,x):
    return lambda: a * x**2 + b*x +c
# 直接输出返回结果是匿名函数的引用
print('compute(2,3,4,1.5):{0}'.format(compute(2,3,4,1.5)))
# 如果函数的返回值是一个匿名函数,表达式末尾必须加()
print('compute(2,3,4,1.5)():{0}'.format(compute(2,3,4,1.5)()))
# 定义带有默认值的匿名函数
c = lambda x,y = 2:x ** y
print('c(2):{0}'.format(c(2)))            # 只传递一个参数,第二个使用默认值
print('c(2,5):{0}'.format(c(2,5)))        # 传递两个参数,不使用默认值
# 判断字符串是否以某个字母开头
```

```
print((lambda x: x.startswith('K'))('Knowledge'))
```

例 5-10 运行结果.txt

任务 5-4　两个整数的位运算

任务描述

编写一个 Python 程序,实现两个整数的如下位运算:左移运算(＜＜)、右移运算(＞＞)、按位与(&)、按位或(|)、按位异或(^)以及按位翻转(～)。

任务实现

1. 设计思路

定义一个函数 main(),实现所要求的功能。首先设计菜单,让用户选择位运算符,并进行输入检查;然后,根据运算符操作数个数,要求用户输入两个整数或一个整数;接着,使用匿名函数实现多分支选择运算;最后,输出匿名函数运算结果。

2. 源代码清单

程序代码如表 5-4 所示。

表 5-4　任务 5-4 程序代码

♯程序名称 task5_4.py

序号	程序代码
1	♯定义 main()函数
2	def **main**():
3	while True:
4	print('请选择运算符')
5	print('1.左移运算(<<)')
6	print('2.右移运算(>>)')
7	print('3.按位与(&)')
8	print('4.按位或(|)')
9	print('5.按位异或(^)')
10	print('6.按位翻转(～)')
11	print('0.退出')
12	choice = int(input('请选择(0～7)'))
13	if(choice＜0 or choice＞6):　　　　♯对用户的选择进行有效性检查
14	print("输入错误,请重输!")
15	continue　　　　♯退出当前循环,开始下一轮新的循环
16	if(choice == 0):
17	break　　　　♯如果用户输入 0,退出整个循环结构
18	if(choice == 6):

续表

序号	程序代码
19	♯按位取反是一元运算符,因此只输入一个操作数
20	print("请输入一个整数: ")
21	num1 = int(input('请输入一个数: '))
22	num2 = 0
23	else:
24	♯其他运算符是二元运算符,需要输入两个操作数
25	print("请输入两个整数: ")
26	num1 = int(input('请输入第一个数: '))
27	num2 = int(input('请输入第一个数: '))
28	♯通过匿名函数构造多分支选择结构
29	result = {
30	1: lambda x, y: x << y,
31	2: lambda x, y: x >> y,
32	3: lambda x, y: x&y,
33	4: lambda x, y: x|y,
34	5: lambda x, y: x ^ y,
35	6: lambda x, y: ~x,
36	}[choice](num1, num2)
37	print('result = ', result) ♯输出用户选择的运算结果
38	main() ♯调用 main() 函数

任务 5-4 运行结果举例.txt

5.1.6 高阶函数

高阶函数是 Python 语言的一大特色。在 Python 中,函数可以赋值给一个变量名,并且可以通过这个变量名来调用函数。函数的参数可以是任何变量类型,因此这个变量也可以作为函数的参数。

如果一个函数可以接收另一个函数作为参数,或者把函数作为返回值返回,这种函数就称为高阶函数。

【例 5-11】 计算两个数的公因子。

```
♯定义一个匿名函数并赋值给变量 f,用来计算数 x 的所有因子
f = lambda x:[i for i in range(1, x + 1)if x % i == 0]
♯定义计算两个整数的公因子的函数.最后一个参数是一个函数
def commonFactor(n1, n2, f):
    return set(f(n1))&set(f(n2))
print(f(56))                 ♯输出某个整数的所有因子
print(f(64))
print(commonFactor(56, 64, f))    ♯调用函数并输出两个数的公因子
```

例 5-11 运行结果.txt

Python 中还内置了一些高阶函数,如 map()、filter()、reduce()、sort()函数等。这些函数的共同特点是至少需要 2 个参数。其中,第一个参数是一个函数变量 f();第二个参数是一个序列对象,可以是列表对象、元组对象或字典对象。这 4 个函数的功能如表 5-5 所示。

表 5-5　内置高阶函数

函 数 格 式	功 能 说 明
map(f,list)	把函数 f 依次作用在 list 的每个元素上,得到一个新的 list 并返回
filter(f,list)	对每个元素进行判断,返回 True 或 False。filter()根据判断结果自动过滤掉不符合条件的元素,返回由符合条件元素组成的新 list
reduce(f,list)	传入的函数 f 必须接收 2 个参数,reduce()对 list 的每个元素反复调用函数 f,并返回最终结果 list
sorted(iterable,key=None, reverse=False)	key 接收一个函数,该函数只接收一个元素,默认为 None reverse 是一个布尔值。如果设置为 True,列表元素将被倒序排列。默认值为 False,正序排列。返回值为 list 中元素按 f 函数排列的 list

【例 5-12】 内置高阶函数应用。

```
from functools import reduce
#利用 map 函数,把单词的第一个字母大写,其余字母小写
print('******* map 函数应用实例 *******')
sName = ['tom','mIKe','JHON','Aim']
f = lambda s:s[:1].upper() + s[1:].lower()
print(list(map(f,sName)))
#利用 filter 函数,统计 50 以内的所有素数
'''
```

计算素数的一个方法是埃氏筛法,简述如下:

(1) 首先,列出从 2 开始的所有自然数,构造一个序列。

2,3,4,5,6,7,8,9,10,11,12,13,14,15,16,17,18,19,20,……

(2) 取序列的第一个数 2,它一定是素数。然后,用 2 把序列的 2 的倍数筛掉。

3,5,7,9,11,13,15,17,19,……

(3) 取新序列的第一个数 3,它一定是素数。然后,用 3 把序列的 3 的倍数筛掉。

5,7,11,13,17,19,……

(4) 不断筛下去,得到所有的素数。

算法代码如下:

```
'''
print('******* filter 函数应用实例 *******')
nums = range(2,50)
for i in nums:
```

```
        f = lambda x:x == i or x % i
        nums = list(filter(f,nums))
print(list(nums))
print(' ******* reduce 函数应用实例 ******* ')
print('字符串形式的浮点数转换为数值型的浮点数')
#f1 把字母 x 转换为数字
f1 = lambda s:{'0': 0,'1': 1,'2': 2,'3': 3,'4': 4,'5': 5,'6': 6,'7': 7,'8': 8,'9': 9,}[s]
f2 = lambda x,y:x * 10 + y
def strToFloat(s):
        s1,s2 = s.split('.') #按.分隔成两个字符串
        return reduce(f2,map(f1,s1 + s2 )) / 10 ** len(s2) #10 的 4 次方
print('字符串转为浮点数(\'356.4896\') = ',strToFloat('356.4896'))
print(' ******* sort 函数应用实例 ******* ')
print('按英文字母排序,且不区分大小写')
def myCompare(str1):
        return str1.lower()
fruit = ['Apple', 'orange', 'Banana', 'Pineapple', 'pear', 'Berry']
print('排序后的结果为: ')
print(sorted(fruit,key = myCompare,reverse = True))
```

例 5-12 运行结果.txt

5.1.7 函数的嵌套

由于函数是用 def 语句定义的,凡是其他语句可以出现的地方,def 语句同样可以出现。因此,Python 允许在定义函数的时候,其函数体内又包含另外一个函数的完整定义,称为函数的嵌套定义。

定义在其他函数内的函数叫作内部函数,内部函数所在的函数叫作外部函数。如果是多层嵌套,除了最外层和最内层的函数之外,其他函数既是外部函数,又是内部函数。

注意

(1) 一个函数定义在另外一个函数的里面,外部函数返回的是内部函数,即返回值是一个函数。

(2) 每次调用外部函数,内部函数都会被重新绑定。

(3) 内部函数定义的变量只在内部函数体内有效,包括其嵌套的内部函数,但是外部函数不能引用内部函数中定义的变量。

(4) 内部函数可以引用外部函数中定义的变量,但是不能对不可变的变量重新赋值。

(5) 执行具有多层函数定义的嵌套函数时,Python 遇到该 def 语句并不会立即执行其语句体中的代码,即跳过内嵌的函数定义及函数体,只有遇到这些函数的调用时,对应 def 语句的函数体才会被执行。

(6) 使用嵌套函数的优势是可供其他以函数为参数的函数使用。

【例 5-13】 嵌套函数定义与使用。

```
def aFunc(a):              #嵌套函数定义,用来计算一个数的幂
    def bFunc(b):
        return a ** b      #内层函数可以访问外层函数的变量 a
    return bFunc
#调用嵌套函数的方式 1
f1 = aFunc(5)             #把返回的函数赋值给变量 f1
#由于 f1 是指向函数的变量,因此要通过函数调用的方式来使用,并向内部函数传递参数
print("函数运行结果 f1 = ",f1(4))
#调用嵌套函数的方式 2,直接用一条语句得到调用结果.多个括号代表了嵌套的层次
f2 = aFunc(5)(4)
print("函数运行结果 f2 = ",f2)
```

 例 5-13 运行结果.txt

任务 5-5 矩阵相乘

任务描述

编写一个 Python 程序,用户输入两个矩阵,计算两个矩阵的乘积。假定输入的矩阵满足如下条件:第一个矩阵的行数等于第二个矩阵的列数。

任务实现

1. 设计思路

定义一个函数 main(),实现矩阵输入、矩阵相乘函数调用并输出结果。在 main() 函数中接收从键盘输入的字符串形式的矩阵,然后转换为嵌套的列表来表示矩阵。定义嵌套函数实现矩阵的相乘。

2. 源代码清单

程序源代码如表 5-6 所示。

表 5-6　任务 5-5 程序代码

序号	程序代码
	#程序名称 task5_5.py
1	#定义 main()函数,实现输入、函数调用及输出操作
2	def **main**():
3	print("矩阵的输入格式为行之间用分号分隔,列之间用逗号分隔\
4	\n3 行 3 列矩阵输入格式为: 1,2,3;3,4,5;5,6,7")
5	str1 = input("请输入第一个矩阵")　　#按照格式,以字符串形式输入矩阵
6	str2 = input("请输入第二个矩阵")
7	#调用字符串转列表函数,转换成数值型的嵌套列表来表示矩阵

续表

序号	程 序 代 码
8	matrix1 = strToMatrxi(str1)
9	matrix2 = strToMatrxi(str2)
10	print(matrix1)
11	print(matrix2)
12	print("矩阵相乘后的运算结果为：")
13	matrix3 = list(matrixMultiply(matrix1)(matrix2))
14	print(matrix3)
15	#字符串转矩阵函数
16	def **strToMatrxi**(ju):
17	m1 = list(ju.split(';'))　　　#以分号作为分隔符,得到一个列表
18	matrix = []　　　　　　　#矩阵列表初始化为空列表
19	for item in m1:
20	#对于列表 m1 的每个元素,用逗号作为分隔符,得到子列表,并转换为整数
21	tmp = [int(x)for x in item.split(',')]
22	matrix.append(tmp)　　　#矩阵列表添加 1 行
23	return matrix
24	#定义嵌套函数,完成矩阵的相乘运算
25	def **matrixMultiply**(matrix1):
26	# 内部函数,用于实现两个列表对应位置的元素相乘后得到的列表再相加
27	def **compute**(list1,list2):
28	return sum(list(map(lambda x: x[0] * x[1],zip(list1,list2))))
29	#内部函数,按矩阵运算规则实现矩阵相乘
30	def **multiply**(matrix2):
31	#第二个矩阵进行转置
32	transMatrix = list(map(list,zip(* matrix2)))
33	#存放运算结果的矩阵初始化为空列表
34	result = []
35	for item1 in matrix1:
36	#行元素结果列表初始化为空列表
37	row = []
38	for item2 in transMatrix:
39	#计算相应位置元素的结果,并添加到列表 row 中
40	row.append(compute(item1,item2))
41	#一行结果运算完毕,添加到列表 result 中
42	result.append(row)
43	#返回运算结果
44	return result
45	#返回嵌套函数
46	return multiply
47	#调用 main()函数,执行任务
48	main()

任务5-5运行结果举例.txt

5.1.8 递归函数

1. 递归的概念

递归就是子程序(或函数)直接调用自己,或通过一系列调用语句间接调用自己。它是一种描述问题和解决问题的基本方法。递归通常用来解决结构相似的问题。结构相似是指构成原问题的子问题与原问题在结构上相似,可以用类似的方法解决。

构成递归的必备条件有:

(1)子问题与原问题是同样的问题,但是更简单。

(2)不能无限制地调用本身,必须有一个化为非递归处理的出口。

以下3种情况常用到递归方法。

(1)定义本身是递归的,如阶乘的计算:

$$n! = \begin{cases} 1 & n = 1 \\ n \times (n-1)! & n \geqslant 1 \end{cases}$$

(2)数据结构是递归的,如链表、树等。

(3)问题的解法是递归的,如汉诺塔问题。

2. 递归函数定义

典型的递归函数定义格式如下:

```
def 递归函数名(参数表):
    if 递归出口条件:
        return 返回值1
    else:
        return 递归函数名(实参表)
```

注意

(1)递归函数的优点是定义简单,逻辑清晰。

(2)递归函数必须有出口。

(3)使用递归函数,需要注意防止栈溢出。

(4)针对尾递归优化的语言,可以通过尾递归防止栈溢出,但是 Python 没有做尾递归。

(5)Python 3 默认递归的深度不能超过 100 层。

任务5-6 二分查找算法的递归实现

 **任务描述**

编写一个 Python 程序,在一个有序列表中用二分法查找某个元素。

任务实现

1. 设计思路

定义一个递归函数 binarySearch()，找到中间位置的关键字进行比较。若等于，则找到；若小于中间位置的关键字，用列表的左半边进行递归查找，否则用列表的右半边进行递归查找；若起始位置大于终止位置，查找失败。

2. 源代码清单

程序代码如表 5-7 所示。

表 5-7　任务 5-6 程序代码

#程序名称 task5_6.py

序号	程序代码
1	#定义 main()函数,实现输入、函数调用、输出操作
2	def **main**():　list1 = [2,12,16,18,20,38,40,55,59,60,70,72,\
3	75,80,83,88,90,92,99]
4	print("二分查找算法测试: ")
5	#要查找的关键字
6	key1 = 55
7	key2 = 84
8	#调用二分查找函数进行查找.起始位置为 0,终止位置是最后一个
9	result1 = binarySearch(list1,key1,0,len(list1))
10	result2 = binarySearch(list1,key2,0,len(list1))
11	#输出查找结果
12	if(result1!= −1):
13	print('{0}成功找到,位置为{1}'.format(key1,result1))
14	else: '
15	print('{0}未找到'.format(key1))
16	if(result2!= −1):
17	print('{0}成功找到,位置为{1}'.format(key1,result2))
18	else:
19	print('{0}未找到'.format(key2))
20	#定义二分查找递归函数,4 个参数分别表示列表对象、查找关键字、
21	#起始位置、终止位置
22	def **binarySearch**(list1,key,start,end):
23	if(list1 == [ ] or end == −1):　　　　　#数据有效性检查
24	return −1
25	if(start > end):　　　　　　　　　　#关键字不存在情况下的递归出口
26	return −1
27	mid = start + int((end − start)/2)　　#计算列表的中间位置
28	# 如果中间位置的元素与查找关键字相同,则找到,退出递归
29	if(key == list1[mid]):
30	return mid
31	#若关键字小于中间位置的关键字,用列表的左半边进行递归查找
32	elif(key < list1[mid]):

续表

序号	程 序 代 码
33	return binarySearch(list1,key,start,mid − 1);
34	♯否则用列表的右半边进行递归查找
35	else:
36	return binarySearch(list1,key,mid + 1,end);
37	main()　　♯调用 main()函数,执行任务

任务 5-6 运行结果.txt

5.2　模　　块

Python 应用程序是由一系列模块组成的,每个 PY 文件就是一个模块,每个模块也是一个独立的命名空间。因此,允许在不同的模块中定义相同的变量名而不会发生冲突。模块的概念类似于 C 语言中的 lib 库。如果需要使用模块中的函数或其他对象,必须导入该模块才可以使用。系统默认的模块不需要导入。

使用模块的优点有:首先,提高了代码的可维护性;其次,提高了代码的可重用性,模块可以被其他模块引用。Python 提供了很多内置模块和第三方模块;最后,可以避免函数名和变量名冲突,即允许在不同模块中定义同名的对象。

为了避免模块名冲突,Python 引入了按目录来组织模块的方法,称为包(Package)。

5.2.1　模块的创建

在文本编辑器中输入 Python 代码,并以. py 作为扩展名进行保存的文件,都认为是 Python 的一个模块。本书之前所有的任务程序都是一个 Python 模块。

注意

(1) 对于那些可重用的函数,可以搜集起来,放到一个模块中。建议模块名使用短名字且都是小写字母。文件名中不包含点(.),且扩展名是. py。

(2) 一个模块顶层定义的变量会自动变成该模块的属性。可以通过模块名. 变量名来访问模块的属性。

(3) 模块应放在要导入的程序所在的文件夹下,或放到 sys. path 列出的某个文件夹中。

(4) 如果导入和要导入的模块中存在同名的__version__,将发生名字冲突。

(5) 模块除了函数和属性定义,还可以包括可执行的代码。这些代码通常用来初始化该模块,且仅在该模块第一次导入时才会执行。

（6）每个模块都有一个__name__属性，当其值是__main__时，表明该模块自身在运行，否则将被引入。

（7）如果想在模块被引入时模块中的某一程序块不执行，可以用__name__属性来使程序块仅在模块自身运行时执行。

【**例 5-14**】 模块导入和执行。

```
# 模块名称为 sample5_16.py,存放路径为 src/chapter5
# 打印当前模块的__name__变量值,只要模块第一次加载,都会执行
# __name__变量是全局变量,用来标识模块名称
print(__name__)
def func(a,b): # 定义一个幂函数
    return a ** b
# 判断是否是模块自身在运行
# 通过这个方式,可以使模块既可以当作顶层文件执行,也可以当作 lib 库供其他模块使用
if (__name__ == '__main__'):
    # 如果是模块自身在运行,执行如下代码
    import sys # 导入包 sys
    # 在模块执行时,可以在文件名之后跟用空格分隔的参数
    # 这些参数存放在列表对象 sys.argv 中,可以在程序中按如下方式访问
    # 第一个参数值是文件路径及文件名
    print('sys.argv[0] = {0}'.format(sys.argv[0]))
    # 后面是用逗号分隔的参数,本例调用方式为
    # python sample5_16.py 5 2
    print('sys.argv[1] = {0},sys.argv[2] = {1}'.format(sys.argv[1],sys.argv[2]))
    # 把文件名后跟的两个参数由字符串转换为整型
    a = int(sys.argv[1])
    b = int(sys.argv[2])
    print(func(a,b)) # 输出函数调用结果
    # 如果不是模块自身在运行,而是被导入的,执行如下代码
else:
    print('This is main of module sample5_16.py')
```

例 5-14 运行结果.txt

导入示例模块的代码如下：

```
# 模块名称为 muModu.py,存放路径为 src/chapter5
# 导入之前定义的模块
import chapter5.sample5_16
# 判断是否是模块自身在运行
if __name__ == "__main__":
    # 如果是模块自身在运行,执行如下代码
    print ('This is main of module "myModu.py"')
```

```
        print("hello")
else:
        #如果不是模块自身在运行,而是被导入的,执行如下代码
        print('This is main of module sample5_16.py')
```

例 5-14 导入模块后程序运行结果.txt

5.2.2 导入模块

通常,模块为一个文件,可以导入后使用。可以作为模块的文件类型有.py、.pyo、.pyc、.pyd、.so、.dll 等。

导入模块是一个相对耗时的操作,Python 使用了一些技巧来加速这个过程。

一个办法是创建后缀为.pyc 的字节编译文件,用于将程序转换为中间格式,且该字节编译文件是平台无关的。因为导入模块的部分操作已经预先完成,所以将加快导入速度。

Python 中有 3 种导入模块的方法,下面逐一介绍。

1. import 语句导入

模块导入语法格式:

import 模块名[,模块名 1,...]

功能:导入模块后,就可以引用其任何公共的函数、类或属性。

※ 注意

　　(1) 用这种方式导入的模块,是在当前的命名空间中建立了一个该模块的引用。这种引用需使用全称。即在访问导入模块中的函数或属性时,必须加上模块的名字,如模块名.函数名。

　　(2) 可以用 import 语句导入多个模块。import 导入模块要放在程序头部。最好按照下述顺序:Python 标准库模块、Python 第三方模块、自定义模块。

　　(3) 模块导入时,可以使用 as 关键字来改变模块的引用对象名字。

　　(4) 多次导入一个模块不会多次执行该模块导入操作,只会执行一次。

【例 5-15】 模块导入示例 1。

如下所示是两个包含若干个函数的模块代码,之后是导入模块的示例代码。

```
#模块 1,名称为 modu1.py,存放路径为 src/chapter5
#data,var1 是模块属性
data = [1,2,3]
var1 = 25
def isEven(num):                #定义函数,判断一个数是否是偶数
        if(num % 2 == 0):
                return True
```

```
        else:
            return False
def isPlalindrome(num):          #定义函数,判断一个数是否是回文数
    return str(num) == str(num)[::-1]
#模块 1 的输出
print("模块 modu1 中的输出: var1 = ",var1)
print("模块 modu1 中的输出: isEven(5) = ",isEven(5))
#模块 2,名称为 modu2.py,存放路径为 src/chapter5
#data,str1 是模块属性
data = ('a','b','c','d')
def numberOfWords(sentence):     #定义函数,判断字符串中单词的个数
    return len(sentence.split(' '))
def strReverse(zfStr):           #定义函数,对字符串逆置
    li = list(zfStr)
    li.reverse()                 #对列表逆置
    return ''.join(li)           #join()函数把列表转为字符串
#模块 2 的输出
str1 = 'The standard packaging tools are all designed to be used from the command line.'
print("模块 modu1 中的输出:str1 中的单词个数 = ",numberOfWords(str1))
#模块 3,名称为 sample5_17.py,存放路径为 src/chapter5
#同时导入两个模块
import chapter5.modu1,chapter5.modu2
#第一次导入模块后,首先执行模块 1 和模块 2 的代码
#使用全称调用模块中的属性或函数,可以避免两个模块中的同名属性冲突
print('模块 sample5_17 中输出模块 1 的属性 data',chapter5.modu1.data)
print('模块 sample5_17 中输出模块 2 的属性 data',chapter5.modu2.data)
print("模块 sample5_17 中的输出: var1 = ",chapter5.modu1.var1 + 15)
print("模块 sample5_17 中的输出: isEven(5) = ",chapter5.modu1.isEven(28))
print("模块 sample5_17 中的输出: isPlalindrome(12521) = ",\
chapter5.modu1.isPlalindrome(12521))
#定义与导入模块中同名的对象时,使用本模块中定义的对象
str1 = 'It's also possible to specify an exact or minimum version directly on the command line'
str2 = 'information '
print("模块 sample5_17 中的输出:str1 中的单词个数 = ",chapter5.modu2.numberOfWords(str1))
print("模块 sample5_17 中的输出:str2 翻转 = ",chapter5.modu2.strReverse(str1))
```

例 5-15 运行结果.txt

2. from-import 语句导入

模块导入语法格式:

from 模块名 import * |对象名[,对象名,…]

功能:导入指定函数和模块变量。如果在 import 之后使用 *,则任何只要不是以"_"开始的对象都会被导入。

❀ 注意

> （1）这种导入方式和第一种的区别是所导入的对象直接导入到本地命名空间，因此在访问这些对象时不需要加模块名。
>
> （2）from-import 语句常用于有选择地导入某些属性和函数。
>
> （3）如果导入模块中的属性或函数与要导入的模块有命名冲突，必须使用 import 模块名语句来避免冲突。
>
> （4）尽量少用 from 模块名 import ∗ ，因为较难判定某个特殊的函数或属性的来源，且不利于程序调试和重构。

【例 5-16】 模块导入示例 2。

```python
# 使用 from - import 语句导入模块
# 导入 modu1 中的部分函数和属性
from chapter5.modu1 import isEven, data
# 导入模块 2 中的所有对象
from chapter5.modu2 import *
# 导入 math 模块中的 sqrt 函数
from math import sqrt
# 第一次导入模块后, 首先执行模块 1 和模块 2 的代码
# 所有导入的属性和函数都可以直接使用
# 导入的两个模块中同名的变量根据导入顺序进行覆盖, 以最后一次导入的为准
# 下面两条语句实际上输出的都是第二个模块中的 data 对象
print('模块 sample5_18 中输出模块 1 的属性 data', data)
print('模块 sample5_18 中输出模块 2 的属性 data', data)
# 没有导入变量 var1, 因此下面的代码有语法错误
# print("模块 sample5_18 的输出: var1 = ", var1 + 15)
print("模块 sample5_18 中的输出: isEven(5) = ", isEven(28))
# 没有导入函数 isPlalindrome(), 因此下面的代码有语法错误
# print("isPlalindrome(12521) = ", isPlalindrome(12521))
# 定义与导入模块中同名的对象时, 使用本模块中定义的对象
str1 = 'It's also possible to specify an exact or minimum version directly on the command line'
str2 = 'information '
print("模块 sample5_18 中的输出: str1 中的单词个数 = ", numberOfWords(str1))
print("模块 sample5_18 中的输出: str2 翻转 = ", strReverse(str2))
# sqrt() 函数可以直接使用
print("模块 sample5_18 中的输出: 245 开方 = ", sqrt(245))
```

例 5-16 运行结果.txt

3. 内建函数 _import_()导入

模块导入语法格式：

变量名 = __import__ ('模块名')

注意

（1）__import__()函数的参数是一个字符串。这个字符串可能来自配置文件，也可能是某个表达式的计算结果。

（2）import 语句就是调用这个函数进行导入工作的，import sys ＜＝＝＞sys = __import__('sys')。

（3）通常在动态加载时使用__import__()函数。如要加载某个文件夹下的所有模块，但模块名称经常变化时，利用__import__()函数来动态加载所有模块。最常见的是对插件功能的支持。

【例 5-17】 模块导入示例3。

```
♯通过内置的__import__()函数导入模块
♯把导入的模块赋值给引用变量 m1，用于区分不同的导入模块
m1 = __import__('modu1')
m2 = __import__('modu2')
♯第一次导入模块后，首先执行模块 1 和模块 2 的代码
♯通过模块的引用变量名.对象名，使用所导入模块中的属性和函数
print('模块 sample5_18 中输出模块 1 的属性 data',m1.data)
♯可有效区分两个不同模块中的同名对象
print('模块 sample5_18 中输出模块 2 的属性 data',m2.data)
print("模块 sample5_18 中的输出：var1 = ",m1.var1 + 15)
print("模块 sample5_18 中的输出：isEven(5) = ",m1.isEven(28))
print("模块 sample5_18 中的输出：isPlalindrome(12521) = ",m1.isPlalindrome(12521))
str1 = 'It's also possible to specify an exact or minimum version directly on the command line'
str2 = 'information'
print("模块 sample5_18 中的输出：str1 中的单词个数 = ",m2.numberOfWords(str1))
print("模块 sample5_18 中的输出：str2 翻转 = ",m2.strReverse(str2))
print("模块 sample5_18 中的输出：245 开方 = ",m3.sqrt(245))
```

例 5-17 运行结果.txt

4．Python 模块搜索路径

Python 在导入一个模块时，执行流程如下所述。

（1）创建一个初始值为空的模块对象。

（2）把该模块对象追加到 sys.module 对象中。

（3）装载模块中的代码，必要时执行编译操作。

（4）执行该模块中对应的代码。

当执行装载模块时，需要知道模块所在的位置。PVM 的搜索路径如下所述。

（1）在当前目录下搜索该模块。

（2）在环境变量 pythonpath 指定的路径表中一次搜索。

（3）在 Python 安装路径中搜索。

对于上述路径搜索顺序,如果前两个搜索路径中存在与标准模块同名的模块,将覆盖标准模块。

事实上,上述搜索路径都包含在变量 sys. path 中。可以很方便地通过 sys. path. append (新路径)这样的方式动态添加新路径到搜索路径表中。当目录较复杂时,也可以通过添加环境变量的方式增加搜索路径。

5.2.3 包

包是一个有层次的文件目录结构。每个模块对应单个文件,而包对应一个目录。使用标准的 import 和 from-import 语句可以导入包中的模块。

包目录下的第一个文件是 __init__. py,之后是一些模块文件和子目录。假如子目录中也有 __init__. py,那么是这个包的子包。

当把一个包作为模块导入时,实际上导入的是 __init__. py 文件。__init__. py 文件中定义了包的属性和方法,也可以是一个空文件,但是必须存在。

【例 5-18】 对具有下述结构的包导入指定模块。

```
myModul/
        __init__. py
    childModul/
        __init__. py
        modul. py
        modu2. py
```

导入其中的模块语句如下:

```
# 导入模块 Graphics.Formats.gif,只能以全名访问模块属性
# 若模块 modul 中定义了全局对象 S,则访问方式为 myModul. childModul.modul.S
import myModul. childModul.modul
# 导入模块 modul,只能以 modul.全局对象名这种方式访问模块属性或函数
# 例如,模块 modul 中定义了全局对象 S,访问方式为 modul.S
from myModul. childModul import modul
# 导入模块 modul,并将属性 S 放入当前命名空间.可以直接访问被导入的属性
# 例如,模块 modul 中定义了全局对象 S,访问方式为 print(S)
from myModul. childModul.modul import S
# 只会执行 myModul 目录下的 __init__. py 文件,而不会导入任何模块
import myModul
```

5.2.4 常用的内置模块

Python 标准库包含了数百个模块,安装 Python 时会自动安装。一些常用的标准模块详见下页二维码扩展阅读,具体使用方法可参考官方文档。

5.2.5 第三方模块

Python 除了自带的标准库之外,还有很多第三方库供编程者使用。随着 Python 的发展,一些稳定的第三方库被加入到标准库里。常用的第三方模块详见下页二维码扩展阅读。

Python 中常用的内置模块.pdf

 Python 中一些常用的第三方模块.pdf

5.3 习　　题

（1）编写函数，判断某个数是否是回数。

（2）编写函数，返回一个整数的所有因子。

（3）编写函数，返回一个整数的所有素数因子。

（4）编写函数，返回两个整数的公因子。

（5）编写递归和非递归函数，输出斐波那契数列。

（6）编写函数，统计字符串中单词的个数。

（7）编写函数，输出字符串中最长的单词。

（8）编写程序，对图书信息进行管理，要求用函数实现对图书的添加、修改、删除和查找功能。

（9）利用 lambda()函数，实现一个四则运算的计算器。

（10）编写函数，验证任意偶数是两个素数之和，并返回这两个素数。

（11）编写用梯形法求解定积分的函数。

（12）编写函数，统计文本中单词的个数，单词之间用空格或换行符分隔。

文　件

　　如果要把数据永久保存下来,需要存储在文件中。Python 可以处理操作系统下的文件结构,并对文本文件、二进制文件及其他类型的文件,如电子表格文件等进行输入和输出操作。另外,Python 还可以管理文件和目录。

6.1　文件的操作

　　到目前为止,程序中所有要输入的数据都是从键盘输入,程序运行结果输出到显示器,所有的输入和输出信息都无法永久保留。Python 中的文件机制,使得程序的输入或输出与存储器中的文件相关联。

6.1.1　文件的打开和关闭

　　在 Python 中访问文件,必须首先使用内置方法 open()打开文件,创建文件对象,再利用该文件对象执行读写操作。

　　一旦成功创建文件对象,该对象便会记住文件的当前位置,以便执行读写操作。这个位置称为文件的指针。凡是以 r、r+、rb+的读文件方式,或以 w、w+、wb+的写文件方式打开的文件,初始时,文件指针均指向文件的头部。

　　1. 内置方法 open()

　　open()方法的语法格式如下:

```
fileObject.open(file_name [,access_mode][,buffering])
```

　　功能:打开一个文件并返回文件对象。如果文件不能打开,抛出异常 OSError。

　　参数说明:

　　(1) file_name 变量是要访问的文件名。文件所在路径可以使用绝对路径或相对路径。

　　(2) access_mode 是打开文件的模式,可以是只读、写入、追加等。此参数是可选的,默认文件访问模式为只读(r)。其他打开模式如表 6-1 所示。

　　(3) buffering 表示缓冲区的策略选择。若为 0,不使用缓冲区,直接读写,仅在二进制模式下有效。若为 1,在文本模式下使用行缓冲区方式。若为大于 1 的整数,表示缓冲区的大小。

　　如果参数 buffering 没有给出,使用如下默认策略。

　　① 对于二进制文件,采用固定块内存缓冲区方式,内存块的大小根据系统设备分配的磁盘块来决定。

表 6-1 文件打开模式一览表

模　式	描　述
r	以只读方式打开一个已存在的文件
rb	以二进制格式打开一个已存在的只读文件
r+	打开一个已存在的文件用于读写
rb+	以二进制格式打开一个已存在的文件用于读写
w	打开文件进行写入。如果文件已存在，将其覆盖；如果文件不存在，创建新文件
wb	以二进制格式打开一个文件用于写入。如果文件已存在，将其覆盖；如果文件不存在，创建新文件
w+	打开一个文件用于读写。如果文件已存在，将其覆盖；如果文件不存在，创建新文件
wb+	以二进制格式打开一个文件用于读写。如果文件已存在，将其覆盖；如果文件不存在，创建新文件
a	打开一个文件用于追加。如果文件已存在，文件指针位于文件的结尾，即新内容写到已有内容之后；如果文件不存在，创建新文件进行写入
ab	以二进制格式打开一个文件用于追加。如果文件已存在，文件指针位于文件的结尾，即新内容写到已有内容之后；如果文件不存在，创建新文件进行写入
a+	打开一个文件用于读写。如果该文件已存在，文件指针位于文件的结尾，文件以追加模式打开；如果该文件不存在，创建新文件用于读写
ab+	以二进制格式打开一个文件用于读写。如果文件已存在，文件指针将放在文件的结尾；如果该文件不存在，创建新文件用于读写

② 对于交互的文本文件(使用 isatty()判断为 True)，采用行缓冲区的方式。其他文本文件采用与二进制文件一样的方式。

一个文件被打开后，Python 创建一个 file 对象，通过它得到与该文件相关的各种信息。表 6-2 所示是与文件对象相关的属性。

表 6-2 文件对象相关属性

属　性	描　述
closed	如果文件已被关闭，返回 True，否则返回 False
mode	返回被打开文件的访问模式
name	返回文件的名称
softspace	如果用 print 输出后，必须跟一个空格符，返回 False，否则返回 True
encoding	返回文件编码
newlines	返回文件中用到的换行模式，是一个元组对象

【例 6-1】 打开一个文件并显示相关属性。示例代码如下：

```
＃使用追加方式打开已存在的文件.使用了绝对路径,目录之间用双斜线分隔
myFile = open("d:\\temp\\addrlist.cpp",'a＋')
＃输出文件对象的相关属性
print("文件名：",myFile.name)
print("是否已关闭：",myFile.closed)
print("访问模式：",myFile.mode)
print("文件编码方式：",myFile.encoding)
print("文件换行方式：",myFile.newlines)
```

例 6-1 运行结果.txt

2．文件关闭方法 close()

文件打开并操作完毕，应该关闭文件，以便释放所占用的内存空间，或被别的程序打开并使用。

文件对象的 close()方法用来刷新缓冲区里所有还没写入的信息，并关闭该文件，之后便不能再执行写入操作。

当一个文件对象的引用被重新指定给另一个文件时，Python 将关闭之前的文件。

close()方法语法格式如下：

```
fileObject.close()
```

功能：关闭文件。如果在一个文件关闭后还对其进行操作，将产生 ValueError。

6.1.2　读文件

Python 可以读取文本文件或二进制文件，只需要在文件打开模式中指定即可。打开的文件在读取时可以一次性全部读入，也可以逐行读入，或读取指定位置的内容。Python 提供了如下方法来读取打开的文件。

1．read()方法

语法格式：

```
fileObject.read([count])
```

功能：在打开的文件中读取一个字符串，从文件的起始位置开始读入。注意，Python 中的字符串可以是二进制数据，而不仅仅是文本数据。

参数说明：参数 count 是从已打开文件中要读取的字节数。如果没有传入 count，会尝试尽可能多地读取更多的内容，很可能是直到文件的末尾。

【例 6-2】　read()方法示例。源代码如下：

```
myFile = open("d:\\temp\\song.txt",'r') #以只读方式打开一个文件
#用文件对象调用 read()方法，读取文件的全部内容，并赋值给字符串变量 text
text = myFile.read()
print(text)    #输出文本文件中的所有内容
myFile.close() #关闭文件
#打开另外一个文件
myFile = open('d:\\temp\\mydoc.txt','r + ')
#读取文件中的前 30 个字节，并赋值给字符串变量 text
text = myFile.read(30)
print(text)
myFile.close()
```

2．readline()方法

语法格式：

```
fileObject.readline([count])
```

功能：读取文件的一行，包括行结束符。

参数说明：count 是一行中要读取的字节数。默认时，读 1 行。

3. readlines()方法

语法格式：

```
fileObject.readlines([count])
```

功能：把文件的每一行作为一个 list 的一个成员，并返回该 list。内部通过循环调用 readline()来实现。

参数说明：count 参数是表示读取内容的总字节数，即只读文件的一部分。

4. 文件定位方法

(1) fileObject. tell()

功能：返回文件操作标记的当前位置，以文件的开始位置为原点。

(2) fileObject. next()

功能：返回下一行，并将文件操作标记位移到下一行。

(3) fileObject. seek(offset[,whence])

功能：将文件操作标记移到 offset 的位置。

参数说明：offset 一般是相对于文件的开始位置来计算的，通常为正数。

如果提供了 whence 参数，按如下原则计算偏移量：whence 为 0，表示从头开始计算；whence 为 1，表示以当前位置为原点进行计算；whence 为 2，表示以文件末尾为原点进行计算。需要注意，如果文件以 a 或 a＋的模式打开，每次写操作时，文件操作标记会自动返回到文件末尾。

【例 6-3】 文件定位方法与读取方法示例。源代码如下：

```
＃以读方式打开文件,文件路径之前的 r 表示不使用转义
filehandler = open(r'd:\temp\poems.txt','r')
print('read()方法:')
print(filehandler.read())                  ＃读取整个文件
print('readline()方法:')
filehandler.seek(0)
print(filehandler.readline())              ＃返回文件头,读取 1 行
print('readlines()方法:')
filehandler.seek(0)
print(filehandler.readlines())             ＃返回文件头,返回所有行的列表
print('逐行显示列表元素')
filehandler.seek(0)
textlist = filehandler.readlines()
for line in textlist:
    line = line.strip('\n')                ＃去掉换行符
    print(line)
＃移位到第 33 个字符.从第 33 个字符开始,显示 37 个字符的内容
print('seek(33) function')
filehandler.seek(33)
print('tell() function',end = ' ')
print(filehandler.tell())                  ＃显示当前位置
print(filehandler.read(37))
print('文件的当前读取位置',end = ' ')
print(filehandler.tell())                  ＃显示当前位置
filehandler.close()                        ＃关闭文件对象
```

例 6-3 运行结果.txt

任务 6-1　文件比较

任务描述

编写程序,比较两个文件是否相同。如果不同,输出首次不同处的行号和列号。

任务实现

1. 设计思路

定义两个文件指针,指向要打开的两个文件。分别逐行读取两个文件,并进行比较。在第一次遇到不相同的两行时,再逐列比较,最后输出比较结果。

2. 源代码清单

程序代码如表 6-3 所示。

表 6-3　任务 6-1 程序代码

＃程序名称 task6_1.py

序号	程 序 代 码
1	＃定义函数 main(),完成文件名输入、比较函数调用和结果输出功能
2	def **main**():
3	＃输入文件所在路径和文件名,如 d:\temp\t1.txt
4	str1 = input('请输入文件 1 所在路径及文件名')
5	str2 = input('请输入文件 2 所在路径及文件名')
6	file1 = open(str1,'r')　　　　　　　　　　　　＃以只读方式打开文件
7	file2 = open(str2,'r')
8	＃用 readlines()方法把文件内容逐行读入一个列表对象
9	lsFile1 = file1.readlines()
10	lsFile2 = file2.readlines()
11	file1.close()　　　　　　　　　　　　　　＃关闭所打开的文件
12	file2.close()
13	result,row,col = compareFile(lsFile1,lsFile2)＃调用比较函数
14	if(result == 1):
15	＃函数的第一个返回结果为1,则相等
16	print("这两个文件相等")
17	else:
18	＃函数的第一个返回结果为0,则不相等.后两个参数是行、列所在位置
19	print("这两个文件在{0}行{1}列开始不相等".format(row,col))
20	＃定义文件比较函数,参数是列表对象
21	def **compareFile**(file1,file2):
22	＃计算第一个列表的元素个数,即行数

续表

序号	程 序 代 码
23	len1 = len(file1)
24	len2 = len(file2)
25	minlen1 = min(len1,len2)　　　　　　＃计算两个列表的最小行数
26	for i in range(minlen1):　　　　　　＃用最小行数进行迭代和比较
27	print(file1[i],file2[i])　　　　＃输出两个列表的当前行
28	＃如果这两行不相等,判断是在哪一列不相等
29	if(file1[i]!= file2[i]):
30	＃获得这两行最小的列数
31	minlen2 = min(len(file1[i]),len(file2[i]))
32	for j in range(minlen2):　　　＃用最小的列数进行迭代和比较
33	if(file1[i][j]!= file2[i][j]):
34	return [0,i + 1,j + 1]　　＃返回不相等所在的行号和列号
35	else:
36	＃若这两行的列数不相同,则也不相等
37	if(len(file1)!= len(file2)):
38	return [0,i + 1,1]
39	else:
40	＃若两个文件的行数不同,则也不相等
41	if(len(file1)!= len(file2)):
42	return [0,minlen1 + 1,1]
43	else:
44	return [1,0,0]　　　　　　　＃两个文件相等
45	＃运行 main()函数
46	main()

任务 6-1 运行结果举例.txt

6.1.3　写文件

Python 可以写文本文件或二进制文件,只需要在文件打开模式中指定相关模式即可。打开的文件可以一次性全部写入,也可以把列表中存储的内容写入文件。Python 提供了以下方法来对打开的文件执行写操作。

1. write()方法

语法格式:

```
fileObject.write(str)
```

功能:把 str 写到文件中。write()并不会在 str 后加上一个换行符。

参数说明:参数 str 是一个字符串,是要写入文件的内容。

> **注意**
>
> （1）文件写入后，文件的指针向后移动 len(s)字节。
>
> （2）如果磁道已坏或磁盘已满，会发生异常。

2. writelines()方法

语法格式：

```
fileObject.writelines(seq)
```

功能：把 seq 的内容全部写到文件中，并且不会在字符串的结尾添加换行符（'\n'）。

参数说明：seq 是一个列表对象。

3. flush()方法

语法格式：

```
fileObject. flush()
```

功能：把缓冲区的内容写入硬盘。

【例 6-4】 文件写入方法示例。源代码如下：

```
# 文件打开模式为追加方式
myfile = open("d:\\temp\\hello.txt","a + ")
poem1 = '江碧鸟逾白,山青花欲燃. \n'              # poem1 是一个字符串
# poem2 是一个列表
poem2 = ['绿叶青葱傍石栽,\n','孤根不与众花开. \n','酒阑展卷山窗下,\n','习习香从纸上来. \n']
myfile.write(poem1)                            # write()方法写入字符串
myfile.writelines(poem2)                       # writelines()方法写入列表
myfile.close()
myfile = open("d:\\temp\\hello.txt","r")        # 打开刚才写入的文件
print(myfile.read())                           # 读取文件所有内容并输出
myfile.close()                                 # 关闭文件
```

例 6-4 运行结果.txt

任务 6-2　文件分割与合并

任务描述

编写一个 Python 程序,把一个较大的文件分割成若干较小的文件。例如,将 2GB 的大文件分割成小文件,以便通过邮箱传递。同时,提供文件合并功能。

任务实现

1. 设计思路

根据题目要求,文件分割是根据用户要求的分割单位对一个大文件进行截取,统一命名

并存放到指定路径中,最后返回所分割的块数。文件合并是把分割后的若干个文件根据次序重新组合成原文件。

2. 源代码清单

文件分割程序代码如表 6-4 所示,文件合并程序代码如表 6-5 所示。

表 6-4　任务 6-2 程序代码 1

＃程序名称 task6_2_1.py

序号	程 序 代 码
1	＃文件分割程序
2	＃导入 sys 和 os 包
3	import sys,os
4	＃定义 k 和 M 所对应的字节数
5	kilobytes = 1024
6	megabytes = kilobytes * 1000
7	＃默认分割文件大小为 200MB
8	chunksize = int(200 * megabytes)
9	'''
10	定义分割函数.第一个参数是要分割的文件;第二个参数是分割后的文件存
11	放路径;第三个参数是文件分割单位(字节数),默认 200MB.返回值是分块的数目.
12	'''
13	def **split**(fromfile,todir,chunksize = chunksize):
14	＃检测存放分割后文件的路径是否存在
15	if not os.path.exists(todir):
16	＃如果不存在,创建这个文件夹
17	os.mkdir(todir)
18	else:
19	＃否则,删除该文件夹内的所有文件
20	for fname in os.listdir(todir):
21	os.remove(os.path.join(todir,fname))
22	＃分割编号初始化为 0
23	partnum = 0
24	＃用二进制格式打开文件
25	inputfile = open(fromfile,'rb')
26	＃由于文件大小不固定,因此使用不限次数的循环结构
27	while True:
28	＃每次读分割字节数大小的块
29	chunk = inputfile.read(chunksize)
30	＃判断文件是否还有内容
31	if not chunk:
32	＃文件全部处理完毕,退出循环
33	break
34	＃块编号加 1
35	partnum += 1
36	＃构造块文件名,并与目标文件夹拼接
37	＃文件名命名规则:前缀是 part,后面接 4 位格式的数字编号
38	filename = os.path.join(todir,('part%04d' % partnum))

续表

序号	程 序 代 码
39	#以二进制写模式打开文件
40	fileobj = open(filename,'wb')
41	#把当前分块写入文件
42	fileobj.write(chunk)
43	#关闭文件对象
44	fileobj.close()
45	#返回分块的数目
46	return partnum
47	#如果是本模块自身运行,执行下面的代码
48	if __name__ == '__main__':
49	#输入文件分割所需的信息
50	fromfile = input('请输入要分割的文件')
51	todir = input('请输入存放分割后文件的文件夹')
52	chunksize = int(input('请输入分割大小(以字节为单位)'))
53	#获得绝对路径
54	absfrom,absto = map(os.path.abspath,[fromfile,todir])
55	print('分割文件',absfrom,'到',absto,'单个文件大小为',\
56	chunksize)
57	try:
58	#调用分割函数
59	parts = split(fromfile,todir,chunksize)
60	except:
61	#文件操作错误处理
62	print('分割错误:')
63	print(sys.exc_info()[0],sys.exc_info()[1])
64	else:
65	#显示分割成功信息
66	print('分割成功: ',parts,'个文件,位于',absto)

任务 6-2(文件分割)运行结果举例.txt

分割后的文件如图 6-1 所示。

名称	修改日期	类型	大小
part0001	2017/2/10 10:18	文件	390,625 KB
part0002	2017/2/10 10:18	文件	390,625 KB
part0003	2017/2/10 10:18	文件	390,625 KB
part0004	2017/2/10 10:18	文件	55,776 KB

图 6-1　分割后的多个文件

表 6-5 任务 6-2 程序代码 2

♯程序名称 task6_2_2.py

序号	程 序 代 码
1	♯文件合并程序
2	♯导入包 sys,os
3	import sys,os
4	'''
5	定义合并函数.第一个参数是分割后的文件所在路径；第二个参数是合并后
6	的文件名；第三个参数是合并后的文件存放的路径,无返回值
7	'''
8	def **joinfile**(fromdir,filename,todir):
9	♯如果存放文件的目录不存在,则创建
10	if not os.path.exists(todir):
11	os.mkdir(todir)
12	♯如果存放分割文件的路径不存在,则报错
13	if not os.path.exists(fromdir):
14	print('文件夹错误')
15	♯用写二进制文件方式打开合并文件
16	outfile = open(os.path.join(todir,filename),'wb')
17	♯把分割文件夹中的所有文件存放到列表中
18	files = os.listdir(fromdir)
19	♯将列表中的所有文件名进行排序
20	files.sort()
21	♯遍历列表中的所有文件
22	for file in files:
23	♯拼接文件夹和文件名
24	filepath = os.path.join(fromdir,file)
25	♯以二进制读的方式打开当前列表元素所表示的文件
26	infile = open(filepath,'rb')
27	♯读入文件的所有内容
28	data = infile.read()
29	♯当前文件内容写入合并文件
30	outfile.write(data)
31	♯关闭所读的文件
32	infile.close()
33	♯关闭合并文件
34	outfile.close()
35	♯如果是本模块自身运行,执行下面的代码
36	if __name__ == '__main__':
37	♯输入合并文件所需信息
38	fromdir = input('请输入存放分割后的文件所在路径：')
39	filename = input('请输入合并后的文件名：')
40	todir = input('请输入存放合并后文件的文件夹：')
41	try:

续表

序号	程序代码
42	♯调用合并函数
43	joinfile(fromdir,filename,todir)
44	except:
45	♯文件操作错误提示
46	print('合并文件错误:')
47	print(sys.exc_info()[0],sys.exc_info()[1])
48	else:
49	♯输出合并成功信息
50	print('合并成功: ',filename,'位于',todir)

任务 6-2(文件合并)运行结果举例.txt

6.1.4 文件的其他操作

Python 的 os 模块提供了执行文件处理操作的方法,比如重命名和删除文件。要使用这个模块,必须先导入它,然后才可以调用相关的功能。

1. 重命名文件

rename()方法语法格式:

os.rename(oldname,newname)

参数说明:oldname 是旧文件名,newname 是新文件名。

2. 删除文件

remove()方法语法格式:

os.remove(filename)

参数说明:filename 是要删除的文件名。

3. 清空文件

truncate()方法语法格式:

fileObject.truncate()

功能:清空文件对象所指文件的内容。

6.1.5 pickle 模块

如果希望透明地存储 Python 对象(如列表、字典、集合等),而不丢失其身份和类型等信息,需要进行对象序列化过程:这是一个将任意复杂的对象转成对象的文本或二进制表示的过程。同样,在使用的时候,必须能够把序列化后的信息恢复成原有的对象。

Python 的 pickle 模块实现了基本的数据序列化和反序列化功能。通过 pickle 模块的序列化操作,能够将程序中运行的对象信息保存到文件中并永久存储;通过 pickle 模块的反序列化操作,能够从文件中获得程序所保存的对象。

使用 pickle 模块,需要采用二进制方式读写文件。

1. dump()方法

语法格式:

```
pickle.dump(obj,file,[,protocol])
```

功能:将对象 obj 保存到文件 file 中。

参数说明:

(1) obj   要保存的对象。

(2) file   对象保存到的类文件对象,要求具有 write()接口。file 可以是一个以'w'方式打开的文件,或者一个 StringIO 对象,或者其他任何实现 write()接口的对象。

(3) protocol   序列化使用的协议版本。若为 0,ASCII 协议,所序列化的对象使用可打印的 ASCII 码表示;若为 1,老式的二进制协议;若为 2,2.3 版本引入的新二进制协议,较以前的更高效。其中,协议 0 和协议 1 兼容老版本的 Python。protocol 的默认值为 0。

2. load()方法

语法格式:

```
pickle.load(file)
```

功能:从 file 中读取一个字符串,并将它重构为原来的 python 对象。

参数说明:file 是类文件对象,要求具有 read()和 readline()接口。

任务 6-3   四则运算练习系统

✍ 任务描述

编写一个 Python 程序,模拟一个四则运算练习。学生每次完成 10 个题目的练习并给出成绩,可多次练习。要求最近 3 次练习的题目不能重复,记录所有练习的成绩,并将相关信息保存在文件中。

🎸 任务实现

1. 设计思路

使用列表来保存最近 3 次练习的题目和答案。首先,每次练习随机生成 10 个不重复的题目,同时生成答案;然后,用户练习最新生成的题目,并输出成绩和答案;最后,输出所有历史成绩。

2. 源代码清单

程序代码如表 6-6 所示。

表 6-6   任务 6-3 程序代码

#程序名称 task6_3.py		
序号	程序代码	
1	import random	#导入随机数包
2	import pickle	#导入 pickle 模块

序号	程序代码
3	`import os`　　　　　　　　　　　　　　　　#导入 os 包
4	`def practice():`　　　　　　　　　　　　　#定义练习系统函数
5	`formular = setQuestion();`　　　　　#调用题目生成函数,获得最新题目列表
6	`answerQuestion(formular)`　　　　　#调用函数,以便用户完成练习
7	#定义题目生成函数,返回值是最新题目列表
8	`def setQuestion():`
9	`count = 0`　#count 用于计算出题的数目
10	`opr = {1:' + ',2:' - ',3:' * ',4:'/'}`　　#定义编号与运算符关系字典
11	`formular = []`　　　　　　　　　　　　#题目列表初始化
12	#判断存放旧题的文件是否存在
13	`if os.path.exists('d:\\temp\\question.dat'):`
14	#如果旧题文件存在,则打开该文件
15	`pkFile = open('d:\\temp\\question.dat','rb')`
16	#把文件中的列表元素赋值给列表对象
17	`data1 = pickle.load(pkFile)`
18	`pkFile.close()`
19	`else:`
20	`data1 = []`　　　　　　　　　　　　#否则,列表对象置空
21	`while True:`　　　　　　　　　　　　#不限次数循环结构,用于产生不同的题目
22	#分别获得两个操作数和运算符
23	`num1 = random.randint(1,100)`
24	`num2 = random.randint(1,100)`
25	`opnum = random.randint(1,4)`
26	`op = opr.get(opnum)`　　　　　　　#在字典中查找编号所对应的运算符
27	#计算当前算式的运算结果.其中,除法只取商
28	`result = {`
29	`' + ': lambda x,y: x + y,`
30	`' - ': lambda x,y: x - y,`
31	`' * ': lambda x,y: x * y,`
32	`'/': lambda x,y: int(x/y)`
33	`}[op](num1,num2)`
34	#生成一个元组,作为列表中的一个对象
35	`tmp = (num1,op,num2,result)`
36	`if tmp in formular or tmp in data1:`
37	#若题目重复,则重新出题
38	`continue`
39	`formular.append(tmp)`　　　　　　#不重复,则把题目添加到列表中
40	`count += 1`　　　　　　　　　　　#题目数加 1
41	`if(count == 10):`
42	`break;`　　　#题目够 10 个,则退出循环
43	`data2 = data1[-21:-1]`　　　　　　　　#从旧题列表中取倒数 20 个题目
44	`data2.extend(formular)`　　　　　　　　#增加新题
45	#以写二进制方式打开文件
46	`pkFile = open('d:\\temp\\question.dat','wb')`
47	`pickle.dump(data2,pkFile,-1)`　　　　　#把列表保存在文件中

续表

序号	程序代码

```
48    pkFile.close()
49    return formular                                        # 返回新生成的题目列表
50    # 定义用户练习函数,参数为题目列表
51    def  answerQuestion(formular):
52        grade = 0                                           # 成绩初始化为 0
53        for item in formular:                               # 遍历列表
54            # 输出题目
55            print('{0} {1} {2} ='.
56                format(item[0], item[1], item[2]), end = ' ')
57            # 用户输入答案
58            ans = int(input())
59            if ans == item[3]:
60                # 答案正确,加 10 分
61                grade += 10
62        # 如果有历史成绩文件,则打开
63        if os.path.exists('d:\\temp\\grade.dat'):
64            pkFile = open('d:\\temp\\grade.dat', 'rb')
65            allGrade = pickle.load(pkFile)
66            pkFile.close()
67        else:
68            allGrade = []
69        print('本次成绩为: {0}'.format(grade))                   # 输出本次成绩
70        if allGrade:
71            print('历史成绩为: {0}'.format(allGrade))   # 输出历史成绩
72        # 保存本次成绩到历史成绩文件中
73        allGrade.append(grade)
74        pkFile = open('d:\\temp\\grade.dat', 'wb')
75        pickle.dump(allGrade, pkFile, − 1)
76        pkFile.close()
77        print('本次练习答案为: ')
78        # 输出练习答案
79        for item in formular:
80            print('{0} {1} {2} = {3}'.
81                format(item[0], item[1], item[2], item[3])) if
82    __name__ == '__main__':
83        # 调用练习系统函数
84        practice()
```

任务 6-3 运行结果.txt

6.2　目录的操作

6.2.1　目录与文件操作函数

文件是由操作系统来管理的,并通过文件夹的方式来管理大量的文件。文件除了读写操作以外,还可以进行复制、移动、删除等操作。文件夹也可以进行创建、移动、获取文件等操作。Python 中对文件、文件夹操作时,可以使用 os 模块或 shutil 模块,如表 6-7 和表 6-8 所示。

表 6-7　os 模块中常用的方法

方　　法	功　能　描　述
os. getcwd()	得到当前工作目录,即当前 Python 脚本工作的目录路径
os. listdir(path)	返回指定目录 path 下的所有文件和目录名
os. remove(filename)	该方法用来删除一个文件,不能删除目录
os. removedirs(path)	递归地删除多个目录。若目录没有成功删除,将抛出错误
os. rmdir(path)	删除目录 path。要求 path 必须是空目录,否则抛出 OSError 错误
os. path. isfile(path)	检验给出的路径 path 是否一个文件
os. path. isdir(path)	检验给出的路径 path 是否一个目录
os. path. isabs(path)	判断 path 是否是绝对路径
os. path. exists(path)	判断给出的路径 path 是否存在
os. path. split(path)	把路径分割成路径名和文件名,返回一个元组
os. path. splitext(path)	分割路径,返回路径名和文件扩展名的元组
os. path. dirname(path)	返回文件的路径名
os. path. basename(path)	返回文件名
os. path. getsize(path)	返回文件大小。如果文件不存在,返回错误
os. rename(old,new)	文件重命名
os. makedirs(path)	创建多级目录
os. mkdir(path)	创建单个目录
os. stat(file)	获取文件属性
os. chmod(file)	获取修改文件权限与时间戳
os. exit()	终止当前进程
os. path. join(str1,str2)	将多个路径组合后返回

表 6-8　shutil 模块中常用的方法

方　　法	功　能　描　述
shutil. copyfile(src,dst)	从源 src 复制到 dst 中去。要求目标地址具备可写权限,且若 dst 存在,则覆盖
shutil. move(src,dst)	移动文件或重命名
shutil. copymode(src,dst)	仅复制权限,不更改文件内容、组和用户
shutil. copystat(src,dst)	复制所有的状态信息,包括权限、组、用户、时间等
shutil. copy(src,dst)	复制文件的内容以及权限,先 copyfile 后 copymode
shutil. copy2(src,dst)	复制文件的内容以及文件的所有状态信息,先 copyfile 后 copystat

续表

方　　法	功　能　描　述
shutil. copytree(src,dst)	递归地复制文件内容及状态信息
shutil. rmtree(path)	递归地删除文件
shutil. move(src,dst)	递归地移动文件
make_archive(base_name, format,root_dir＝None, base_dir＝None, verbose＝0,dry_run＝0, owner＝None,group＝None, logger＝None)	压缩打包 base_name：压缩打包后的文件名或者路径名 format：压缩或者打包格式 zip、tar、bztar 或 gztar root_dir：指定将哪个目录或者文件打包(也就是源文件)

　　shutil 是一种高层次的文件操作工具,类似于高级 API,其强大之处在于对文件的复制与删除操作很灵活。

任务 6-4　图片文件批量重命名

任务描述

　　编写一个 Python 程序,对于指定文件夹下的图片文件,按照用户给出的前缀和编码方式统一命名。

任务实现

　　1. 设计思路

　　用户输入文件后缀名和所在文件夹,查找是否存在这些文件,筛选文件夹下所有指定后缀的文件并存放到列表对象中。输出所有这些文件,询问用户是否重新命名。如果是,要求输入统一命名后的文件名前缀和数字编码位数,调用 rename() 方法对文件列表中的文件重命名,并输出命名结果。

　　2. 源代码清单

　　程序代码如表 6-9 所示。

表 6-9　任务 6-4 程序代码

＃程序名称 task6_4.py

序号	程序代码
1	import os
2	＃文件批量重命名函数
3	def **imgRename**():
4	＃输入文件名后缀,strip()方法用于删除多余的空格
5	ext ＝ input("请输入要批量命名的文件后缀名：如.jpg、txt.\
6	直接回车退出程序\n").strip()
7	if ext ＝＝ '':
8	return　　　　　　　　　　　　＃如果按 Enter 键,退出函数
9	myPath＝ input("请输入图片文件所在文件夹：")

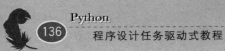

序号	程 序 代 码
10	#获得指定文件夹下的所有文件信息并存入列表对象 allFiles
11	allFiles = os.listdir(myPath)
12	ext_list = []　　　　　　　　#ext_list 用来存放指定后缀的文件,初值为空
13	list_len = []　　　　　　　　#list_len 用于存放文件名的长度,用于输出对齐
14	for ifile in allFiles:
15	#文件名和目录拼接成完整的路径
16	fullFile = os.path.join(myPath,ifile)
17	if os.path.isfile(fullFile) and \
18	os.path.splitext(ifile)[1][1:].lower() == ext:
19	#如果是文件且后缀为指定后缀,则添加到列表中
20	ext_list.append(ifile)
21	#每个文件名的长度添加到列表中
22	list_len.append(len(ifile))
23	if len(ext_list) == 0:
24	print('未发现 * .',ext,'类型的文件')
25	return
26	print('找到如下 * .',ext,'文件:')
27	#遍历列表对象,输出指定文件夹下匹配后缀的所有文件名
28	for ifile in ext_list:
29	print(ifile)
30	print(25 * '*')　　　　　　　　#打印连续 25 个 *
31	choice = input('您确定要对这些文件批量重命名吗?\
32	(Y/y 或直接按回车键—确定,N/n—取消)\n')
33	if　choice!= 'Y'and choice != 'y':
34	return　　　　　　　　　　#输入不是 Y 或 y,则退出;否则开始重新命名
35	else:
36	fi_num_cnt = 1　　　　　#文件编号初始化为 1
37	input_max_len = max(list_len)　　　　　#获得文件名的最大长度
38	preFix = input("请输入文件前缀:\n")　　　#输入数字编号之前的前缀
39	#输入编号位数
40	noSize = int(input('请输入编号宽度,如 1 表示编号为 1,2,\
41	如 3 表示编号为 001,002: '))
42	#输入重新命名目标文件夹
43	dstPath = input("请输入重命名后图片文件所在文件夹: ")
44	for ifile in ext_list:　　　#遍历列表,对每个文件重命名
45	#生成新文件名.其中,zfill()方法用于在数字前补零
46	new_name = preFix + str(fi_num_cnt).zfill(noSize) + '.' + ext
47	#如果新生成的文件名已存在,则增加编号,继续生成新文件名
48	while True:
49	if os.path.exists(os.path.join(dstPath,new_name)):
50	fi_num_cnt += 1

续表

序号	程序代码
51	new_name =
52	preFix + str(fi_num_cnt).zfill(noSize) + '.' + ext
53	else:
54	break
55	#输出新、旧文件名信息
56	print(ifile.rjust(input_max_len,''),3 * '','重命名为:'.ljust(5,''),\
57	new_name.rjust(10,''))
58	try:
59	#调用 rename()方法重新命名文件
60	os.rename(os.path.join(myPath,ifile),\
61	os.path.join(dstPath,new_name))
62	except Exception as e:
63	print(e)
64	fi_num_cnt += 1 #文件编号加 1
65	print("运行结束!")
66	if _name_ ==' _main_':
67	imgRename()

任务 6-4 运行结果举例.txt

6.2.2　目录的遍历

在文件操作中经常需要遍历某个文件夹或子文件夹。在 Python 中进行文件遍历的方式很多,下面介绍几种常用的方式。

1. 使用 os.popen()方法运行命令

语法格式:

os.popen(command[,mode[,bufsize]])

功能:用于从一个命令打开一个管道,在 UNIX、Windows 中有效。返回一个文件描述符号为 fd 的打开的文件对象。

参数说明:

(1) command　使用的系统命令。

(2) mode　模式权限,可以是 r(默认)或 w。

(3) bufsize　指明文件需要的缓冲大小:0 意味着无缓冲;1 意味着行缓冲;其他正值表示使用参数大小的缓冲(大概值,以字节为单位)。负的 bufsize 意味着使用系统的默认值。一般来说,对于 tty 设备,它是行缓冲;对于其他文件,它是全缓冲。如果没有改参数,使用系统的默认值。

2. 使用 glob 模块的 glob(path)方法

语法格式：

glob.glob(pathname)

功能：逐个获取匹配的文件路径名，返回所有匹配的文件路径列表。

参数说明：

(1) pathname　定义了文件路径匹配规则，可以是绝对路径，也可以是相对路径。

(2) 查找文件只用到 3 个匹配符　*、? 和[]。* 匹配 0 个或多个字符；? 匹配单个字符；[]匹配指定范围内的字符。

3. 使用 os.listdir()方法
本方法用法如表 6-6 所示。

4. 使用 os.walk()方法
语法格式：

os.walk(top[, topdown = True[, onerror = None[, followlinks = False]]])

功能：通过在目录树中遍历，输出在目录中的文件名，可以向上或者向下。在 UNIX、Windows 中有效。

参数说明：

(1) top　根目录下的每一个文件夹（包含它自己），产生一个三元组（dirpath，dirnames，filenames）[文件夹路径，文件夹名字，文件名]。

(2) topdown　可选，为 True 或者没有指定，一个目录的三元组将比它的任何子文件夹的三元组先产生（目录自上而下）。如果 topdown 为 False，一个目录的三元组将比它的任何子文件夹的三元组后产生（目录自下而上）。

(3) onerror()　可选，是一个函数；调用时需要一个参数，一个 OSError 实例。报告错误后，继续 walk，或者抛出 exception 终止 walk。

(4) followlinks　设置为 true，则通过软链接访问目录。

【例 6-5】不同遍历方式示例。程序代码如下：

```python
import os
import glob
def listByShell(path):
    for f in os.popen('dir ' + path):
        print(f.strip())
def listByGlob(path):
    for f in glob.glob(path + '/ * '):
        print(f.strip())
def listByListdir(path):
    for f in os.listdir(path):
        print(f.strip())
def listByOSWalk(path):
    for (dirname, subdir, subfile) in os.walk(path):
        print('[' + dirname + ']')
        for f in subfile:
            print(os.path.join(dirname, f))
def main():
```

```
        print("使用 os.popen 方法遍历")
        listByShell(r'd:\temp')
        print("使用 glob.glob 方法遍历")
        listByGlob(r'd:\temp')
        print("使用 os.listdir 方法遍历")
        listByListdir(r'd:\temp')
        print("使用 os.work 方法遍历")
        listByOSWalk(r'd:\temp')
main()
```

例 6-5 运行结果.txt

任务 6-5   批量修改所有文件名为小写

 任务描述

编写程序,遍历指定目录及所有子目录,将所有子目录名和文件名全部改为小写。

任务实现

1. 设计思路

根据题目要求,需要递归遍历文件夹下的所有文件及子文件夹。可以用 os. work()方法完成,这样就不需要编写递归遍历程序。对方法的返回结果进行遍历。首先遍历所有文件,修改文件名全部为小写;然后遍历所有文件夹,修改所有文件夹的名字为小写。

2. 源代码清单

程序代码如表 6-10 所示。

表 6-10   任务 6-5 程序代码

#程序名称 task6_5.py	
序号	程序代码
1	import os
2	import os.path
3	#读入指定目录并转换为绝对路径
4	rootdir = input('请输入文件夹')
5	#先从外向内依次修改每个目录下的文件名
6	#利用 os.work()方法读入所有的文件夹和文件夹中的文件
7	#遍历每个文件夹,检测该文件夹的所有文件名并重命名
8	for (dirname,subdir,files) in os.walk(rootdir):
9	#遍历每个文件,检测该文件名是否符合要求
10	for file in files:
11	#文件名与目录名拼接成完整路径
12	pathfile = os.path.join(dirname,file)

续表

序号	程 序 代 码
13	#把文件名转换成小写字母
14	pathfileLower = os.path.join(dirname,file.lower())
15	#检测文件名是否是小写字母
16	if pathfile == pathfileLower:
17	#如果是小写字母,则检测下一个文件
18	continue
19	#打印转换前后的文件名
20	print(pathfile + '-->'+ pathfileLower)
21	#调用 rename()方法完成重命名操作
22	os.rename(pathfile,pathfileLower)
23	#然后,从内向外依次修改每个目录名
24	#参数 topdown 决定遍历的顺序.如果为 True,从外向内;如果是 False,
25	#从内向外
26	#以下循环结构用于由内向外遍历每个文件夹,检测该文件夹的名字并重命名
27	for (dirname,subdir,files) in os.walk(rootdir,topdown = False):
28	#遍历每个文件夹,检测该文件夹的名字是否符合要求
29	for dirs in subdir:
30	#文件夹名与目录名拼接成完整路径
31	pathdir = os.path.join(dirname,dirs)
32	pathdirLower = os.path.join(dirname,dirs.lower())
33	if pathdir == pathdirLower:
34	#如果文件夹名全是小写,检测下一个文件夹名
35	continue
36	print(pathdir + '-->'+ pathdirLower)
37	#文件夹重命名
38	os.rename(pathdir,pathdirLower)

任务 6-5 运行结果举例.txt

6.3 CSV 文件

6.3.1 CSV 文件简介

CSV(逗号分隔值)是一种用来存储表格数据(数字和文本)的纯文本文件,通常是用于存放电子表格或数据的一种文件格式。纯文本意味着该文件是一个字符序列,不包含必须像二进制数字那样被解读的数据。

CSV 文件由任意数目的记录组成,记录间以某种换行符分隔;每条记录由字段组成,字段间的分隔符是其他字符或字符串,最常见的是逗号或制表符。通常,所有记录都有完全相同的字段序列。

CSV 文件可以比较方便地在不同应用之间交换数据。可以将数据批量导出为 CSV 格式,然后导入到其他应用程序中。很多应用中需要导出报表,也通常采用 CSV 格式,然后用 Excel 工具进行后续编辑。

如下所示是一个 CSV 文件。

```
101,张华,女,1994-03-21,18910011231,zhanghua@126.com
102,黎明,男,1995-05-12,13710023245,liming@163.com
104,刘明,男,1994-06-18,13520098090,liuming@126.com
103,王红,女,1995-04-27,13689002671,wanghong@sohu.com
```

6.3.2 CSV 文件访问

CSV 模块是 Python 的内置模块,用 import 语句导入后就可以使用。下面是 CSV 模块中的几个常用方法。

1. reader()方法

语法格式:

```
csv.reader(csvfile,dialect = 'excel', ** fmtparams)
```

功能:读取 CSV 文件。

参数说明:

(1) csvfile 必须是支持迭代(Iterator)的对象,可以是文件(file)对象或者列表(list)对象。

(2) dialect 编码风格,默认为 Excel 的风格,用逗号(,)分隔。dialect 方式也支持自定义,通过调用 register_dialect()方法来注册。

(3) fmtparams 格式化参数,用来覆盖之前 dialect 对象指定的编码风格。

2. writer()方法

语法格式:

```
csv.writer(csvfile,dialect = 'excel', ** fmtparams)
```

功能:写入 CSV 文件。

参数说明:参数含义同 reader()方法。

3. register_dialect()方法

语法格式:

```
csv.register_dialect(name,[dialect,] ** fmtparams)
```

功能:用来自定义编码风格。

参数说明:

(1) name 自定义编码风格的名字,默认的是'excel',可以自定义成'mydialect'。

(2) [dialect,] ** fmtparams 编码风格格式参数,如分隔符(默认的就是逗号)或引号等。

4. unregister_dialect()方法

语法格式：

csv.unregister_dialect(name)

功能：用于注销自定义的编码风格。

参数说明：name 为自定义编码风格的名字。

【例 6-6】 读写 CSV 文件。示例代码如下：

```python
import csv
def csvWrite():
    fileName = input('请输入要保存的文件的路径和文件名')
    #使用 open()函数打开用户输入的文件.如果该文件不存在,创建它
    with open(fileName,'w',newline = "") as mycsvFile:          #newline = ""可防止写入空行
        myWriter = csv.writer(mycsvFile)                        #创建 CSV 文件写对象
        #调用 writerow()方法,一次写一行,参数必须是一个列表
        myWriter.writerow(['101','张华','女','1994 - 03 - 21','13678900321'] )
        myWriter.writerow(['102','黎明','男','1995 - 05 - 12','13710023245'])
        myList = [['104','刘明','男','1994 - 06 - 18','13520098090'],\
['103','王红','女','1995 - 04 - 27','13689002671']]
        myWriter.writerows(myList)                    #调用 writerows()方法,一次写入一个列表
def csvRead():
    fileName = input('请输入要打开文件的路径和文件名')
    #使用 open()函数打开用户输入的文件.如果该文件不存在,则报错
    with open(fileName,'r') as mycsvFile:
        #使用 reader()方法读整个 CSV 文件到一个列表对象中
        lines = csv.reader(mycsvFile)
        for line in lines:
            print(line)                               #输出 CSV 文件当前行
if __name__ == '__main__':
    csvWrite()
    csvRead()
```

例 6-6 运行结果举例.txt

任务 6-6　读取 CSV 文件中指定行或列的数据

任务描述

编写一个 Python 程序,输入行号或列号,可以是多行或多列,输出对应的数据。

任务实现

1. 设计思路

根据题目要求,首先需要用户输入文件名,以及查找的行号和列号,然后调用查找函数

完成。在查找函数中,打开 CSV 文件,并将所有信息读入列表对象。遍历这个列表,找出满足要求的数据并添加到结果列表对象中。最后,返回结果列表。

2. 源代码清单

程序代码如表 6-11 所示。

表 6-11　任务 6-6 程序代码

序号	程序代码
	＃程序名称 task6_6.py
1	import csv　＃导入 CSV 模块
2	＃定义查找函数,file 是要查找的文件名,list1 是行号列表,list2 是列号列表
3	def **readRowandCol**(file,list1,list2):
4	＃对行号和列号列表排序
5	list1.sort()
6	list2.sort()
7	mylist = []　　　＃mylist 中存放从 CSV 文件中读入的信息,初始化为空列表
8	result = []　　　　＃result 是存放筛选后结果的列表,初始化为空
9	with open(file,'r') as csvfile:　　　　＃打开 CSV 文件
10	＃读取 CSV 文件的所有内容,赋值给对象 lines
11	lines = csv.reader(csvfile)
12	＃遍历 lines 对象,每行数据添加到列表 mylist 中
13	for line in lines:
14	mylist.append(line)
15	rowLen = len(mylist)　　　　　　　＃获得列表的行数
16	if len(list1) == 0:
17	＃如果用户没有输入任何行号,则默认选择所有行
18	list1 = [str(x + 1) for x in range(rowLen)]
19	colLen = len(mylist[0])　　　　　　　＃获得每个子列表的元素个数
20	if len(list2) == 0:
21	＃如果用户没有输入任何列号,则默认选择所有列
22	list2 = [str(x + 1) for x in range(colLen)]
23	＃行号初始化为 0
24	row = 0
25	＃遍历列表 mylist,查找符合条件的行和列
26	for line in mylist:
27	＃如果当前行号在行号列表中,则查找相应的列
28	if str(int(row) + 1) in list1:
29	＃tmp 初始化为空列表,用于拼接相应的列
30	tmp = []
31	＃遍历列号列表,添加相应的元素到对象 tmp 中
32	for x in list2:
33	tmp.append(line[int(x) − 1])
34	result.append(tmp)　　　　＃tmp 对象添加到结果列表中
35	row = row + 1
36	return result　　　　　　＃返回结果列表对象

续表

序号	程 序 代 码
37	if __name__ == '__main__':
38	fileName = input('请输入 CSV 文件所在目录及文件名：')
39	rows = input('请输入选择的行号(用空格分隔)：')
40	cols = input('请输入选择的列号(用空格分隔)：')
41	list1 = rows.split() ♯ 把输入的字符串数据转换为列表对象
42	list2 = cols.split()
43	♯ 调用函数,得到结果列表
44	result = readRowandCol(fileName,list1,list2)
45	print(result)

任务 6-6 运行结果举例.txt

6.3.3　Excel 文件与 CSV 文件

　　CSV 文件是文本形式的表格文件,Excel 是备受欢迎的专业电子表格处理软件。很多表格是以 Excel 方式存储的。Python 中可以导入其他相关库来直接操作 Excel 文件。这里使用 xlrd 模块和 xlwt 模块。

xlrd 和 xlwt 模块的安装方法和相关方法.pdf

任务 6-7　Excel 文件与 CSV 文件的相互转换

任务描述

　　编写一个 Python 程序,实现 Excel 文件与 CSV 文件的相互转换。

任务实现

　　1. 设计思路

　　根据题目要求,设计两个函数,其中一个函数用来完成 CSV 文件到 Excel 文件的转换,另外一个函数用来完成 Excel 文件到 CSV 文件的转换,并把 Excel 文件中的每张工作表转换为一个单独的以工作表名称命名的 CSV 文件。使用 xlwt 模块和 xlrd 模块提供的方法来完成。

2. 源代码清单

程序代码如表 6-12 所示。

表 6-12　任务 6-7 程序代码

♯程序名称 task6_7.py

序号	程序代码
1	import csv　　　　♯导入 CSV 模块
2	import xlwt　　　♯导入 xlwt 模块
3	♯导入 xlrd 模块
4	import xlrd
5	import sys
6	import os
7	♯CSV 文件转换为 Excel 文件
8	def **csvToExcel**(csvfile,excelfile):
9	♯新建 Excel 工作簿文件
10	myexcel = xlwt.Workbook()
11	♯新建工作簿中的一个表单,名字为 mysheet
12	mysheet = myexcel.add_sheet("mysheet")
13	♯用只读方式打开 CSV 文件,r 之后不要加 b
14	csvfile = open(csvfile,"r")
15	♯读取文件信息到对象 reader 中
16	reader = csv.reader(csvfile)
17	♯行号初始化为 0
18	row = 0
19	♯按行遍历读取的对象
20	for line in reader:
21	♯列号初始化为 0
22	col = 0
23	♯遍历每行的每列元素
24	for item in line:
25	♯把遍历到的元素写入 Excel 工作表的相应单元格
26	mysheet.write(row,col,item)
27	col = col + 1
28	row = row + 1
29	♯保存工作簿文件
30	myexcel.save(excelfile)
31	print('转换完成')
32	♯Excel 文件转换为 CSV 文件
33	def **excelToCsv**(excel_file,csv_filedir):
34	♯打开指定的 Excel 工作簿文件
35	workbook = xlrd.open_workbook(excel_file)
36	♯获取所有工作簿的名字
37	all_worksheets = workbook.sheet_names()
38	♯遍历每张工作表,分别转换为一个 CSV 文件
39	for worksheet_name in all_worksheets:

续表

序号	程 序 代 码
40	♯获取当前工作表内容
41	worksheet = workbook.sheet_by_name(worksheet_name)
42	♯在指定文件下打开以工作表命名的 CSV 文件,用于写操作
43	csv_file = open(os.path.join(csv_filedir,worksheet_name + '.csv'),'w')
44	♯获得 CSV 文件的写对象
45	wr = csv.writer(csv_file,quoting = csv.QUOTE_ALL)
46	♯逐行写入 CSV 文件
47	for rownum in range(worksheet.nrows):
48	wr.writerow([entry for entry in
49	worksheet.row_values(rownum)])
50	♯关闭 CSV 文件
51	csv_file.close()
52	print('转换完成')
53	♯以上两个函数的测试代码
54	if __name__ == '__main__':
55	print('请输入转换方向: ')
56	print('1.CSV 文件转换为 Excel 文件')
57	print('2.Excel 文件转换为 CSV 文件')
58	print('3.退出')
59	choice = int(input('请输入你的选择: '))
60	if(choice == 1):
61	csvfilename = input('请输入 CSV 文件名(包括路径)')
62	excelfilename = input('请输入 Excel 文件名(包括路径)')
63	csvToExcel(csvfilename,excelfilename)
64	elif (choice == 2):
65	excelfilename = input('请输入 Excel 文件名(包括路径)')
66	csvfiledir = input('请输入存放转换后 CSV 文件的文件夹')
67	excelToCsv(excelfilename,csvfiledir)
68	else:
69	exit(0)

任务 6-7 运行结果举例.txt

6.4 习　　题

(1) 编写程序,把 1000 以内的所有素数保存在文件中。

(2) 编写程序,统计文件中 26 个英文字母出现的次数,不区分大小写。

（3）编写程序，读取 Excel 文件中的数据并显示。

（4）编写程序，找出某个文件夹下所有以 P 开头的文件及其大小。

（5）编写程序，把多个文本文件合并成一个文件。

（6）编写一个 Python 程序，模拟一个四则运算练习模拟系统。用户分为管理员用户和学生用户。管理员用户登录后，可以管理题目信息和学生信息，并统计成绩；学生登录后，完成题目练习，并可查看本次成绩或之前的所有成绩。要求所有信息都保存在文件中。

Python面向对象程序设计

面向对象编程

Python 的核心是面向对象,因此 Python 支持所有面向对象的特征,如封装、继承、多态等。封装的要点是对外隐藏实现的细节,使用类来实现。继承的目的是扩展类,在父类的基础上添加新的属性和方法而生成新类。多态的核心是不同类的对象调用相同的方法时,会根据对象类型的不同而表现出不同的行为。

7.1 面向对象概述

程序设计技术分为面向过程程序设计和面向对象程序设计。

面向过程程序设计方法的特征是以算法(功能)为中心,程序=算法+数据结构,算法和数据结构之间的耦合度很高。因此,当数据结构发生变化后,所有与该数据结构相关的语句和函数都需要修改,给程序员带来很大负担。同时,软件具有安全性差、可重用性差等缺点。

面向对象程序设计(Object Oriented Programming,OOP)是将软件结构建立在对象上,而不是功能上,通过对象来逼真地模拟现实世界中的事物,使计算机求解问题更加类似于人类的思维活动。面向对象使用类来封装程序和数据,对象是类的实例。以对象作为程序的基本单元,提高了软件的重用性、灵活性和扩展性。

面向对象具有三大基本特征:封装、继承和多态。

封装是面向对象的特征之一,主要包括对象和类。

类是具有相同属性和行为的一组对象的集合。在面向对象的编程语言中,类是一个独立的程序单位,由类名来标识,包括属性定义和行为定义两个主要部分。

对象是系统中用来描述客观事物的一个实体。它是一组属性和有权对这些属性进行操作的一组行为的封装体。

类与对象的关系就如模具和铸件的关系,类的实例化结果就是对象,对一类对象的抽象就是类。类描述了一组有相同特性(属性)和相同行为(方法)的对象。

继承是在现有类的基础上通过添加属性或方法来对现有类进行扩展。通过继承创建的新类称为子类或派生类,被继承的类称为基类、父类或超类。继承的过程,就是从一般到特殊的过程。

在软件开发中,类的继承性使软件具有开放性、可扩充性,并简化了对象、类的创建工作量,增加了代码的可重用性。

多态是指相同的操作、方法或过程可作用于多种类型的对象上并获得不同的结果。

即不同的对象,收到同一消息,可以产生不同的结果。多态性增强了软件的灵活性和重用性。

7.2 类和对象

在 Python 中,一切皆为对象。例如,所有字符串是 str 类的实例,所有列表是 list 类的实例等。尽管每个字符串的实际内容不同,但是它们的操作方法都是相同的,如取子串、定位、切片等。前面所学的 str、int、float、list、tuple、dict 和 set 数据类型,都是 Python 定义的内建类。这些类型的变量都是该数据类型的一个实例,即对象。

类由属性和方法组成。属性是描述对象特征的集合,方法是对象的行为。

7.2.1 类的定义和对象的创建

Python 中定义类的语法格式如下:

```
class 类名:
    [类变量]
    [def __init__(self,paramers):]
    [def 函数名(self,…)]
```

❀注意

> (1) 直接定义在类体中的变量叫作类变量,是所有对象共享的变量,也称静态变量或静态数据,与所属的类对象绑定,不依赖于实例对象。
>
> (2) 在类的方法中定义的变量叫作实例变量。类的方法的定义和普通函数的定义类似,但方法必须以 self 作为第一个参数。方法调用时,可以不传递 self 参数。
>
> (3) 当创建对象时,self 参数指向该对象。这样,当方法调用时,会通过 self 参数得知哪个对象调用了该方法。
>
> (4) 实例方法必须绑定到一个实例对象上才能被调用。
>
> (5) 当一个类定义完之后,就产生了一个类对象(与类名相同)。
>
> (6) 实例对象通过类名后跟圆括号来实例化。
>
> (7) 在 Python 中,对象支持两种操作:引用和实例化。引用是通过类对象来调用类中的属性或方法;实例化是生成类对象的实例,也称实例对象,通过实例对象来引用类中的属性或方法。

【例 7-1】 简单的类定义。类的示例代码如下:

```python
class fruit:  # 通过关键字 class 定义一个类
    name = 'apple'                    # 定义类变量
    price = 6.7
    # 定义了一个实例方法. 方法至少有一个参数 self
    def printName(self):
        print(self.name)
        print(self.price)
if __name__ == '__main__':
```

```
print("通过类对象调用类变量")
# 通过类对象名.变量名来访问类变量
print('fruit.name = {0},fruit.price = {1}'.format(fruit.name,fruit.price))
print("通过实例对象调用方法和类变量")
myFruit = fruit()                    # 通过类名()的方式来初始化一个实例对象
myFruit.printName()                  # 通过实例对象名.方法名来访问实例方法
# 通过实例对象名.变量名来访问类变量
print('myFruit.name = {0},myFruit.price = {1}'.format(myFruit.name,myFruit.price))
print('修改类变量的值')
myFruit.name = 'pear'                # 可以在类外修改类变量的值
myFruit.price = 3.5
print('myFruit.name = {0},myFruit.price = {1}'.format(myFruit.name,myFruit.price))
print('不能通过类名调用实例方法,如下面的调用语句会出错')
# 不能通过类名.方法名来访问实例方法
fruit.printName()
```

例 7-1 运行结果.txt

7.2.2 实例变量及封装

实例化之后,每个实例单独拥有的变量叫作实例变量。实例变量是与某个类的实例相关联的数据值,这些值独立于其他实例或类。当一个实例被释放后,这些变量同时被释放。

在 Python 中,实例变量的定义如下:

self.变量名

只要以 self 定义的变量都是实例变量。该变量可以定义在任何实例方法内。

实例变量的初始化最好通过定义__init__()或__new__()构造方法来完成。该方法在定义对象的时候自动调用。如果同时定义了这两个方法,优先调用__new__()方法来完成实例化。

调用实例变量有如下两种方式。

(1)在类外通过对象直接调用。

(2)在类内通过 self 间接调用。

Python 中的封装,其实是使用构造方法将内容封装到对象中,然后通过对象直接或者通过 self 间接获取被封装的内容。

与其他语言不同的是,Python 没有提供 private、public 这样的访问控制符,因此上述方式定义的实例变量在类外可以使用。

如果要实现真正的封装,让实例变量或方法成为私有的,需要在变量名和方法名前加双下划线,如__valueName 或__functionName。

【例 7-2】 实例变量应用。代码如下:

```
class point1: # 定义类 point1
```

```
        def __init__(self,x,y):       #定义类 point1 的构造方法,创建对象时自动调用
            self.x = x                #创建实例变量 x,并初始化
            self.y = y                #创建实例变量 y,并初始化
        def move(self,x,y):           #定义实例方法,完成点的移动
            self.x = x                #类内通过 self 间接引用实例变量
            self.y = y
        def setX(self,x):             #定义实例方法,设置 x
            self.x = x
        def setY(self,y):             #定义实例方法,设置 y
            self.y = y
        def getX(self):               #定义实例方法,获得 x 的值
            return self.x;
        def getY(self):               #定义实例方法,获得 y 的值
            return self.y
        def print(self):              #定义实例方法,输出 x 和 y
            print('[',self.x,',',self.y,']')
#定义类 point2,实例变量为私有
class point2:
        #定义类 point2 的构造方法,创建对象时自动调用
        def __init__(self,x,y):
            self.__x = x              #创建私有实例变量__x,并初始化
            self.__y = y              #创建私有实例变量__y,并初始化
        def move(self,x,y):           #定义实例方法,完成点的移动
            self.__x = x              #类内通过 self 间接引用实例变量
            self.__y = y
        def setX(self,x):
            self.__x = x
        def setY(self,y):
            self.__y = y
        def getX(self):
            return self.__x;
        def getY(self):
            return self.__y;
        def print(self):
            print('[',self.__x,',',self.__y,']')
            print('Hello',self.name)
#定义类 hello
class hello:
        def setName(self,yourName):   #定义实例方法
            self.name = yourName      #name 是实例变量
        def print(self):  #定义实例方法,使用了实例变量
            print('Hello',self.name)
if __name__ == '__main__':
        print("point1 实例变量使用演示")
        p = point1(0,0)               #自动调用构造方法__init__()完成实例对象的创建
        p.print()                     #调用实例方法,self 参数不需要明确传递
        p.move(4,5)
        p.print()
        p.x = 10                                  #类外可以直接使用实例变量,格式为:实例对象名.实例变量名
        p.y = 20
        p.print()
```

```
p.setX(3.5)
p.setY(4.5)
print("p.x = {0},p.y = {1}".format(p.x,p.y))
print("point2 实例变量使用演示")
q = point2(0,0)                    #初始化实例对象 q
q.print()                          #调用实例方法,self 参数不需要明确传递
q.move(4,5)
q.print()
#下面的语句不会报错,但是私有变量 x 和 y 不会被重新赋值
q.__x = 10
q.__y = 20
q.print()
q.setX(3.5)
q.setY(4.5)
print("q.x = {0},q.y = {1}".format(q.getX(),q.getY()))
print("hello 类的演示")
h = hello()
h.setName('Mary')
h.print()
```

 例 7-2 运行结果.txt

关于类变量和实例变量的使用,还需要注意以下两点。

(1) 在类方法中引用的变量必定是类变量。而在实例方法中,当引用的变量名与类变量名相同时,实例变量会屏蔽类变量名,即引用的是实例变量;若实例对象没有该名称的实例变量,引用的是类变量。

(2) 如果在实例方法中更改某个实例变量,并且存在同名的类变量,则修改的是实例变量;若实例对象没有与类变量同名的实例变量,会创建一个同名称的实例变量。此时若要修改类变量,只能在类方法中修改。

7.2.3　方法

在 Python 类中定义的方法通常有 3 种:实例方法、类方法以及静态方法。以下是这3 种方法的定义和调用方式。

1. 实例方法

实例方法一般都以 self 作为第一个参数,必须和具体的对象实例绑定才能访问,即必须由对象调用。执行时,自动将调用该方法的对象赋值给 self。

2. 类方法

类方法必须以 cls 作为第一个参数。cls 表示类本身,定义时使用@classmethod 装饰器。可以通过类名或实例对象名来调用。执行类方法时,自动将调用该方法的类赋值给 cls参数。

3. 静态方法

静态方法不需要默认的任何参数，跟一般的普通方法类似，但是方法内不能使用任何实例变量，定义时使用@staticmethod装饰器。静态方法可以通过类名或实例对象名来调用。

【例7-3】 方法的定义与应用。代码如下：

```python
class Foo:
    animal = '兔子'
    def __init__(self,feature):
        self.feature = feature

    def print(self):                        #定义普通方法，至少有一个self参数
        print('调用了普通方法')
        print('{0}的特征是：{1}'.format(self.animal,self.feature))    #输出类变量和实例变量

    @classmethod                            #类方法装饰器声明
    def enemy(cls,name):                    #定义类方法，至少有一个cls参数，不能使用实例变量
        print('调用了类方法')
        enemyName = name                    #enemyName类方法内的变量，类外不可用
        #通过cls.类变量名访问类变量(静态变量)
        print('{0}的天敌是{1}'.format(cls.animal,enemyName))

    @staticmethod                           #静态方法装饰器声明
    def eat(name):                          #定义静态方法，无默认参数，不能使用实例变量
        print('调用了静态方法')
        eatName = name                      #eatName静态方法内的变量，类外不可用
        #通过类名.类变量名访问类变量(静态变量)
        print('{0}的食物是{1}'.format(Foo.animal,eatName))

if __name__ == '__main__':
    t = Foo(['长耳朵','三瓣嘴','两颗大门牙','毛柔软','红眼睛'])      #初始化实例对象
    t.print()                               #利用实例对象调用普通方法
    t.enemy(['狼','老鼠'])                   #通过实例对象调用类方法
    Foo.enemy(['黄鼠狼','狐狸'])             #通过类名调用类方法
    t.eat(['青草','胡萝卜','白菜','薯类'])     #通过实例对象调用静态方法
    Foo.eat(['苹果','南瓜','蒲公英','车前草']) #通过类名调用静态方法
```

例7-3运行结果.txt

7.2.4 属性方法

Python中的属性方法是普通方法的变种，即把一个方法变成一个静态属性。这样，方法在调用时就不用加小括号了。

属性方法定义有下述两种方式。

（1）装饰器方式：定义方法时，使用@property装饰器。

（2）静态属性方式：在类中定义值为 property 对象的静态属性。

属性方法格式为：

property(方法名 1,方法名 2,方法名 3,'描述信息')

参数说明：

（1）方法名 1　调用对象.属性自动触发执行方法。

（2）方法名 2　调用对象.属性＝ XXX 时,自动触发执行方法。

（3）方法名 3　调用 del 对象.属性时,自动触发执行方法。

（4）描述信息　是一个字符串,调用对象.属性.__doc__。此参数是该属性的描述信息。

实际上,property()方法中的 3 个方法参数可以分别对应获取属性的方法、设置属性的方法以及删除属性的方法。这样,外部对象就可以通过类似于访问变量的方式来达到获取、设置或删除类内属性的目的。

【例 7-4】　属性方法应用。代码如下：

```python
class Book:                                    # 定义 Book 类
    def __init__(self,bookname,author,price):  # 定义 Book 类的构造函数
        # 分别初始化 3 个实例变量
        self.__name = bookname
        self.__author = author
        self.__price = price
    def getName(self):                         # 定义普通实例方法
        return self.__name
    @property
    def getAuthor(self):                       # 定义属性方法
        return self.__author
    def getPrice(self):                        # 定义普通实例方法
        return self.__price
    # 定义静态属性.当执行对象名.PRICE 时,触发 getPrice()方法的执行
    PRICE = property(getPrice)
    def print(self):                           # 定义普通实例方法
        print('书名：{0},作者：{1},价格：{2}'.format(self.__name,self.__author,self.__price))
class Goods:                                    # 定义类 Goods
    # 定义 Goods 类的构造函数,并初始化 3 个实例变量
    def __init__(self,goodsname,produce,price):
        self.__name = goodsname
        self.__produce = produce
        self.__price = price
    def getName(self):                         # 定义普通实例方法
        return self.__name
    def changeName(self,name):                 # 定义除 self 外,还有一个参数的方法
        self.__name = name
    def delName(self):                         # 定义一个实例方法,删除一个实例变量
        del self.__name
    # 定义静态属性,具体含义见参数说明
    NAME = property(getName,changeName,delName,'商品名称')
    def print(self):                           # 定义一个普通实例方法
        print('商品名：{0},生产厂家：{1},价格：\
{2}'.format(self.__name,self.__produce,self.__price))
if __name__ == '__main__':
    print('Book 类演示')
```

```
book = Book('Python 程序设计','张三',45)  ＃初始化一个 Book 类的实例对象 book
print(book.getName())                   ＃普通实例方法调用
print(book.getAuthor)                   ＃装饰器属性方法调用
print(book.PRICE)                       ＃静态属性方法调用
book.print()
print('Goods 类演示')
good = Goods('牛奶','三元',1.5)          ＃初始化 Goods 实例对象 goods
print(good.NAME)                        ＃自动调用第一个参数中定义的方法：getName()
 good.NAME = '早餐奶'                    ＃自动调用第二个参数中定义的方法：changeName()
del good.NAME                           ＃自动调用第三个参数中定义的方法：delName()
good.print()                            ＃因删除了实例变量 name,因此调用会出错
```

例 7-4 运行结果.txt

7.2.5 类中的其他内置方法和属性

Python 类中还提供一些内置方法来完成特定的功能,如表 7-1 所示。

表 7-1　Python 内置方法

方法名或属性名	功 能 描 述
__init__(self,…)	构造方法。初始化对象,在创建新对象时调用
__del__(self)	析构方法。释放对象,在对象被删除之前调用
__new__(cls,＊args,＊＊kwd)	初始化实例
__str__(self)	在使用 print 语句时被调用
__getitem__(self,key)	获取序列的索引 key 对应的值,等价于 seq[key]
__len__(self)	在调用内联函数 len()时被调用
__cmp__(stc,dst)	比较两个对象 src 和 dst
__getattr__(s,name)	获取属性的值
__setattr__(s,name,value)	设置属性的值
__delattr__(s,name)	删除 name 属性
__getattribute__()	__getattribute__()功能与 __getattr__()类似
__call__(self,＊args)	对象后面加括号时触发执行,把实例对象作为函数调用
__iter__	用于迭代器
__gt__(self,other)	判断 self 对象是否大于 other 对象
__lt__(self,other)	判断 self 对象是否小于 other 对象
__ge__(self,other)	判断 self 对象是否大于或者等于 other 对象
__le__(self,other)	判断 self 对象是否小于或者等于 other 对象
__eq__(self,other)	判断 self 对象是否等于 other 对象
__doc__	表示类的描述信息
__module__	表示当前操作的对象在哪个模块
__class__	表示当前操作的对象的类是什么
__dict__	类或对象中的所有成员

【例 7-5】 内置方法应用。代码如下：

```
class Fruit:
    def __init__(self,name,price):
        self.name = name
        self.price = price
    ♯此方法一般无须定义.析构函数的调用是由解释器在进行垃圾回收时自动触发执行的
    def __del__(self):
        pass
    def __call__(self, * args, * * kwargs):      ♯对象()或者类()触发执行 call()方法
        print('Fruit {0} is tasteful.'.format(self.name))
    def __str__(self):
        return 'The price of ' + self.name + ' is ' + str(self.price)
    def __getattribute__(self,name):           ♯获取属性的方法
        return object.__getattribute__(self,name)
    def __setattr__(self,name,value):          ♯设置属性的方法
        self.__dict__[name] = value
if __name__ == '__main__':
    print('Fruit.__doc__:{0}'.format(Fruit.__doc__))
    obj = Fruit('apple',5.5)
    print( 'obj.__module__:{0}'.format(obj.__module__ ))          ♯输出模块
    print('obj.__class__'.format(obj.__class__ ))♯输出类
    print('obj.__dict__'.format(obj.__dict__))   ♯输出类的成员
    obj()                                         ♯执行 call()方法
    print(obj)                                    ♯如果定义了__str__()方法,则调用它
    obj.__dict__["_Fruit__price"] = 6.5          ♯设置 price 属性
    print(obj.__dict__.get("_Fruit__price"))     ♯获取 price 属性
```

 例 7-5 运行结果.txt

任务 7-1　简单的购物车管理

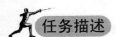 **任务描述**

编写一个 Python 程序,设计一个类来管理用户的购物车。

任务实现

1. 设计思路

根据题目要求,设计一个购物车类,该类包含构造方法,用于添加商品、删除商品、修改商品数量、清空购物车、保存购物车信息、打开购物车等。在类中定义一个私有实例变量__myCart,它是一个存放购物信息的列表对象;再定义一个方法,实现购物车用户接口功能。

2. 源代码清单

程序代码如表 7-2 所示。

表 7-2　任务 7-1 程序代码

＃程序名称 task7_1.py

序号	程序代码
1	import os
2	import csv
3	import copy
4	class **Cart**:　　　　　　　　　　　　　　　　＃定义购物车类
5	def __**init**__(*self*):　　　　　　　　　＃构造方法,购物车列表初始化为空
6	*self*.__myCart = [ ]　　　　　　　　＃定义私有实例变量
7	＃定义实例方法,用于完成购物车中商品添加功能
8	def **addGoods**(*self*, goods):
9	＃判断购物车中是否已存在要添加的商品,
10	＃如果存在,合并数量和金额,否则添加
11	if len(*self*.__myCart)!= 0:
12	＃如果购物车中已有商品,遍历购物车
13	for item in *self*.__myCart:
14	＃若购物车中已有同类商品,修改相应的数据
15	if goods[0] == item[0]:
16	item[3] = goods[3]　　　　＃修改库存数量
17	item[6] = item[6] + goods[6]　＃合并购买数量
18	＃重新计算金额,如果商品数量大于 5,有折扣
19	if(item[6] >= 5):
20	item[7] = float(item[4]) * float(item[5]) * int(item[6])
21	else:
22	item[7] = float(item[4]) * int(item[6])
23	break;
24	else:
25	＃所选商品不在购物车中,则直接添加
26	*self*.__myCart.append(goods)
27	else:
28	*self*.__myCart.append(goods)　　＃首次添加某个商品
29	def **displayCart**(*self*):　　　　　　　　＃展示购物车中所购商品
30	print(*self*.__myCart)
31	print('您的购物车'.center(80,'＃'))
32	print('% - 5s \t % -14s \t % - 8s \t % - 8s \t % - 8s \t % - 8s'\
33	% ('商品编号','商品名称','商品价格(元)','折扣(5 件以上)',\
34	'购买数量(个)','购买金额(元)'))
35	totalNum = 0　　　　　　　　　　　＃用来统计商品总数量
36	totalAmount = 0　　　　　　　　　　＃用来统计商品总价
37	＃遍历购物车列表,逐行显示所购商品
38	for t in *self*.__myCart:

续表

序号	程 序 代 码
39	print('% − 10s \t % − 14s \t % − 8s \t % − 8s \t % − 8.2f\t % − 8.2f'\
40	% (t[0],t[1],t[4],t[5],t[6],t[7]))
41	totalNum = totalNum + t[6]
42	totalAmount = totalAmount + t[7]
43	print('合计：总数量为：{0},总价为{1}'. format(totalNum,totalAmount))
44	♯定义修改购物车数量的方法. goodid 是商品编号,goodnum 是购买数量
45	def **modifyGoods**(self ,goodid,goodnum):
46	if len(self . __myCart)!= 0:
47	♯遍历购物车,查找用户是否购买了该商品
48	for item in self . __myCart:
49	♯如果购买了该商品,替换数量,并重新计算总价
50	if goodid == item[0]:
51	item[6] = goodnum
52	if(item[6]> = 5):
53	item[7] = float(item[4]) ∗ float(item[5]) ∗ int(item[6])
54	else:
55	item[7] = float(item[4]) ∗ int(item[6])
56	print('成功修改')
57	else:
58	print('购物车中无该类商品！')
59	def **deleteAllGoods**(self): ♯定义清空购物车的方法
60	if len(self . __myCart)!= 0:
61	self . __myCart.clear() ♯clear()方法清空列表中的所有元素
62	print('购物车中无任何商品！')
63	def **openUserCart**(self): ♯定义购物车信息文件打开方法
64	fileName = input('请输入要打开文件的路径和文件名')
65	♯使用 open()函数打开用户输入的文件. 如果该文件不存在,报错
66	with open(fileName,'r') as mycsvFile:
67	self . __myCart.clear()
68	lines = csv. reader(mycsvFile) ♯把 CSV 文件读到列表对象中
69	for line in lines:
70	self . __myCart.append(line)
71	for item in self . __myCart:
72	item[6] = float(item[6]) ♯把数据修改为浮点型
73	item[7] = float(item[7])
74	print('打开文件成功！')
75	def **saveUserCart**(self): ♯定义购物车信息保存方法
76	fileName = input('请输入要保存的文件的路径和文件名')
77	with open(fileName,'w',newline = "") as mycsvFile:
78	myWriter = csv. writer(mycsvFile) ♯创建 CSV 文件写对象

序号	程 序 代 码

```
79              myWriter.writerows(self.__myCart)      #一次写入一个列表
80              print('保存文件成功!')
81      def main():                                    #定义 main()函数,用于用户接口
82          #定义商品信息所在路径及文件名,格式为 CSV 文件
83          file = r'd:\temp\chapter7\goodinfo.csv'
84          goodList = []                              #商品信息列表对象初始化为空
85          titleList = []                             #列标签列表对象初始化为空
86          #打开 CSV 文件,把商品信息读入商品信息列表
87          with open(file,'r') as csvfile:
88              lines = csv.reader(csvfile)
89              for line in lines:
90                  if line!= []:
91                      goodList.append(line)
92              titleList = goodList[0]                 #获得列标签
93              goodList = goodList[1:]
94          userCart = Cart()                          #初始化购物车实例对象
95          print("简单的购物车模拟程序")
96          while(True):
97              #输出菜单,让用户选择要执行的操作
98              print('{:<14}'.format('1.添加商品到购物车'),end = '   ')
99              print('{:<14}'.format('2.修改购物车'),end = '   ')
100             print('{:<14}'.format('3.删除购物车中商品'),end = '   ')
101             print('{:<14}'.format('4.展示购物车中商品'))
102             print('{:<14}'.format('5.清空购物车'),end = '   ')
103             print('{:<14}'.format('6.打开已存在购物车'),end = '   ')
104             print('{:<14}'.format('7.保存购物车'),end = '   ')
105             print('{:<14}'.format('0.退出购物'))
106             choice = int(input('请输入您的选择(0~7)'))
107             if choice == 0:
108                 exit(0)
109             elif choice == 1:
110                 while True:
111                     print('欢迎来到购物商城,请选择商品')
112                     #输出列标签
113                     for each in titleList:
114                         print('{0:<12}\t'.format(each),end = '')
115                     print()
116                     #输出所有商品信息
117                     for item in goodList:
118                         for each in item:
119                             print('{0:<12}\t'.format(each),end = '')
```

序号	程 序 代 码
120	print()
121	buy = input('是否继续购物?(Y/N)')
122	if (buy == 'y' or buy == 'Y'):
123	goodid = input('请输入商品编号: ')
124	goodnum = int(input('请输入要购买的商品数量: '))
125	#遍历商品列表,查找商品编号是否存在
126	for item in goodList:
127	#如果输入的商品编号存在,且数量正确,则添加
128	if goodid == item[0]:
129	if (goodnum >= 0 and \
130	goodnum <= int(item[3])):
131	#修改商品信息表中的库存数量
132	item[3] = str(int(item[3]) - goodnum)
133	#复制当前列表对象的内容给 tmp
134	tmp = copy.copy(item)
135	#tmp 列表中添加购买数量
136	tmp.append(goodnum)
137	#计算金额
138	if(tmp[6] >= 5):
139	total = float(tmp[4]) * \
140	float(tmp[5]) * int(tmp[6])
141	else:
142	total = float(tmp[4]) * int(tmp[6])
143	#tmp 列表中添加金额
144	tmp.append(total)
145	#调用购物车添加商品方法
146	userCart.addGoods(tmp)
147	break;
148	else:
149	print('购买数量有误,请重新输入')
150	break;
151	else:
152	print('商品编号输入错误,请重新购物')
153	else:
154	break;
155	elif choice == 2:
156	print('####修改购物车中商品数量#####')
157	goodid = input('请输入商品编号: ')
158	goodnum = int(input('请输入要购买的商品数量: '))
159	#遍历商品信息列表,查找商品编号是否存在
160	for item in goodList:
161	if goodid == item[0]:

续表

序号	程 序 代 码
162	#商品编号存在,判断数量是否有效
163	if (goodnum >= 0 and goodnum <= int(item[3])):
164	userCart.modifyGoods(goodid,goodnum)
165	else:
166	print('购买数量有误,请重新输入')
167	break;
168	else:
169	print('商品编号输入错误')
170	elif choice == 3:
171	print('####删除购物车中商品#####')
172	goodid = input('请输入商品编号: ')
173	for item in goodList:
174	if goodid == item[0]:
175	#调用购物车类的删除商品方法
176	userCart.deleteGoods(goodid)
177	break;
178	else:
179	print('商品编号输入错误')
180	elif choice == 4:
181	#调用购物车类的购物车展示方法,显示当前用户所购商品
182	userCart.displayCart()
183	elif choice == 5:
184	#调用购物车类的删除方法,删除购物车中的所有商品
185	userCart.deleteAllGoods()
186	elif choice == 6:
187	#调用购物车类的打开方法,恢复购物车中的所有商品
188	userCart.openUserCart()
189	elif choice == 7:
190	#调用购物车类的保存方法,保存购物车中的所有商品
191	userCart.saveUserCart()
192	else:
193	print('输入有误,请重新输入!')
194	#运行 main()函数
195	main()

任务 7-1 运行结果举例.txt

7.3 继 承

面向对象编程的优点之一是代码重用,它通过继承机制来实现。继承允许在基类(父类)的基础上,新增特有的方法和属性;也可以把父类某些方法覆盖重写,以适应子类(派生类)的要求。并且子类可以访问父类的属性和方法,提高代码的扩展性。

7.3.1 使用继承

在定义一个类的时候,也可以继承某个现有的类。新类称为子类或派生类,被继承的类称为父类或基类。

Python 中定义类的继承的语法格式如下:

```
class 类名(父类名):
    [类变量]
    [def __init__(self,paramers):]
    [def 函数名(self,...)]
```

注意

(1) 在类定义中,可以在类名后的圆括号中指定要继承的父类。如果有多个父类,父类名之间用逗号隔开,称之为多继承。

(2) 基类的构造(__init__())方法不会被自动调用,需要在子类的构造方法中显示调用。调用方式为:父类名.__init__(self,参数表);也可用 super().__init__(self,参数表)方式来调用父类构造方法。

(3) 在继承关系中,子类继承了父类所有的公有属性和方法,可以在子类中通过父类名来调用。而对于父类中私有的属性和方法,子类不能继承,因此在子类中是无法访问的。

(4) 在子类中调用父类的方法,需要以父类名.方法名(self,参数表)的方式来调用,并且要传递 self 参数。调用本类的实例方法时,不需要加 self 参数。

(5) 如果父类中某些方法的功能不能满足需求,可以在子类重写父类中的这些方法。要求方法头完全相同。

(6) 对于多重继承,如果子类中没有重新定义构造方法,会自动调用第一个父类中的构造方法。另外,若多个父类中有同名的方法,由子类的实例化对象来调用同名方法时,调用的是第一个父类中的方法。

(7) Python 总是在本类中查找调用的方法。如果找不到,才到基类中去查找。

【例 7-6】 继承应用示例。代码如下:

```
class Person:  # 定义父类 Person
    __countPerson = 0                          # 定义 Person 的私有类变量,子类不能访问
    # 定义 Person 类的构造方法,有两个实例变量
    def __init__(self,name,age):
        self.name = name
```

```
            self.age = age
            Person.__countPerson = Person.__countPerson + 1
            self.__countPrint()                      #调用本类的私有方法
    #定义实例方法,self 必须是第一个参数
    def out(self):
        print('Name:{0},Age:{1}'.format(self.name,self.age))
    def eat(self,cook):                              #定义实例方法
        print('I am eating {0}'.format(cook))
    #定义私有类方法,不能访问实例变量,不能被子类访问
    @classmethod
    def __countPrint(cls):
        print('Person 的构造方法,人数:{0}'.format(Person.__countPerson))
#定义子类 Student,继承自父类 Person
class Student(Person):
    __countStudent = 0                               #定义子类的私有类变量
    def __init__(self,name,age,grades):              #定义子类构造方法
        #显示调用父类构造方法,子类自动继承父类实例变量
        Person.__init__(self,name,age)
        self.grades = grades                         #初始化子类新增实例变量 grades
        Student.__countStudent = Student.__countStudent + 1
        self.__countPrint()                          #调用子类私有类方法
    def out(self):                                   #重写父类同名方法 out()
        Person.out(self)                             #调用父类同名方法 out()
        print('成绩为:{0}'.format(self.grades))
    def study(self,course):                          #子类新增实例方法
        print('我正在学习{0}课程'.format(course))
    @classmethod
    def __countPrint(cls):                           #定义子类私有类方法
        print('Student 的构造方法:学生人数为{0}'.format(Student.__countStudent))
#定义 Teacher 类,继承自 Person 类
class Teacher(Person):
    __countTeacher = 0
    def __init__(self,name,age,salary):
        Person.__init__(self,name,age)
        self.salary = salary
        Teacher.__countTeacher = Teacher.__countTeacher + 1
        self.__countPrint()
    def out(self):
        Person.out(self)
        print('工资为:{0}'.format(self.salary))
    def work(self,course):
        print('我正在教授{0}课程'.format(course))
    @classmethod
    def __countPrint(cls):
        print('Teacher 的构造方法:老师人数为{0}'.format(Teacher.__countTeacher))
if __name__ == '__main__':
    s = Student('张明',19,[80,90,77])                #初始化子类 Student 的实例对象 s
    t = Teacher('刘华',35,8000)                      #初始化子类 Teacher 的实例对象 t
    s.out()                                          #调用子类 Student 的方法 out
    s.study(['Python','数据结构','计算机原理'])          #调用子类 Student 的方法 study()
    s.eat('蛋炒饭')                                   #调用父类 Person 的方法 eat()
```

```
t.out()
t.work('Python')
t.eat('包子')
# issubclass 函数检测第一个参数是否是第二个参数的子类
print(issubclass(Student,Person))
print("Person 的父类:",Person.__bases__)          # __bases__属性指明该类的父类
print("Teacher 的父类:",Teacher.__bases__)
print(isinstance(t,Teacher))          # isinstance()方法检测某个对象是否是某个类的实例
print("s 对象的类是:",s.__class__)     # __class__属性指明某个对象所属的类
s.__countPrint()                      # 子类对象不能调用父类的私有方法
```

 例 7-6 运行结果.txt

任务 7-2　单继承与多继承实例

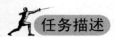 **任务描述**

编写一个 Python 程序,父类是圆和矩形,派生出长方体、球体、铜钱。然后,编写代码测试类的功能。

任务实现

1. 设计思路

根据题目要求,首先设计父类圆和矩形类。类中的方法主要有构造方法、设置和获取实例变量的方法、计算面积的方法,以及返回对象的字符串表达式方法__str__()。然后,设计派生自矩形的子类长方体和派生自圆的子类球体,并在这些子类中增加新的实例变量,重写父类的计算面积的方法和__str__()方法,增加新的实例方法,如计算体积。接着,设计铜钱类,派生自圆和矩形。最后,设计方法,测试这些类的应用。

2. 源代码清单

程序代码如表 7-3 所示。

表 7-3　任务 7-2 程序代码

序号	程序代码
\# 程序名称 task7_2.py	
1	# 定义圆类 Circle
2	class **Circle**:
3	# 定义圆的构造方法
4	def __init__(*self*,radius):
5	# 初始化私有实例变量半径
6	*self*.__radius = radius
7	# 获取圆的半径
8	def **getRadius**(*self*):

序号	程 序 代 码
9	return *self* .__radius
10	#设置圆的半径
11	def **setRadius**(*self* , r):
12	*self* .__radius = r
13	#计算圆的面积
14	def **area**(*self*):
15	return 3.14 * *self* .__radius ** 2
16	#计算圆的周长
17	def **cir**(*self*):
18	return 2 * 3.14 * *self* .__radius
19	#返回对象的字符串表达式
20	def __**str**__(*self*):
21	return '半径是：' + str(*self* .__radius)
22	#定义矩形类 Rectangle
23	class **Rectangle**:
24	#定义矩形构造方法，初始化私有变量长和宽
25	def __**init**__(*self* , length, width):
26	*self* .__length = length
27	*self* .__width = width
28	#获得矩形的长
29	def **getLength**(*self*):
30	return *self* .__length
31	#获得矩形的宽
32	def **getWidth**(*self*):
33	return *self* .__width
34	#设置矩形的长
35	def **setLength**(*self* , length):
36	*self* .__length = length
37	#设置矩形的宽
38	def **setWidth**(*self* , width):
39	*self* .__width = width
40	#计算矩形的面积
41	def **area**(*self*):
42	return *self* .__length * *self* .__width
43	#计算矩形的周长
44	def **cir**(*self*):
45	return 2 * (*self* .__length + *self* .__width)
46	#返回矩形对象的字符串
47	def __**str**__(*self*):
48	return '长是：' + str(*self* .__length) + '宽是：' + str(*self* .__width)
49	#定义球类，继承自圆类

续表

序号	程 序 代 码
50	class **Ball**(Circle):
51	#定义球类的构造方法,调用父类构造方法初始化半径
52	def __init__(*self*, radius):
53	#通过类名调用父类的构造方法
54	Circle.__init__(*self*, radius)
55	#计算球的面积,重写父类同名方法
56	def **area**(*self*):
57	return 4 * 3.14 * *self*.getRadius() ** 2
58	#计算球的体积,子类新增方法
59	def **volume**(*self*):
60	return 4/3 * 3.14 * *self*.getRadius() ** 3
61	#返回球类对象的字符串,重写父类同名方法
62	def __str__(*self*):
63	#通过类名调用父类的同名方法
64	return Circle.__str__(*self*)
65	#定义矩形类
66	class **Cuboid**(Rectangle):
67	#定义矩形类的构造方法
68	def __init__(*self*, length, width, height):
69	#通过 super()方式调用父类的构造方法,传递长和宽
70	super().__init__(length, width)
71	#添加本类新增的私有实例变量高,并初始化
72	*self*.__height = height
73	#获得长方体的高
74	def **getHeight**(*self*):
75	return *self*.__height
76	#设置长方体的高
77	def **setHeight**(*self*, height):
78	*self*.__height = height
79	#计算长方体的表面积.本类中没有的方法会在父类中查找
80	def **area**(*self*):
81	return 2 * (*self*.getWidth() * *self*.getLength() + \
82	*self*.getLength() * *self*.__height + *self*.getWidth() * *self*.__height)
83	#计算长方体的体积.本类中没有的方法会在父类中查找
84	def **volume**(*self*):
85	return *self*.getWidth() * *self*.getLength() * *self*.__height
86	#返回长方体对象的字符串,通过 super()来调用父类的同名方法
87	def __str__(*self*):
88	return super().__str__() + '高是: ' + str(*self*.__height)
89	#定义铜钱类,继承自圆和矩形两个父类

续表

序号	程 序 代 码
90	class **Copperplate**(Circle, Rectangle):
91	# 定义铜钱类构造方法
92	def __init__(self, radius, length, width):
93	# 通过 super() 调用第一个父类的构造方法
94	super().__init__(radius)
95	# 通过类名调用第二个父类的构造方法
96	Rectangle.__init__(self, length, width)
97	# 计算铜钱的面积, 重写父类同名方法
98	# 使用类名来调用不同父类的同名方法
99	def **area**(self):
100	return Circle.area(self) – Rectangle.area(self)
101	# 返回铜钱对象的字符串, 重写父类同名方法
102	def __str__(self):
103	return Circle.__str__(self) + Rectangle.__str__(self)
104	# 类的测试代码
105	if __name__ == '__main__':
106	# 定义一个圆类对象
107	c = Circle(5)
108	# 通过对象名访问类的实例方法
109	print("半径为{0}的圆的面积是{1}, 周长是{2:.2f}".\
110	format(c.getRadius(), c.area(), c.cir()))
111	c.setRadius(9)
112	print("半径为{0}的圆的面积是{1}, 周长是{2:.2f}".\
113	format(c.getRadius(), c.area(), c.cir()))
114	# 定义矩形类
115	r = Rectangle(4, 5)
116	# 通过矩形类对象调用矩形类的方法
117	print("长为{0}, 宽为{1}的矩形的面积是{2}, 周长是{3}".\
118	format(r.getLength(), r.getWidth(), r.area(), r.cir()))
119	r.setLength(7)
120	r.setWidth(8)
121	print("长为{0}, 宽为{1}的矩形的面积是{2}, 周长是{3}".\
122	format(r.getLength(), r.getWidth(), r.area(), r.cir()))
123	# 定义球类
124	b = Ball(5)
125	# 通过球类对象调用本类及父类的非私有实例方法
126	print("半径为{0}的球的表面积是{1:.2f}, 体积是{2:.2f}".\
127	format(b.getRadius(), b.area(), b.volume()))
128	b.setRadius(9)
129	print("半径为{0}的球的表面积是{1:.2f}, 体积是{2:.2f}".\
130	format(b.getRadius(), b.area(), b.volume()))
131	# 通过长方体类对象调用本类及父类的非私有实例方法

续表

序号	程 序 代 码
132	y = Cuboid(3,4,5)
133	print("长为{0},宽为{1},高为{2}的长方体的表面积是{3},体积是{4}".\
134	format(y.getLength(),y.getWidth(),y.getHeight(),y.area(),y.volume()))
135	y.setLength(7)
136	y.setWidth(8)
137	y.setHeight(9)
138	print("长为{0},宽为{1},高为{2}的长方体的表面积是{3},体积是{4}".\
139	format(y.getLength(),y.getWidth(),y.getHeight(),y.area(),y.volume()))
140	#通过铜钱类对象调用本类及所有父类的非私有实例方法
141	p = Copperplate(9,2,3)
142	print("半径为{0},长为{1},宽为{2}的铜钱的面积是{3:.2f}".\
143	format(p.getRadius(),p.getLength(),p.getWidth(),p.area()))
144	p.setRadius(7)
145	p.setLength(3)
146	p.setWidth(4)
147	print("半径为{0},长为{1},宽为{2}的铜钱的面积是{3:.2f}".\
148	format(p.getRadius(),p.getLength(),p.getWidth(),p.area()))
149	#输出对象名时会调用类的__str__()方法.
150	print(c)
151	print(r)
152	print(b)
153	print(y)
154	print(p)

任务 7-2 运行结果.txt

7.3.2 抽象基类

在面向对象中,抽象类是对一类事物特征和行为的抽象。抽象类由抽象方法组成,接口是特殊的抽象类。接口没有数据成员,而是一组未实现的方法的集合。

Python 中并没有提供抽象类与抽象方法,但是提供了内置抽象基类模块 abc(abstract base class)来模拟实现抽象类。

抽象基类模块定义了一个元类(ABCMeta)、定义抽象方法的装饰器@abstractmethod和定义抽象属性的装饰器@abstractproperty。

1. 抽象类的定义

抽象类定义的格式如下:

```
from abc import ABCMeta,abstractmethod,abstractproperty
```

```
class 类名:
    __metaclass__ = ABCMeta
    [@abstractmethod]
    def 抽象方法名(self,其他参数):
        [return]
    [@abstractproperty]
    def 抽象方法名(self):
        [return]
    [其他非抽象方法定义]
```

注意

（1）必须引入包 abc。

（2）__metaclass__ = ABCMeta 这条语句不能缺，表示通过 ABCMeta 元类来创建一个抽象类。

（3）@abstractmethod 装饰器定义的抽象方法和@abstractproperty 装饰器定义的抽象属性，不需要实现，但是方法体内必须写一条语句。

（4）抽象类中可以定义构造方法、实例变量及其他非抽象方法。

（5）抽象类不能实例化，必须在其他类中实现所有的抽象方法。

2. 抽象类的使用

（1）注册具体类。对于抽象类，可以定义一个实现抽象类中所有抽象方法的具体类，然后把它注册到抽象类中。

注册具体类的格式如下：

```
import abc
import 抽象类
class 类名():
    #实现抽象类的抽象方法
    def 抽象方法名(self,其他参数):
        [方法体]
    #实现抽象类的抽象属性
    [@property]
    def 抽象方法名(其他参数):
        [方法体]
抽象类名.register(类名)
```

（2）派生子类实现所有的抽象方法。对于抽象类，也可以定义一个实现抽象类中抽象方法的子类。如果该子类实现了抽象类中的所有抽象方法，则该子类可以实例化；否则也不能实例化。另外，子类可以通过 super()来调用抽象类中的具体方法。

【例 7-7】 抽象类应用示例。代码如下：

```
#导入抽象类元类及装饰器
from abc import ABCMeta,abstractmethod,abstractproperty
class Animal:                          #定义抽象类 Animal
    metaclass= ABCMeta                 #通过 ABCMeta 元类来创建一个抽象类
    #定义构造方法和私有实例变量,但是不能由本类对象实例化
    def __init__(self,kind):
```

```
            self.__kind = kind
        # 定义普通方法,但是不能由本类对象调用
        def setKind(self,kind):
            self.__kind = kind
        def getKind(self):
            return self.__kind
        def __str__(self):
            return '动物种类是: ' + self.__kind
        # 定义抽象方法,无实现语句
        @abstractmethod
        def eat(self,a):
            return
        @abstractmethod
        def cry(self,a):
            return
        # 定义抽象属性,无实现语句
        @abstractproperty
        def getEat(self):
            return
        @abstractproperty
        def getCry(self):
            return
# 定义子类 Pat 继承自抽象类 Animal
class Pat(Animal):
        def __init__(self,kind,name)          # 定义子类构造方法
            super().__init__(kind)            # 子类可以调用抽象父类构造方法
            self.__name = name
        def setName(self,name):               # 定义子类中的实例方法
            self.__name = name
        def getName(self):
            return self.__name
        def eat(self,food):                   # 实现父类的抽象方法
            self.__food = food
        def cry(self,voice ):                 # 实现父类的抽象方法
            self.__voice = voice
        @property
        def getEat(self):                     # 实现父类的抽象属性
            return self.__food
        @property
        def getCry(self):                     # 实现父类的抽象属性
            return self.__voice
        def __str__(self):                    # 重写父类同名方法
            return super().__str__() + '动物的名称是: ' + self.__name
if __name__ == '__main__':
        p = Pat('猫科','老虎')                # 定义子类对象
        print('Subclass:',issubclass(Pat,Animal).)
        print('Instance:',isinstance(p,Animal))
        p.eat(['老鼠','兔子','鸡','羊'])# 调用实现的抽象方法
```

```
p.cry('吼吼吼')
# 通过子类对象调用父类的非抽象方法
print('{0}动物{1}吃{2},{3}叫'.format(p.getKind(),p.getName(),p.getEat,p.getCry))
# 调用子类的__str__()方法输出对象信息
print(p)
```

 例 7-7 运行结果.txt

任务 7-3　抽象类应用

任务描述

编写一个 Python 程序,定义一个抽象类 Shape 模拟二维形状,定义计算面积和计算周长的抽象方法,再定义 3 个子类圆、矩形和三角形继承自抽象类。

任务实现

1. 设计思路

根据题目要求,定义一个抽象类 Shape,包含一个记录形状名称的实例变量和若干实例方法,以及计算面积和计算周长的两个抽象方法,还有一个用于统计对象个数的类变量。然后,定义继承自抽象类的子类,分别是圆、矩形和三角形。在这 3 个子类中,分别定义相应的构造方法,并实现父类中的所有抽象方法。最后,测试类。

2. 源代码清单

程序代码如表 7-4 所示。

表 7-4　任务 7-3 程序代码

程序名称 task7_3.py

序号	程序代码	
1	import math	# 导入数学模块
2	# 导入抽象类定义所需相关类	
3	from abc import ABCMeta,abstractmethod	
4	class **Shape**:	# 定义抽象类 Shape
5	metaclass = ABCMeta	
6	__count = 0	# 类变量对象个数计数器初始化
7	def __**init**__(*self*,name):	# 抽象类的构造方法
8	*self*.__name = name	# 抽象类的实例变量,用于存放形状名称
9	Shape.__count = Shape.__count + 1	# 对象个数计数器加 1
10	def __**str**__(*self*):	# 返回对象字符串
11	return '图形是: ' + *self*.__name + ','	
12	@classmethod	
13	def **getCount**(cls):	# 定义类方法,返回对象个数

续表

序号	程 序 代 码
14	return cls.__count
15	@abstractmethod
16	def **area**(self): #定义抽象方法计算面积
17	return
18	@abstractmethod
19	def **cir**(self,a): #定义抽象方法计算周长
20	return
21	#定义三角形类,继承自抽象类 Shape
22	class **Triangle**(Shape):
23	def __init__(self,a,b,c): #定义本类构造方法
24	#调用父类构造方法
25	super().__init__('三角形')
26	self.a = a
27	self.b = b
28	self.c = c
29	def **cir**(self): #实现计算周长的抽象方法
30	return self.a + self.b + self.c
31	def **area**(self): #实现计算面积的抽象方法
32	s = (self.a + self.b + self.c)/2
33	result = math.sqrt(s * (s − self.a) * (s − self.b) * (s − self.c))
34	return result
35	def __str__(self): #返回对象字符串
36	return super().__str__() + '三条边长为: ' + \
37	str(self.a) + ', ' + str(self.b) + ', ' + str(self.c)
38	#定义圆类,继承自抽象类 Shape
39	class **Circle**(Shape):
40	def __init__(self,r):
41	super().__init__('圆形')
42	self.r = r
43	def **cir**(self):
44	return 3.14 * self.r ** 2
45	def **area**(self):
46	return 2 * 3.14 * self.r
47	def __str__(self):
48	return super().__str__() + '半径为: ' + str(self.r)
49	#定义矩形类,继承自抽象类 Shape
50	class **Rectangle**(Shape):
51	def __init__(self,a,b):
52	super().__init__('矩形')
53	self.a = a
54	self.b = b
55	def **cir**(self):

续表

序号	程 序 代 码
56	return 2 * (self.a + self.b)
57	def **area**(self):
58	return self.a * self.b
59	def __**str**__(self):
60	return super().__str__() + '长和宽为：' +
61	str(self.a) + ',' + str(self.b)
62	if __name__ == '__main__':
63	♯定义各子类的对象
64	t1 = Triangle(3,4,5)
65	t2 = Triangle(9,5,7)
66	t3 = Triangle(3,6,5)
67	c1 = Circle(3)
68	c2 = Circle(4)
69	c3 = Circle(5)
70	r1 = Rectangle(3,4)
71	r2 = Rectangle(5,6)
72	r3 = Rectangle(7,8)
73	♯定义子类对象列表
74	slist = [t1,t2,t3,c1,c2,c3,r1,r2,r3]
75	♯遍历列表，输出相应信息
76	for each in slist:
77	♯输出每个对象的字符串信息
78	print(each, end = ' ')
79	♯输出每个对象的面积和周长
80	print('面积是：{0:.2f},周长是
81	{1:.2f}'.format(each.area(), each.cir()))
82	print('对象个数为：' + str(Shape.getCount()))

任务 7-3 运行结果.txt

7.3.3　多态性

面向对象中，多态即多种形态，它在类的继承中得以实现，在类的方法调用中得以体现。多态意味着变量并不知道引用的对象是什么，根据引用对象的不同表现不同的行为方式。Python 中的多态和 Java 以及 C++ 中的多态不同，Python 中的变量是弱类型的，在定义时不用指明其类型，会根据需要在运行时确定变量的类型，并且 Python 本身是一种解释性语言，不进行预编译，因此只在运行时确定其状态。

Python 中多态的方式有下述几种。

（1）通过继承机制，子类覆盖父类的同名方法。这样，通过子类对象调用时，调用的是子类的覆盖方法。

（2）在定义类实例方法的时候，尽量把变量视作父类类型。这样，所有子类类型都可以正常被接收。

（3）不同类具有的相同方法，比如内置方法 len(object)。len() 方法不仅可以计算字符串的长度，还可以计算列表对象、元组对象中的元素个数，在运行时通过参数类型确定其具体的计算过程，也属于多态。

7.4 运算符的重载

在 Python 语言中提供了类似于 C++ 的运算符重载功能。Python 的运算符重载方法有些特殊，不像在 C++ 中用 operator 关键字来实现，而是使用一些提前内置的方法名来表示，比如与加法对应的方法是 __add__()，与减法对应的方法是 __sub__()。

运算符重载意味着在类方法中拦截内置的操作，当类的实例使用内置操作时，Python 自动调用自己定义的方法，并且该方法的返回值就是相应操作的结果。

注意

（1）运算符重载让类拦截常规的 Python 运算。

（2）对于内置对象（例如整数和列表）的操作，几乎都有相应的特殊名称的重载方法。

（3）类可重载所有的 Python 表达式运算符。

（4）类也可重载打印、函数调用、属性点号运算等内置运算。

（5）重载使类实例的行为像内置类型。

（6）重载是通过特殊名称的类方法来实现的。

Python 中常见的重载运算符.pdf

任务 7-4 复数运算

任务描述

编写一个 Python 程序，定义复数的相关操作。

任务实现

1. 设计思路

根据题目要求，用运算符重载的方式定义复数的运算。

2. 源代码清单

程序代码如表 7-5 所示。

表 7-5　任务 7-4 程序代码

＃程序名称 task7_4.py

序号	程 序 代 码
1	import math
2	＃定义复数类
3	class **Complex**:
4	def __**init**__(*self*, re = 0.0, im = 0.0):
5	*self*.re = re
6	*self*.im = im
7	def __**nonzero**__(*self*):
8	if *self*.re!= 0 and *self*.im!= 0:
9	return True
10	else:
11	return False
12	＃abs(cmpl),计算复数的绝对值
13	def __**abs**__(*self*):
14	return math.sqrt(*self*.re ** 2 + *self*.im ** 2)
15	＃a + b 复数加法运算
16	def __**add**__(*self*, comp):
17	if type(comp) is type(*self*):
18	return Complex(*self*.re + comp.re,
19	*self*.im + comp.im)
20	else:
21	return Complex(*self*.re − comp, *self*.im)
22	＃a − b,复数减法运算
23	def __**sub**__(*self*, comp):
24	if type(comp) is type(*self*):
25	return Complex(*self*.re − comp.re,
26	*self*.im − comp.im)
27	else:
28	return Complex(*self*.re − comp, *self*.im)
29	＃a * b,复数乘法运算
30	def __**mul**__(*self*, comp):
31	if type(comp) is type(*self*):
32	return Complex(*self*.re * comp.re − *self*.im * comp.im, \
33	*self*.re * comp.im + *self*.im * comp.re)
34	else:
35	return Complex(*self*.re * comp, *self*.im * comp)
36	＃a/b 复数除法运算
37	def __**div**__(*self*, comp):
38	if not comp:
39	raise Exception('*Divided by zero.*')

续表

序号	程 序 代 码
40	if type(comp) is type(self):
41	a, b, c, d = self.re, self.im, comp.re, comp.im
42	print(a, b, c, d)
43	return Complex(float(a * c + b * d)/(c * c + d * d), \
44	float(b * c - a * d)/(c * c + d * d))
45	else:
46	return Complex(float(self.re)/comp, \
47	float(self.im)/comp)
48	# ~cmpl 计算共轭复数
49	def __invert__(self):
50	return Complex(self.re, - self.im)
51	# a and b 判断 a、b 都不是零
52	def __and__(self, comp):
53	return self.__nonzero__() and comp.__nonzero__()
54	# a or b 判断 a、b 不都为零
55	def __or__(self, comp):
56	return self.__nonzero__() or comp.__nonzero__()
57	# str(cmpl)输出复数
58	def __repr__(self):
59	sre = str(self.re) if self.re != 0 else ''
60	if int(self.im) == self.im and int(self.im) in (0, 1, - 1):
61	sim = {0:'', 1:'i', - 1:'- i'}[int(self.im)]
62	else:
63	sim = "% si"% self.im
64	if sre and self.im > 0:
65	return sre + ' + '+ sim
66	elif sre or sim:
67	return sre + sim
68	else:
69	return '0'
70	if __name__ == '__main__':
71	a = Complex(3, 5)
72	b = Complex(- 1, 2)
73	c = Complex()
74	print('abs(a) = {0:.4f}, abs(b) = {1:.4f}'.format(abs(a), abs(b)))
75	print('a + b = {0}, a - b = {1}, a * b = {2}'.format(a + b, a - b, a * b))
76	print('~a = {0}, a and b = {1}, a or b = {2}'.format(~a, (a and b), (a or b)))
77	print(a)

任务 7-4 运行结果.txt

7.5 习　　题

（1）定义一个集合类，用于实现集合的主要运算。

（2）定义一个银行卡类，用于提供相关的开户、存款、取款、转账、查询操作。

（3）定义一个 shape 类，包含计算面积和体积的方法；然后定义扩展的子类，如球、圆柱体、圆锥体等，并对类进行测试。

（4）定义一个帖子类，包含主题、发表时间、内容及相关方法；然后定义一个主题类，继承帖子类，增加主题 ID 和板块 ID 属性及相关方法；再定义回复类继承帖子类，增加回复 ID、回复内容、回复时间等信息及相关方法。编写测试函数，对类进行测试。

（5）定义一个扑克牌类，包含洗牌、发牌等方法。

（6）定义一个队列类，用于实现队列的所有操作。

异 常 处 理

为处理 Python 程序在运行中出现的异常和错误，Python 提供了异常处理机制和断言（Assertions）机制。

异常是一个事件，会在程序执行过程中发生，并影响程序的正常执行。一般情况下，在 Python 无法正常处理程序时就会发生一个异常。该异常是一个表示某种错误的 Python 对象。当 Python 脚本发生异常时，需要捕获并处理；否则程序将终止执行。

8.1 Python 中的异常

异常是指程序中的例外，是违例情况。异常机制是指程序出现错误后，程序的处理方法。当出现错误后，程序的执行流程将发生改变，程序转移到异常处理代码。Python 中有许多已经定义的标准异常，这些异常详见下方二维码扩展阅读。

Python 中已经定义的标准异常.pdf

8.2 常用异常处理

1. try/except 语句

Python 提供了 try/except 语句来捕捉异常。try/except 语句可以检测出 try 语句块中的错误，并让 except 语句捕获这些异常信息并进行处理。如果不捕获这些异常，程序将被非正常结束。

异常捕获 try-except-else 的语法格式如下：

```
try:
    <语句>                          # 可能发生异常的代码
except <异常名字>:                    # 捕获发生的异常,可跟多个异常名字,并用逗号分隔
    <语句>                          # 处理异常
except <异常名字> as <异常参数>:        # 捕获发生的异常,并获得附加信息
    <语句>                          # 处理异常
except:                             # 捕获未列出名字的异常
    <语句>                          # 处理异常
```

else:

  <语句>   #如果没有异常发生

该程序块的工作机制如下:

当遇到 try 语句时,Python 在当前程序的上下文中作标记。接下来的程序执行流程依赖于运行时是否出现异常。

如果 try 后的某条语句运行时发生异常,Python 就跳回到 try 语句开始位置并执行第一个匹配该异常的 except 子句。异常处理完毕,控制流转向 try 语句块之后的语句(除非在处理异常时又引发新的异常)。

如果 try 后的某条语句执行时发生了异常,但是没有可以匹配的 except 子句,该异常将被提交到上层的调用函数,或者到程序的最外层(程序将结束,并打印默认的出错信息)。

如果 try 之后的所有语句执行时都没有发生异常,Python 将执行 else 语句后的语句(如果有 else),然后控制流转向 try 语句块之后的语句。

⚙ 注意

  (1) except 语句不是必需的,finally 语句也不是必需的,但是两者必须有一个,否则 try 语句没有意义。

  (2) 可以有多个 except 语句,Python 按照 except 语句的顺序依次匹配异常。如果前面的 except 被匹配,之后的 except 语句将不再匹配。因此,应该把较特殊的异常类排在前面,较一般的异常类排在后面,使得异常处理更加有效。

  (3) except 语句可以使用元组的方式同时指定多个异常。

  (4) 如果 except 语句后面不指定异常类型,则默认捕获所有异常。可以使用 logging 或者 sys 模块获取当前异常。

  (5) 如果要重新抛出已捕获的异常对象,可以使用不带任何参数的 raise 语句。

  (6) 尽量使用内置的异常处理语句来代替 try/except 语句,例如,with 语句等。例如,使用文件对象时,都需要调用 close() 来关闭文件。如果使用 with-as 语句,在 with 语句块执行完后,会自动关闭文件。如果 with 语句块中发生异常,会调用默认的异常处理器进行处理,文件仍然能够正常关闭。

  虽然大多数错误会导致异常,但一个异常不一定代表错误,有时只是一个警告,有时可能是一个终止信号,比如退出循环等。

【例 8-1】 使用异常处理机制进行文件操作,代码如下:

```
try:
    #要求存在 D:\temp\chapter8\\文件夹,否则会发生异常
    line = open(r"D:\temp\chapter8\testfile","w")
    line.write("异常处理与捕获!")
except IOError:
    print("Error: 没有找到文件或读取文件失败")
else:
    print("内容写入文件成功")
    line.close()
```

例 8-1 运行结果.txt

2. try-finally 语句

try-finally 子句用于如下场合：不管捕捉到的是什么错误，无论错误是不是发生，这些代码"必须"运行。finally 子句通常用于关闭因异常而不能释放的系统资源，如关闭文件、释放锁、返还数据库连接等。

【例 8-2】 finally 语句示例。代码如下：

```
try:
    f = open(r"D:\temp\chapter8\testfile","r")
    f.write("writing something")
finally:
    f.close()
    print('清理……关闭文件')
```

例 8-2 运行结果.txt

3. raise 抛出异常

Python 使用 raise 来抛出一个异常，基本上与 Java 中的 throws 关键字相同。

raise 语法格式如下：

```
raise [Exception [,args [,traceback]]]
```

语句中，Exception 是异常的类型；args 参数是一个异常参数值，是可选的，如果不提供，异常的参数是 None；最后一个参数是可选的（在实践中很少使用），如果存在，则跟踪异常对象。

【例 8-3】 raise 语句示例。代码如下：

```
try:
    s = None
    if s is None:
        print("s 是空对象")
        # 如果引发 NameError 异常,后面的代码将不能执行
        raise NameError
    print(len(s))
except TypeError:
    print("空对象没有长度")
```

例 8-3 运行结果.txt

捕获到异常之后希望再次触发异常,只需要不带任何参数的 raise 关键字,异常会在捕获之后再次触发同一个异常。

4. assert 语句

assert 语句用于检测某个条件表达式是否为真。assert 语句又称断言语句,即 assert 认为检测的表达式永远为真,if 语句中的条件判断都可以使用 assert 语句检测。

assert 语法格式如下:

```
assert expression [,arguments]
assert 表达式 [,参数]
```

assert 的异常参数,其实就是在断言表达式后添加字符串信息,用来解释断言,有助于更好地了解是哪里出了问题。

【例 8-4】 asset 语句示例。代码如下:

```
def KelvinToFahrenheit(Temperature):
    temp = 0
    try:
        assert (Temperature >= 0),"Colder than absolute zero!"
        temp = ((Temperature - 273) * 1.8) + 32/0
    except (AssertionError,ZeroDivisionError) as arg:
        print("出现了问题……",arg)
    else:
        print("一切正常……")
    return temp
print(KelvinToFahrenheit(273))
print(int(KelvinToFahrenheit(505.78)))
print(KelvinToFahrenheit(-5))
```

例 8-4 运行结果.txt

8.3 自定义异常

Python 允许自定义异常,用于描述 Python 中没有涉及的异常情况。自定义异常必须继承自 Exception 类,且自定义异常必须按照命名规范以 Error 结尾,以便显式地告知这是异常类。自定义异常需要使用 raise 语句抛出,且必须人工抛出。

自定义异常语法格式如下:

```
class MyError(Exception):
    语句
```

【例 8-5】 自定义异常示例。代码如下:

```
class Hosterror(RuntimeError):
    def __init__(self,info):
        self.info = info
```

```
try:
    raise Hosterror("Bad hostname")
except Hosterror as e:
    print(e.info)
```

任务 8-1　银行转账处理模拟

任务描述

编写一个 Python 程序,模拟银行转账。

任务实现

1. 设计思路

根据题目要求,定义一个用于实现转账的类。用户账号信息和账号余额信息保存在文件中。其中,用户账号信息包含用户的基本信息,账号余额信息包含账户支出和收入情况,使用 CSV 文件的方式保存。在类中定义了构造方法,用于读取用户账号信息和余额信息,还定义了如下方法:检测用户账号是否存在、检测余额是否充足、账号支出、账号收入、保存信息等。另外,设计一个余额不足异常类。

2. 源代码清单

程序代码如表 8-1 所示。

表 8-1　任务 8-1 程序代码

# 程序名称 task8_1.py	
序号	程 序 代 码
1	import csv
2	#定义余额不足异常类,继承自 Exception 类
3	class **nomoneyError**(Exception):
4	#定义异常类的构造方法
5	def __init__(*self*, errorInfo):
6	*self*.errorInfo = errorInfo
7	#定义银行转账模拟类
8	class **Trans_for_Money**:
9	#定义构造方法,参数是用户账号信息文件路径和账号余额信息文件路径
10	def __init__(*self*, userInfo, accountInfo):
11	#定义实例属性,用于保存用户账号信息文件路径
12	*self*.userInfo = userInfo
13	#定义实例属性,用于保存账号余额信息文件路径
14	*self*.accountInfo = accountInfo
15	#文件异常 I/O 异常处理模块
16	try:
17	#打开用户账号信息文件
18	f = open(userInfo, 'r')
19	#创建 CSV 文件读对象
20	reader = csv.reader(f)

续表

序号	程序代码
21	·　＃初始化用户账号信息列表对象
22	*self*.userList = [ ]
23	for line in reader:
24	＃如果非空行,则添加到用户账号信息列表对象中
25	if line:
26	*self*.userList.append(line)
27	＃捕获可能出现的异常
28	except IOError:
29	＃输出异常信息
30	print("*Error: 没有找到文件或读取文件失败*")
31	finally:
32	＃确保在任何情况下都可以关闭文件
33	f.close()
34	＃异常处理模块,用于把文件内容读入账号余额信息列表对象中
35	try:
36	f = open(accountInfo,'r')
37	reader = csv.reader(f)
38	*self*.accountList = [ ]
39	for line in reader:
40	if line:
41	*self*.accountList.append(line)
42	except IOError:
43	print("*Error: 没有找到文件或读取文件失败*")
44	finally:
45	f.close()
46	＃检测用户账号是否存在
47	def **check_acct_available**(*self*,source_acctid):
48	＃遍历账号信息列表对象,查找是否存在参数所指的账号
49	for each in *self*.userList:
50	if source_acctid == each[0]:
51	print('*账户 % s 存在!*' % source_acctid)
52	break
53	else:
54	＃如果账号不存在,抛出异常
55	raise Exception("*账号 % s 不存在*" % source_acctid)
56	＃检测账号余额是否充足
57	def **has_enough_money**(*self*,source_acctid,money):
58	＃遍历余额信息列表对象,查找参数所指账号余额是否充足
59	for each in *self*.accountList:
60	if source_acctid == each[0]:
61	if money < = float(each[1]):
62	print('*账户余额充足!*')
63	break

序号	程 序 代 码
64	else:
65	＃抛出余额不足自定义异常
66	raise nomoneyError("账号%s余额不足!"% source_acctid)
67	＃实现扣款,参数是账号和扣款金额
68	def **reduce_money**(*self*, source_acctid, money):
69	＃遍历账号余额列表对象,查找参数指定账号
70	for each in *self*.accountList:
71	＃列表中每个元素的第一项是账号,第二项是余额
72	if source_acctid == each[0]:
73	＃减少参数所指账号的余额
74	each[1] = str(float(each[1]) − money)
75	＃保存账号余额变动信息
76	*self*.save()
77	print("扣款成功!")
78	break;
79	＃实现收款
80	def **add_money**(*self*, target_acctid, money):
81	＃遍历账号余额列表对象,查找参数指定账号
82	for each in *self*.accountList:
83	if target_acctid == each[0]:
84	＃增加参数所指账号的余额
85	each[1] = str(float(each[1]) + money)
86	＃保存账号余额变动信息
87	*self*.save()
88	print("转账成功!")
89	break;
90	＃定义转账方法
91	def **trans_for**(*self*, source_acctid, target_acctid, money):
92	＃异常处理模块
93	try:
94	＃检测转出账号是否存在
95	*self*.check_acct_available(source_acctid)
96	＃检测转入账号是否存在
97	*self*.check_acct_available(target_acctid)
98	＃检测转出账号余额是否充足
99	*self*.has_enough_money(source_acctid, money)
100	＃转出账号扣款
101	*self*.reduce_money(source_acctid, money)
102	＃转入账号收款
103	*self*.add_money(target_acctid, money)
104	except Exception as e:
105	print(e)

续表

序号	程序代码
106	#保存余额变动信息
107	def **save**(*self*):
108	with open(*self*.accountInfo,'w') as csvfile:
109	myWriter = csv.writer(csvfile)
110	myWriter.writerows(*self*.accountList)
111	if __name__ == "__main__":
112	#file1 保存用户账号信息文件路径
113	file1 = r'D:\temp\chapter8\myUser.csv'
114	#file2 保存账号余额信息文件路径
115	file2 = r'D:\temp\chapter8\myAccount.csv'
116	#定义转账对象
117	bank = Trans_for_Money(file1,file2)
118	#实现转账
119	bank.trans_for('1001','1002',200)
120	bank.trans_for('1004','1005',2000)

任务 8-1 运行结果.txt

8.4 习 题

（1）设计一个四则运算计算器，捕获并处理被 0 除的异常。

（2）编写一个简单的销售程序，并自定义出货异常，当出货量大于库存量时引发。在销售程序中处理这个异常。

（3）编写一个文件复制程序，要求用异常处理机制处理可能出现的文件操作异常。

（4）从键盘输入一个八进制数据，将其转换为十六进制数、二进制数、十进制数并输出。如果输入的不是八进制数据，使用断言机制处理异常。

（5）编写一个银行模拟程序，模拟用户开户、取款、存款、转账、余额查询等功能，并处理以下两个可能的异常：①取款金额大于存款余额；②存款金额小于等于 0。要求用户信息存储在文件中，并提供相应的操作菜单。

（6）从键盘输入 3 个数作为三角形的 3 条边，计算三角形的面积。如果这 3 条边不能构成三角形，处理异常。

GUI 编 程

GUI(Graphical User Interface)即图形用户界面,是指采用图形方式显示的计算机操作用户界面。GUI 极大地方便了非专业用户的使用,人们不需要记忆大量的命令,而是通过窗口、菜单、按键等方式进行各项操作。

Python 中有很多图形界面开发库,其中的 Tkinter 模块是 Python 自带的标准 GUI 工具库。著名的 IDLE 就是使用 Tkinter 实现 GUI 界面的。该工具库的优点是简单易学,功能强大。

9.1 GUI 程序开发简介

Python 提供了多个图形开发界面的库。常用 Python GUI 库如下所述。

(1) Tkinter:Tkinter 模块是 Python 的标准 Tk GUI 工具包的接口。Tk 和 Tkinter 可以在大多数 UNIX 平台下使用,同样可以应用在 Windows 和 Macintosh 系统中。Tk 8.0 的后续版本可以实现本地窗口风格,并可以运行在绝大多数平台中。

(2) wxPython:wxPython 是一款开源软件,是 Python 语言的一套优秀的 GUI 图形库,允许 Python 程序员很方便地创建完整的、功能健全的 GUI 用户界面。

(3) Jython:Jython 程序可以和 Java 无缝集成。除了一些标准模块,Jython 使用 Java 的模块。Jython 几乎拥有标准的 Python 中不依赖于 C 语言的全部模块。比如,Jython 的用户界面将使用 Swing、AWT 或者 SWT,Jython 可以被动态或静态地编译成 Java 字节码。

9.2 Tkinter 包

9.2.1 Tkinter 包简介

Tkinter 是 Python 的标准 GUI 库。Python 使用 Tkinter 可以快速地创建 GUI 应用程序。Tkinter 内置于 Python 的安装包中,因此只要安装好 Python,就可以导入 Tkinter 库。

Tkinter 包含了对 Tk 的低级接口模块。该模块通常是一个共享库(或 DLL),一般被程序直接使用,但是某些情况下可以成为静态链接。

除 Tk 接口模块外,Tkinter 还包含一定数量的 Python 模块,其中两个最重要的模块是 Tkinter 本身和名为 Tkconstants 的模块。前者自动引导后者。

Tkinter 包提供各种用于构建 GUI 程序的控件,如按钮、标签和文本框等。表 9-1 列出了一些常用的控件。

表 9-1　常用 Tkinter 控件

控 件 名 称	用　　　途
Button	按钮控件，用于显示按钮
Canvas	画布控件，用于显示图形元素，如线条或文本
Checkbutton	多选框控件，用于提供多项选择框
Entry	输入控件，用于显示简单的文本内容
Frame	框架控件，用于在屏幕上显示一个矩形区域，多用来作为容器
Label	标签控件，用于显示文本和位图
Listbox	列表框控件，用于显示一个字符串列表给用户
Menubutton	菜单按钮控件，用于显示菜单项
Menu	菜单控件，用于显示菜单栏、下拉菜单和弹出菜单
Message	消息控件，用于显示多行文本，与 Label 类似
Radiobutton	单选按钮控件，用于显示一个单选的按钮状态
Scale	范围控件，用于显示一个数值刻度，为输出限定数字区间范围
Scrollbar	滚动条控件，用于在内容超过可视化区域时添加滚动条
Text	文本控件，用于显示多行文本
Toplevel	容器控件，提供一个单独的对话框，和 Frame 类似
Spinbox	输入控件，与 Entry 类似，可以指定输入范围值
PanedWindow	窗口布局管理的插件，可以包含一个或者多个子控件
LabelFrame	简单的容器控件，用于复杂的窗口布局
tkMessageBox	消息框控件，用于显示应用程序的消息框

所有控件都具有的属性称为标准属性，如表 9-2 所示。

表 9-2　Tkinter 控件的标准属性

属性名称	说　　　明
Dimension	设置控件尺寸
Color	设置控件颜色
Font	设置控件字体
Anchor	设置锚点，即控件在窗口中的位置
Relief	设置控件样式
Bitmap	设置位图
Cursor	设置光标形状

图 9-1 所示是锚点位置图，方位为上北下南。例如，设置控件的 anchor＝SE，则它位于父窗口的右下方。

NW	N	NE
W	CENTER	E
SW	S	SE

图 9-1　锚点位置图

9.2.2 创建 GUI 应用程序

利用 Tkinter 创建一个 GUI 应用程序的步骤如下所述。

（1）导入 Tkinter 模块。

（2）创建 GUI 应用程序的主窗口。

（3）添加所需要的控件并设置相应的属性。

（4）编写触发事件响应代码。

1. 导入 Tkinter 模块

Tkinter 模块包含用 Tk 工具包编程所需的类、函数和其他参数。一般情况下，只需要从 Tkinter 导入所有内容即可。

导入 Tkinter 模块的方式有两种：import Tkinter 或 from Tkinter import *。

2. 创建窗口

在 GUI 程序中会有一个顶层窗口，其中可以容纳小的窗口对象，如标签、按钮、文本框等。顶层窗口是用来放置其他窗口或者控件的容器。在 Python 中用 tkinter.Tk() 语句创建顶层窗口，有时也称主窗口。

【例 9-1】 创建一个空白窗口，程序代码如下：

```
from Tkinter import *
root = Tk()
root.mainloop()        #进入 Tkinter 的事件循环
```

 例 9-1 运行结果.jpg

root = Tk() 这条语句创建了一个主窗口。它是一个普通窗口，带有标题栏和一些默认部件，如窗口菜单，以及窗口最大化和最小化按钮等。一般只创建一个 root 窗口控件，再添加其他控件。

root.mainloop() 这条语句使程序一直处于事件循环中，直到窗口关闭。事件循环不仅处理来自用户的事件（如鼠标单击和按键按下）或者窗口系统事件（重绘事件和窗口配置消息），也处理来自 Tkinter 自身的任务等待队列，如由 pack() 方法产生的任务和显示更新。

在创建窗口时，可以设置窗口属性。窗口中的属性如表 9-3 所示。

表 9-3 窗口属性

属 性 名 称	说 明
bd	设置宽度
borderwidth	设置宽度
menu	设置菜单
relief	设置浮雕样式
background	设置背景颜色

续表

属 性 名 称	说　　明
bg	设置背景颜色
colormap	设置位图
container	设置容器
cursor	设置光标
height	设置高度
highlightbackground	设置失去焦点颜色
highlightcolor	设置获得焦点颜色
highlightthickness	设置颜色厚度
padx	设置左间隙
pady	设置下间隙
takefocus	获得焦点
visual	设置可见性
width	设置宽度

【例 9-2】　窗口属性设置示例。代码如下：

```
from tkinter import *
root = Tk()                              # 窗口实例化,root 表示主窗口
root['background'] = 'yellow'            # 表示背景颜色
root['height'] = 330                     # 窗口的高度,单位为像素
root['width'] = 450                      # 窗口的宽度
root['cursor'] = 'coffee_mug'            # 设置光标形状
root.title('我的第一个窗口程序')          # 设置窗口标题
root.resizable(False,False)              # 禁止修改窗口大小
root.mainloop()
```

3. 添加控件

添加控件的语法格式为：

变量名 = 控件名(根对象,属性列表)

参数说明：

(1) 控件名可以是表 9-1 所列控件。

(2) 根对象是容纳控件的容器,即父窗口。

(3) 属性列表是对控件的必要属性的设置。

【例 9-3】　添加控件示例。代码如下：

```
from tkinter import *
root = Tk(className = '登录')            # 设置窗口标题
label1 = Label(root)                     # 在主窗口中添加一个标签控件
label1['text'] = 'Hello,world!'          # 设置标签控件要显示的信息
label2 = Label(root)
label2['text'] = 'Python 的海洋'
label1.pack()                            # 调整自身尺寸,以适应文本的大小
label2.pack()
root.mainloop()
```

例 9-3 运行结果.jpg

4. 事件处理

一个 Tkinter 应用程序的大部分时间花费在事件循环中（通过 mainloop() 方法进入事件循环）。事件来自于不同的消息，包括用户按下按键和鼠标操作，或来自于窗口管理器的重绘事件（在许多情况下，不是由用户直接引起）。

在 Python 的 GUI 程序中需要编写事件处理程序。该事件处理程序必须绑定后才能生效。Python 中提供了以下 3 个绑定级别。

（1）实例绑定：将事件与某个特定的控件实例绑定，如把事件与某个按钮绑定。通过调用 bind() 方法，为控件实例绑定事件。

bind() 方法语法格式为：

```
widget.bind(sequence,func,add)
```

功能：将事件响应绑定到指定的控件。

参数说明：

① sequence 是事件类型，用 <MODIFIER-MODIFIER-TYPE-DETAIL> 方式来描述，详见后面的说明。

② func 是处理事件的方法名。

③ add 是可选的，为空字符或 '+'。

（2）类绑定：将事件与某个控件件类绑定。如绑定到按钮组件类，则所有按钮实例都可以处理该事件。通过调用 bind_class() 方法，为特定组件类绑定事件。

bind_class() 方法语法格式为：

```
bind_class(class,sequence,func,add)
```

功能：将事件响应绑定到某个类型下的全部控件。

参数说明：

① class 是某个控件类。

② 其他参数说明同实例绑定。

（3）程序界面绑定：无论哪个控件实例触发该事件，程序都做出相应的处理。例如，将 PrintScreen 键与程序中的所有组件对象绑定，则整个程序界面都能处理屏幕打印事件。通过调用 bind_all() 方法，为程序界面绑定事件。

bind_all() 方法语法格式为：

```
bind_all(sequence,func,add)
```

功能：当事件发生时，只要有焦点的控件，都会响应这个事件。

参数说明见实例绑定。

一般情况下,事件队列是包含了一个或多个事件类型的字符串。每一个事件类型指定了一个事件,当有多个事件类型包含于事件队列中时,当且仅当描述符中全部事件发生时才调用处理方法处理事件。

事件类型的通用格式为:

`<[modifier - ]...type[ - detail]>`

事件类型必须放置于尖括号＜＞内。type 描述了通用类型,例如键盘按键、鼠标单击。modifier 用于组合键定义,例如 Ctrl、Alt。detail 用于明确定义是哪一个键或按钮的事件。

表 9-4 所示是 Python 事件类型,表 9-5 所示是 Python 事件属性,表 9-6 所示是 Python 事件属性前缀。

表 9-4　Python 事件类型一览表

事　件	说　明
KeyPress	按下键盘的键时触发,可以在 detail 部分指定是哪个键
KeyRelease	释放键盘的键时触发,可以在 detail 部分指定是哪个键
ButtonPress	按下鼠标某键,可以在 detail 部分指定是哪个键
ButtonRelease	释放鼠标某键,可以在 detail 部分指定是哪个键
Motion	拖曳组件移动时触发
Enter	将鼠标移动到组件上时触发
Leave	当鼠标移出某组件时触发
MouseWheel	当鼠标滚轮滑动时触发
Visibility	当组件的某部分变为可视状态时触发
Unmap	当组件由显示状态变为隐藏状态时触发
Map	当组件由隐藏状态变为显示状态时触发
Expose	当组件从原本被其他组件遮盖的状态中暴露出来时触发
FocusIn	组件获得焦点时触发
FocusOut	组件失去焦点时触发
Configure	当改变组件大小时触发
Destroy	当组件被销毁时触发
Activate	组件从非激活状态到激活状态时触发
Deactivate	组件由可用转为不可用时触发

表 9-5　Python 事件属性一览表

属　性	说　明
widget	事件发生的组件(即事件源)
x,y	光标当前的相对位置,以像素为单位
ButtonPress	按下鼠标某键,可以在 detail 部分指定是哪个键
x_root,y_root	光标当前的绝对位置(相对于设备的左上角),以像素为单位
keysym	键符(键盘事件中才有)
keycode	键码(键盘事件中才有),事件对象的数字码
type	事件的一个类型(例如,键盘为 2,鼠标单击为 4,光标移动为 6)
char	字符(键盘事件中才有),类型是字符串
num	鼠标单击的事件数字码(左键为 1,中间键为 2,右键为 3)
width,height	控件的新尺寸,以像素为单位

表 9-6　Python 事件属性前缀一览表

属　性	说　明
Alt	按下 Alt 键
Any	按下任何按键
Control	按下 Ctrl 键
Double	短时间内事件发生两次，如鼠标双击
Lock	按下 CapsLock 键
Shift	按下 Shift 键
Triple	短时间内发生三个事件

可以用短格式表示事件。例如，<1>等同于<Button-1>，<x>等同于<KeyPress-x>。对于大多数单字符按键，可以忽略"< >"符号。但是空格键和尖括号键不能这样做（正确的表示分别为<space>、<less>）。

【例 9-4】　事件处理示例。代码如下：

```
from tkinter import *
root = Tk(className = '事件处理示例')            ＃初始化主窗口,并设置标题栏显示信息
def click(event):                               ＃定义单击事件处理程序,输出鼠标的位置
    print("鼠标当前位置是[{0},{1}]".format(event.x,event.y))
def keyPress(event):                            ＃处理键盘事件,输出按下的键
    print("按下了{0}键".format(repr(event.char)))
frame = Frame(root,width = 200,height = 120)    ＃创建一个框架,在框架中响应事件
frame.bind("<Button-1>",click)         ＃绑定鼠标左键单击事件,事件处理程序是 click()方法
entry = Entry(root)                             ＃添加文本框
entry.bind("<Key>",keyPress)      ＃文本框绑定键盘处理事件,事件处理程序是 keyPress()方法
entry.pack()                                    ＃显示文本框
frame.pack()
root.mainloop()
```

例 9-4 运行结果.jpg

9.2.3　Tkinter 布局管理

布局是控件的排列方式。Tkinter 模块提供了 3 种布局方式，分别是 pack 布局管理器、grid 布局管理器和 place 布局管理器。pack 布局管理器和 grid 布局管理器较常用，place 布局管理器在某些特殊场合下才使用。

pack 布局管理器按照添加的顺序排列组件，默认将添加的组件依次纵向排列；grid 布局管理器按照行/列形式排列组件；place 布局管理器允许在程序中指定组件的大小和位置。

1. pack 布局管理器

pack 是 Tkinter 中的一个布局管理模块，用来调整控件的布局。pack 布局管理器采用

块的方式组织控件,可以快速生成 GUI 程序界面,且代码量较少。pack 布局管理器可以根据控件创建和生成的顺序添加到父控件中去,也可以通过设置锚点(anchor)来调整控件的位置。默认情况下,pack 布局管理器在父窗体中自顶向下添加组件,并自动给控件安排适当的位置和大小。

pack 布局管理器语法格式为:

```
widget.pack(pack_options)
```

功能:调整控件布局并显示控件。

参数 pack_options 是布局选项,有如下几种。

(1) expand:当值为 yes 时,side 选项无效,组件显示在父控件中心位置;若 fill 选项为 both,填充父组件的剩余空间,其默认值为 No。

(2) fill:填充 x(y)方向上的空间。当属性 side=top 或 bottom 时,填充 x 方向;当属性 side=left 或 right 时,填充 y 方向;当 expand 选项为 yes 时,填充父组件的剩余空间。

(3) side:定义停靠在父组件哪一边,值为 top(默认)、bottom、left 或 right。

(4) ipadx 定义 x 方向的内边距,ipady 定义 y 方向的内边距,padx 定义 x 方向的外边距,pady 定义 y 方向的外边距。

(5) _in:把本控件作为所选控件对象的子控件对象。

(6) anchor:控件的对齐方向,w 表示左对齐,r 表示右对齐,n 表示顶端对齐,e 表示底端对齐。

(7) before:将本控件在所选控件对象之前 pack。先创建本控件,再创建选定控件。

(8) after:将本控件在所选控件对象之后 pack。先创建选定控件,再创建本控件。

【例 9-5】 pack 布局示例。代码如下:

```python
import tkinter as tk
root = tk.Tk(className = 'pack方法演示')
root.geometry('300 * 200 + 200 + 100') #改变 root 的大小为 200 * 320
#使用默认的设置,pack 将向下添加组件,第一个在最上方,依次向下排列.
frame1 = tk.Frame(root)
for i in range(3):
    tk.Label(frame1,text = 'label' + str(i)).pack()
print(root.pack_slaves())
frame1.pack()
frame2 = tk.Frame(root)
#第一个只保证在 y 方向填充,第二个保证在 x、y 两个方向上填充,第三个在 x 方向填充.
tk.Label(frame2,text = 'pack1',bg = 'red').pack(side = 'left',fill = 'y')
tk.Label(frame2,text = 'pack2',bg = 'blue').pack(fill = 'both')
tk.Label(frame2,text = 'pack3',bg = 'green').pack(fill = 'x')
frame2.pack(side = 'top',fill = 'x')
frame3 = tk.Frame(root)
#将第一个 Button 居左放置
tk.Button(frame3,text = 'button1',bg = 'red').pack(fill = 'y',expand = 1,side = 'left')
#将第二个 Button 居右放置
tk.Button(frame3,text = 'button2',bg = 'blue').pack(fill = 'both',expand = 1,side = 'right')
#将第三个 Button 居左放置.注意,不会放到 Button11 的左边
tk.Button(frame3,text = 'button3',bg = 'green').pack(fill = 'x',expand = 0,side = 'left')
```

```
frame3.pack(side = 'bottom',fill = 'both')
root.mainloop()
```

例 9-5 运行结果.jpg

2. grid 布局管理器

grid（网格）布局管理器将控件放置到一个二维表格里，是最灵活的一种布局管理器。grid 布局管理器用来设计对话框和带有滚动条的窗体效果较好。

grid 布局管理器采用行、列来确定控件的位置。行、列交汇处为一个单元格，可以放置一个控件。在每一列中，列宽由该列最宽的单元格决定。在每一行中，行高由该行中最高的单元格决定。组件也可以不充满整个单元格，而在水平或垂直方向填满空余空间。grid 布局管理器也允许跨行或跨列来放置某个控件。

grid 布局管理器语法格式为：

```
widget.grid(grid_options)
```

功能：向窗体注册并显示控件。

参数 grid_options 是布局选项，有如下几种。

（1）column：控件放置位置的列数，从 0 开始算起，默认为 0。如果不指定 column，使用第一列。

（2）row：控制放置的行数，从 0 开始算起，默认为上一个位占领的行数。如果不指定 row，会将组件放置到第一个可用的行上。

（3）columnspan：设置单元格横向跨越的列数。

（4）rowspan：设置单元格纵向跨越的列数。

（5）in_：重新设置子窗体。

（6）ipadx：设置控件内 x 方向空白区域大小；ipady：设置控件内 y 方向空白区域大小；padx：设置控件外 x 方向空白区域保留大小；pady：设置控件外 y 方向空白区域保留大小。

（7）sticky：设置对齐方式，有以下几种，默认为中间。

① sticky＝NE(右上角)、SE(右下角)、SW(左下角)、NW(左上角)，设置控件位置。

② sticky＝N(上中)、E(右中)、S(下中)、W(左中)，设置控件居中位置。

③ sticky＝N＋S，向垂直方向拉升，而保持水平中间对齐。

④ sticky＝E＋W，向水平方向拉升，而保持垂直中间对齐。

⑤ sticky＝N＋E＋S＋W，以水平方向和垂直方向拉升的方式填充单元格。

【例 9-6】 grid 布局示例。代码如下：

```
import tkinter as tk
root = tk.Tk(className = 'grid方法演示')
root.geometry('300 * 200 + 200 + 100')  #改变 root 的大小为 200 * 320
```

```
# 使用默认的设置,grid 将向下添加组件,第一个在最上方,依次向下排列
frame1 = tk.Frame(root)
# 使用默认 grid 布局,从上往下依次排列,且居中
for i in range(3):
    tk.Label(frame1,text = 'label' + str(i)).grid()
frame1.pack()
frame2 = tk.Frame(root)
# 第一个控件占用(0,0)(0,1),左对齐;第二个控件占用(1,0),第三个控件占用(1,1)
# 第四个控件占用(2,0),第五个控件占用(0,2)
tk.Label(frame2,text = 'pack1',bg = 'red').grid(row = 0,column = 0,columnspan = 2,sticky = 'w')
tk.Label(frame2,text = 'pack2',bg = 'blue').grid(row = 1,column = 0)
tk.Label(frame2,text = 'pack3',bg = 'green').grid(row = 1,column = 1)
tk.Label(frame2,text = 'pack4',bg = 'yellow').grid(row = 2)
tk.Label(frame2,text = 'pack5',bg = 'purple').grid(row = 0,column = 2)
frame2.pack(side = 'top',fill = 'x')
root.mainloop()
```

例 9-6 运行结果.jpg

3. place 布局管理器

place 布局管理器在父窗口的指定位置布局其他控件。设计 GUI 界面时较复杂。

place 布局管理器通过将控件放置在父组件的特定位置来布局。采用 place 布局管理器可以明确地设置每个组件的位置和大小,使得 place 布局管理器比其他两种布局管理器更加灵活。place 布局管理器既可以采用绝对坐标,也可以采用相对坐标来布局。一般只有在其他两种布局管理器无法实现在所需位置布局控件的情况下才采用。

place 布局管理器语法格式为:

```
widget.place(place_options)
```

功能:在窗体指定位置添加并显示控件。

参数 place_options 是布局选项,可有如下几种。

(1) anchor:控件的对齐方向,左对齐为 w,右对齐为 e,顶对齐为 n,底对齐为 s;还可以选择其他对齐方式,如 nw、sw、se、ne、center(默认为 center)。

(2) bordermode:定义计算坐标时是否计算父组件的边框尺寸。取值可以是 inside 和 outside。

(3) height、width:以像素为单位的控件的高度和宽度。

(4) relheight、relwidth:以比例值表示本控件与父控件在 x 和 y 两个方向上的比例。在 0.0 和 1.0 之间浮动。

(5) relx、rely:定义本控件左上角位于父控件中的相对位置比例,在水平或垂直方向的偏移,在 0.0 和 1.0 之间浮动。例如,relx＝0.5 表示该控件在父控件 x 方向上 1/2 处的位置。

（6）x、y：定义控件左上角在父控件中的绝对位置坐标，父组件的左上角坐标为（0，0）。单位是像素。

（7）_in：将本控件作为所选控件对象的子控件，类似于指定本控件的 master 为选定控件。

【例 9-7】 place 布局示例。代码如下：

```
import tkinter as tk
root = tk.Tk(className = 'place 方法演示')
root.geometry('300 * 300 + 200 + 100')              #改变 root 的大小为 300 * 300
colors = ['red', 'green', 'blue']                   #使用绝对坐标将组件放到指定的位置
i = 0
for i in range(3):                                  #在同一行中显示 3 个标签控件
    tk.Label(root, text = 'label' + str(i), bg = colors[i]).place(x = 80 * i, anchor = 'nw')
    i = i + 1
info1 = tk.Label(root, text = 'Place1', fg = 'green')
info2 = tk.Label(root, text = 'Place2', fg = 'red')
#先设置相对坐标为(0.3, 0.3), 再将坐标偏移(-40, -40)
info1.place(relx = 0.3, rely = 0.3, anchor = 'center', x = -40, y = -40)
#先设置相对坐标为(0.5, 0.3), 再将坐标偏移(-40, -40)
info2.place(relx = 0.5, rely = 0.3, anchor = 'center', x = -40, y = -40)
#创建两个 Frame 用作容器
frame1 = tk.Frame(root, bg = 'red', width = 100, height = 40)
frame2 = tk.Frame(root, bg = 'yellow', width = 200, height = 80)
#再在 fm2 中创建一个 fm3
frame3 = tk.Frame(frame2, bg = 'purple', width = 160, height = 40)
frame3.place(in_ = frame2, relx = 0.2, rely = 0.2)
#创建一个按钮, 它的父控件是 frame1
button1 = tk.Button(frame1, text = 'myButton1', fg = 'green')
button1.place(in_ = frame1, relx = 0.3, rely = 0.3, anchor = 'w')
#创建一个标签控件, 它的父控件是 frame1
lab1 = tk.Label(frame3, text = 'myLabel', fg = 'red')
#将 lab1 放置到其 frame1 的子控件 frame3 中
#使用 in 参数, 必须满足要放置的控件是其父控件或父控件的子控件
lab1.place(in_ = frame3, relx = 0.5, rely = 0.5, anchor = 'ne')
frame1.place(x = 100, y = 80)
frame2.place(y = 140)
root.mainloop()
```

例 9-7 运行结果.jpg

任务 9-1　猜数字游戏

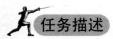（任务描述）

编写一个 Python 程序，生成一个随机数，猜测这个数是什么。

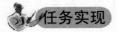 **任务实现**

1. 设计思路

设计一个 GUI 界面,使用标签控件输出各类提示信息,使用文本框控件接收用户的输入数据,通过按钮控件完成事件响应和处理;然后,定义事件处理函数和游戏函数,并将事件处理方法和控件绑定。

2. 源代码清单

程序代码如表 9-7 所示。

表 9-7 任务 9-1 程序代码

#程序名称 task9_1.py

序号	程序代码
1	import tkinter as tk #导入 tkinter 模块,别名是 tk
2	import random #导入随机数模块
3	number = random.randint(100,999) #生成 100~999 之间的一个随机数
4	num = 0 #猜测次数变量 num 初始化为 0
5	maxnum = 999 #猜测范围上界
6	minnum = 100 #猜测范围下界
7	running = True #游戏结束标记初始化为真
8	def **btnCloseClick**(event): #结束按钮单击事件处理函数
9	root.destroy() #关闭窗口
10	def **btnRestartClick**(event): #重玩按钮单击事件处理函数
11	global number #定义全局变量
12	global running
13	global num
14	global maxnum
15	global minnum
16	number = random.randint(100,999) #初始化游戏参数
17	running = True
18	num = 0
19	labelChange("请输入 100 到 999 之间的任意整数:") #重置标签显示信息
20	entry_num.delete(0,'end') #清空文本框控件输入信息
21	labelRange('目前的范围是[%d, %d]'%(minnum,maxnum))
22	print(number) #输出用户要猜测的数字
23	def **btnGuessClick**(event): #确定按钮单击事件处理函数
24	global num
25	global running
26	global maxnum
27	global minnum
28	if running: #如果游戏未结束,继续猜测
29	answer = int(entry_num.get()) #获取用户的答案
30	if answer == number:
31	#如果猜对了,running 赋值为假,结束本轮游戏
32	labelChange("恭喜答对了!")

续表

序号	程 序 代 码

```
33          num += 1                          # 猜测次数累计
34          running = False
35          numGuess()                        # 调用 numGuess() 函数，输出游戏结果
36        elif answer < number:               # 如果猜的数小了，输出相应提示信息
37          num += 1
38          labelChange("小了哦")
39          if answer > minnum:               # 修改猜测范围下界
40            minnum = answer
41        else:                               # 如果猜的数大了，输出相应提示信息
42          num += 1
43          labelChange("大了哦")
44          if answer < maxnum:               # 修改猜测范围上界
45            maxnum = answer
46        # 在标签上输出下一轮的猜测范围
47        labelRange('目前的范围是[ %d, %d]' % (minnum,maxnum))
48      else:
49        labelChange('你已经答对啦.')
50  def numGuess():                           # 定义游戏结束输出信息
51      if num == 1:
52          labelChange('好棒！一次答对！')
53      elif num < 9:
54          labelChange('好厉害,尝试次数: ' + str(num))
55      elif num < 19:
56          labelChange('还行,尝试次数: ' + str(num))
57      else:
58          labelChange('您都试了超过 20 次了…… 尝试次数: ' + str(num))
59  def labelChange(vText):                   # 定义标签控件显示信息修改函数
60      label_info.config(label_info,text = vText)
61  def labelRange(cText):
62      label_range.config(label_range,text = cText)
63  root = tk.Tk(className = "猜数字游戏")     # 初始化主窗口，并设置窗口标题
64  # 设置窗口的大小和位置，400 * 150 代表初始化时主窗口的大小
65  # 200,200 代表初始化时窗口所在的位置
66  root.geometry("400 * 150 + 200 + 200")
67  # Frame 是屏幕上的一块矩形区域，作为容器(container)布局窗体
68  frame1 = tk.Frame(root)
69  # 在 frame1 窗体中添加标签控件，width 指明控件的宽度
70  label_info = tk.Label(frame1,width = "60")
71  label_range = tk.Label(frame1,width = "20")
72  label_info.pack()                         # 显示标签控件
73  label_range.pack()
74  frame1.pack(side = "top",fill = "x")      # 在上方显示 frame1 框架
```

续表

序号	程 序 代 码	
75	frame2 = tk.Frame(root)	#定义第二个框架
76	entry_num = tk.Entry(frame2,width = "40")	#添加文本框控件
77	btnGuess = tk.Button(frame2,text = "确定")	#添加按钮控件
78	entry_num.pack(side = "left")	
79	#为文本框控件的回车键绑定事件处理方法	
80	entry_num.bind('<Return>',btnGuessClick)	
81	#为确定按钮控件绑定事件处理方法	
82	btnGuess.bind('<Button-1>',btnGuessClick)	
83	btnGuess.pack(side = "left")	
84	frame2.pack(side = "top",fill = "x")	
85	frame3 = tk.Frame(root)	#定义第三个框架
86	#在第三个框架中添加关闭按钮控件	
87	btnClose = tk.Button(frame3,text = "关闭")	
88	btnRestart = tk.Button(frame3,text = "重玩")	
89	#为关闭按钮控件绑定事件处理方法	
90	btnClose.bind('<Button-1>',btnCloseClick)	
91	btnClose.pack(side = "left")	
92	#为关闭重玩按钮控件绑定事件处理方法	
93	btnRestart.bind('<Button-1>',btnRestartClick)	
94	btnRestart.pack()	
95	frame3.pack(side = "top")	
96	labelChange("请输入100到999之间的任意整数：")	
97	labelRange('目前的范围是[%d, %d]'%(minnum,maxnum))	
98	entry_num.focus_set()	
99	print(number)	
100	#使程序一直处在事件循环中,直到窗口关闭	
101	root.mainloop()	

任务9-1运行结果.jpg

9.3 Tkinter 控件

9.3.1 Widget 控件

Tkinter 支持 21 个核心的窗口控件,部分常用核心窗口部件如表 9-1 所示。Python 中通过属性来描述这些控件的特征,一些属性是大部分控件具有的,如表 9-8 所示。

表 9-8 **Tkinter 大部分控件具有的常用属性一览表**

属 性 名	说 明
master	指定控件的父窗口
anchor	文本(text)或图像(bitmap/image)在 Label 的位置。默认为 center
borderwidth(bd)	设置一个非负值来显示绘制控件外围 3D 边界的宽度
font	设置字体和大小,font = ('字体','字号','粗细')
fg	设置前景色,可以使用颜色名称或使用颜色值♯RRGGBB
bg	设置背景色,可以使用颜色名称或使用颜色值♯RRGGBB
height	设置控件的高度,采用给定字体的字符高度为单位,至少为 1
weight	设置控件的宽度,采用给定字体的字符高度为单位,至少为 1
command	指定一个与控件关联的命令,该命令通常在鼠标离开控件之时被调用。对于单选按钮和多选按钮,tkinter 变量(通过变量选项设置)将在命令调用时更新
highlightbackground	文本框高亮边框颜色,当文本框未获取焦点时显示
highlightcolor	文本框高亮边框颜色,当文本框获取焦点时显示
highlightthickness	文本框高亮边框宽度。如果为 0,则不画加亮区域
relief	指出控件 3D 效果,可选值为 RAISED、SUNKEN、FLAT、RIDGE、SOLID 或 GROOVE。该值指出控件内部相对于外部的外观样式,例如,RAISED 意味着控件内部相对于外部突出
takefocus	指定窗口在键盘遍历时是否接收焦点

在 Tkinter 中设置控件属性的方法有如下 3 种。

(1) 创建对象时,指定属性值,格式如下:

控件对象名 = Tk.控件名(父控件,属性名 = 值 1,属性名 = 值 2,…)

(2) 创建控件对象后,使用属性名分别指定各属性值,格式如下:

控件对象名.[属性名] = 值

(3) 创建控件对象后,使用 configure()或 config()方法指定属性值,格式如下:

控件对象名.configure(属性名 = 值 1,属性名 = 值 2,…)

【例 9-8】 控件对象属性设置示例。代码如下:

```
import tkinter as tk
root = tk.Tk(className = '属性设置方法演示')
root.geometry('300 * 240 + 200 + 100')  ♯改变 root 的大小为 300 * 240
♯创建控件对象同时设置控件对象的属性
one = tk.Label(root, text = 'One', width = 20, height = 2, bg = 'red')
one.pack()
two = tk.Label(root)
♯创建控件对象后,设置控件对象的属性
two['text'] = "Two"
two['width'] = 20
two['height'] = 2
two['bg'] = 'green'
two.pack()
three = tk.Label(root)
```

```
#创建控件对象后,用configure()方法来设置控件对象的属性
three.configure(text = 'Three',bg = 'blue',width = 20,height = 2)
three.pack()
four = tk.Label(root)
#创建控件对象后,用config()方法来设置控件对象的属性
four.config(text = 'Four',bg = 'purple',width = 20,height = 2)
four.pack()
root.mainloop()
```

例 9-8 运行结果.jpg

9.3.2　Label 控件

在 Tkinter 中,Label 控件用于显示文字和图片。Label 通常用来展示信息,而非与用户交互。Label 控件也可以绑定事件,但是很少这样做。Label 最终呈现的是由背景和前景叠加构成的内容。

假定导入包的语句为:

import tkinter as tk

则添加标签控件的语法如下:

标签控件对象名 = tk.Label(根对象,属性列表)

其中,通用的可设置属性如表 9-8 所示。标签控件 Label 的其他常用属性如表 9-9 所示。

表 9-9　Label 控件常用属性一览表

属　性　名	说　　明
wraplength	指定 text 中文本多少宽度后开始换行
justify	text 中多行文本的对齐方式,布局取值和位置如下: nw　　　　　n　　　　　ne w　　　　center　　　　e sw　　　　　s　　　　　se
anchor	文本(text)或图像(bitmap/image)在 Label 的位置。默认为 center
bitmap	显示内置位图。如果 image 选项被指定了,该选项被忽略
image	显示图像,必须用图像 create()方法产生。如果设定该属性,将覆盖已经设置的位图或文本。更新恢复位图或文本的显示,需要设置图像选项为空串

【例 9-9】　标签控件图片显示示例。代码如下:

```
import tkinter as tk
root = tk.Tk(className = '标签控件显示图片演示')
root.geometry('300 * 240 + 200 + 200')　　　#设置 root 的大小为 300 * 240
```

＃创建控件对象的同时设置控件对象的属性,设置字体为 Arial,大小为 16,颜色是红色
＃同时显示文字和图片,且图片位于文字下方
```
one = tk.Label(root,text = 'Bird',font = ("Arial,16"),fg = 'red',compound = 'bottom')
```
＃加载图片,可以是 png 格式的,但是不能是 jpg 格式的
```
bm = tk.PhotoImage(file = 'd:\\temp\\chapter9\\bird_new.png')
one['image'] = bm          ＃设置 image 属性
one.pack()                 ＃使用 pack 布局管理器
root.mainloop()
```

例 9-9 运行结果.jpg

9.3.3 Entry 控件

当需要从键盘输入文本时,用到 Entry 控件,与其他语言的文本框控件类似。

假定导入包的语句为:

```
import tkinter as tk
```

则添加标签控件的语法如下:

文本框控件对象名 = tk.Entry(根对象,属性列表)

其中,通用的可设置属性如表 9-8 所示。Entry 控件其他常用属性如表 9-10 所示。

表 9-10　Entry 控件常用属性一览表

属 性 名	说　　　明
cursor	光标形状
insertbackground	文本框光标的颜色
insertwidth	文本框光标的宽度
insertofftime	文本框光标闪烁时,消失持续时间,单位:毫秒(ms)
insertontime	文本框光标闪烁时,显示持续时间,单位:毫秒(ms)
relief	文本框风格,如凹陷、凸起,值有 flat、sunken、raised、groove、ridge
selectbackground	选中文字的背景颜色
selectborderwidth	选中文字的背景边框宽度
selectforeground	选中文字的颜色
show	指定文本框内容显示为字符,满足字符即可。密码可以设为 *
state	文本框状态,分为只读和可写,值为 normal、disabled
takefocus	是否能用 Tab 键来获取焦点。默认可以获得
textvariable	文本框的值,是一个 StringVar() 对象

Entry 控件常用方法如表 9-11 所示。

表 9-11　Entry 控件常用方法一览表

方　法　名	功　　能
insert(index,text)	向文本框插入字符串。index：插入位置；text：要插入的字符串
delete(index)	删除指定索引位置的字符
delete(from,to)	删除索引范围之内的字符
icursor(index)	将光标移动到指定索引位置,前提是文本框获得焦点
get()	获取文本框的值
index(index)	返回指定的索引字符
select_adjust(index)	选中指定索引和光标所在位置之前的值
select_clear()	清空文本框
select_range(start,end)	选中指定索引之间的值,start 必须比 end 小
select_to(index)	选中指定索引与光标之间的值

9.3.4　Button 控件

Tkinter 中提供 Button 控件来实现按钮的功能。这些按钮可以显示文字或图像。按下按钮时,可以绑定某个函数或方法来响应该事件。

假定导入包的语句为：

```
import tkinter as tk
```

则添加 Button 按钮控件的语法如下：

按钮控件对象名 = tk.Button(根对象,属性列表)

其中,通用的可设置属性如表 9-8 所示。Button 控件的其他常用属性如表 9-12 所示。

表 9-12　Button 控件常用属性一览表

属　性　名	说　　明
text	显示文本内容
command	指定 Button 的事件处理函数
compound	指定文本与图像的位置关系
wraplength	限制每行的字符数,默认为 0
state	设置组件状态：正常(normal)、激活(active)或禁用(disabled)

9.3.5　Frame 控件

Frame 控件用来在屏幕上创建一块矩形区域,多作为容器来布局其他控件对象。框架也可以用作实现复杂小控件的基础类。

假定导入包的语句为：

```
import tkinter as tk
```

则添加 Frame 框架控件的语法如下：

框架对象名 = tk.Frame(根对象,[属性列表])

任务 9-2　登录界面模拟

任务描述

编写一个 Python 程序,实现 GUI 界面的登录功能。

任务实现

1. 设计思路

根据题目要求,设计登录 GUI 界面,用户名和密码等信息保存在(csv)格式的文件中。用户单击"登录"按钮后,弹出对话框,显示登录是否成功的信息。连续 3 次密码输入错误,将锁定账户。

2. 源代码清单

程序代码如表 9-13 所示。

表 9-13　任务 9-2 程序代码

＃程序名称 task9_2.py

序号	程序代码
1	import csv　　　　　　　　　　　　　　　　　　　＃导入 CSV 模块
2	import tkinter as tk　　　　　　　　　　　　　　＃导入 GUI 模块
3	from tkinter import messagebox　　　　　　　　＃导入消息对话框模块
4	＃定义登录界面类,完成登录功能
5	class **Register**(tk.Frame):
6	＃定义私有类变量 __count,用来存放连续登录次数
7	__count = 0
8	＃定义私有类变量 __name,用来存放连续登录的用户名
9	__name = ''
10	＃定义构造函数,初始化登录界面
11	def __init__(*self*, master):
12	frame = tk.Frame(master)　　　　　　　　　＃定义框架容器
13	frame.pack()　＃使用 pack 布局管理器布置容器对象 frame
14	＃定义用户名标签对象,使用 grid 网格布局管理器
15	*self*.labUserName = tk.Label(frame, text = '用户名:').grid(row = 0, column = 0)
16	*self*.labPass = tk.Label(frame, text = '密码:').grid(row = 1, column = 0)
17	＃定义输入用户名的文本框对象
18	*self*.eUserName = tk.Entry(frame)
19	＃定义输入密码的文本框对象,输入字符显示为 *
20	*self*.ePass = tk.Entry(frame, show = '*')
21	＃使用 grid 网格布局管理器布置文本框对象
22	*self*.eUserName.grid(row = 0, column = 1, padx = 10, pady = 5)
23	*self*.ePass.grid(row = 1, column = 1, padx = 10, pady = 5)
24	＃定义登录按钮对象,使用 grid 网格布局管理器

续表

序号	程序代码
25	♯通过 command 属性绑定事件处理方法
26	*self*.okBtn = tk.Button(frame, text = '登录', width = 10, command = *self*.check)\
27	.grid(row = 3, column = 0, sticky = 'w', pady = 5)
28	*self*.quitBtn = tk.Button(frame, text = '退出', width = 10, command = frame.quit)\
29	.grid(row = 3, column = 1, sticky = 'e', padx = 10, pady = 5)
30	♯定义文件读取方法,读取 CSV 文件,把文件内容存入列表对象并返回
31	def **readAccount**(*self*, file):
32	with open(file, 'r') as f_account:
33	reader = csv.reader(f_account)　　　　　　　♯初始化读文件对象
34	userList = [ ]　　　　　　　　　　　　　　♯初始化列表对象
35	for line in reader:
36	if line:
37	userList.append(line)　　　　　　♯非空行,添加到列表对象中
38	return userList　　　　　　　　　　　　　♯返回列表对象
39	♯定义"登录"按钮事件处理方法
40	def **check**(*self*):
41	♯调用 readAccount()方法获得用户账户表中的所有信息
42	accountList = *self*.readAccount(r'D:\temp\chapter9\useraccount.csv')
43	♯调用 readAccount()方法获得黑名单表中所有信息
44	accountBlack = *self*.readAccount(r'D:\temp\chapter9\userblack.csv')
45	name = *self*.eUserName.get()　　　　　　　♯获取账号文本框中的用户名
46	password = *self*.ePass.get()　　　　　　　♯获取密码文本框中的密码
47	Register.__name = name　　　　　　　　　　♯用户名写入类变量
48	♯连续 3 次密码输入错误,进入黑名单
49	if(Register.__count >= 3):
50	♯当前用户名添加到黑名单列表对象中
51	accountBlack.append([Register.__name])
52	with open(r'D:\temp\chapter9\userblack.csv', 'w') as csvfile:
53	myWriter = csv.writer(csvfile)
54	myWriter.writerows(accountBlack)
55	♯弹出消息框,显示提示信息
56	messagebox.showinfo('账号锁定消息',\
57	'连续 3 次密码输入错误,账号已锁定,请联系管理员')
58	return
59	♯首先查找黑名单
60	for each in accountBlack:
61	if(each[0] == name):

续表

序号	程 序 代 码
62	messagebox. showinfo('账号锁定消息','您的账号已锁定,请与管理员联系!')
63	return
64	♯检测用户名和密码是否正确
65	else:
66	for each in accountList:
67	if(name == each[0]):
68	print(name,each[0])
69	if(Register._name == name):
70	Register._count = Register._count + 1
71	else:
72	Register._name = name
73	Register._count = 0
74	if(password == each[1]):
75	messagebox. showinfo('成功登录消息',\
76	'您已成功登录')
77	break
78	else:
79	messagebox. showinfo('未成功登录消息',\
80	'您的账号或密码错误,请重新登录')
81	*self* . eUserName. delete(0,len(name))
82	*self* . ePass. delete(0,len(password))
83	break
84	else:
85	messagebox. showinfo('未成功登录消息',\
86	'您的账号或密码错误,请重新登录')
87	if _name_ == "_main_":
88	root = tk. Tk(className = '用户登录')
89	♯改变 root 的大小为 300 * 200
90	root. geometry('300 * 200 + 200 + 200')
91	♯初始化 Register 类对象 res
92	res = Register(root)
93	root. mainloop()

任务 9-2 运行结果. pdf

9.3.6 Radiobutton 控件

Radiobutton 是一个标准的 Python Tkinter 组件,用来实现单选。Radiobutton 可以包含文字或者图像。单选按钮必须位于一个组内,且在同一组内只能有一个按钮被选中。当组内的一个按钮被选中时,其他按钮自动改为非被选中状态。

假定导入包的语句为:

import tkinter as tk

则添加单选按钮控件的语法如下:

单选按钮控件对象名 = tk.Radiobutton(根对象,属性列表)

其中,通用的可设置属性如表 9-8 所示,Radiobutton 控件的其他常用属性如表 9-14 所示。

表 9-14 Radiobutton 控件常用属性一览表

属 性 名	说 明
activebackground	鼠标滑过单选按钮时的背景颜色
activeforeground	鼠标滑过单选按钮时的前景颜色
anchor	单选按钮的对齐方式
bitmap	在单选按钮上显示一个位图
image	在单选按钮上显示一个图片
selectcolor	单选按钮被选中时的颜色,默认是红色
selectimage	设置当单选按钮选中时要显示的图片
state	默认为 normal。如果设置为 disable,单选控件颜色变灰,且不作任何响应。如果光标位于某个单选按钮上,状态为激活
text	设置单选按钮之后要显示的文字
textvariable	要将标签窗口小部件中显示的文本从属于 StringVar 类的控制变量,将此选项设置为该变量
underline	可以在文本的第 n 个字母下方显示下划线(_),从 0 开始,将此选项设置为 n。默认值为 underline=-1,表示没有下划线
value	当用户选定单选按钮时,其控制变量设置为其当前值选项。如果控制变量是一个 IntVar,给组中的每个单选按钮一个不同的整数值选项。如果控制变量是 StringVar,为每个单选按钮提供不同的字符串值选项
variable	此单选按钮与组中的其他单选按钮共享的控制变量
wraplength	控制每行字符数
command	当用户改变单选按钮状态时要调用的处理函数

Radiobutton 控件常用方法如表 9-15 所示。

表 9-15 Radiobutton 控件常用方法一览表

方 法 名	功 能
deselect()	取消选中
flash()	在激活状态和正常状态之间刷新单选按钮控件的颜色
invoke()	单选按钮回调函数
select()	选中单选按钮

每一组 Radiobutton 控件应该和同一个 Tkinter 变量联系起来。每个 button 代表这个变量可能取值中的一个。为了保证 Radiobutton 控件正常工作,应确保同一组里的

Radiobutton 控件都指向同一个变量，可以使用 value 选项来指定 Radiobutton 代表的具体值。

【例 9-10】 单选按钮控件使用示例。代码如下：

```python
import tkinter as tk
root = tk.Tk(className = '单选按钮控件示例')
root.geometry('400 * 240 + 200 + 200')          #设置 root 的大小为 400 * 240
frame1 = tk.Frame(root)
#创建一个 Radiobutton 组,创建三个 Radiobutton,并绑定到整型变量 v
v = tk.IntVar()
v.set(2)                                        #选中 value = 2 的按钮
for i in range(3):
    #在同一行从左向右依次显示三个单选按钮控件
    tk.Radiobutton(frame1,anchor = 'w',variable = v,text = '选项' + str(i),\
value = i).pack(side = 'left')
frame1.pack(side = 'top')
var1 = tk.IntVar()                              #再创建一组按钮
var1.set(1)
frame2 = tk.Frame(root)                         #创建框架对象,容纳另外一组单选按钮
for i in range(4):                              #在同一行从右向左依次显示三个单选按钮控件
    tk.Radiobutton(frame2,variable = var1,value = i,\
text = 'python' + str(i)).pack()
frame2.pack()
var2 = tk.IntVar()
var2.set(1)
frame3 = tk.Frame(root)                         #创建框架对象,容纳另外一组单选按钮
def r1():
    print('你选中了第一个按钮')
def r2():
    print('你选中了第二个按钮')
def r3():
    print('你选中了第三个按钮')
def r4():
    print('你选中了第四个按钮')
var2 = tk.IntVar()
var2.set(0)
i = 0
for r in [r1,r2,r3,r4]:                         #为每个单选按钮绑定事件处理程序
    tk.Radiobutton(frame3,variable = var2,value = i,\
text = 'radio' + str(i),command = r).pack(side = 'right')
    i = i + 1
frame3.pack()
frame4 = tk.Frame(root)                         #创建框架对象,容纳另外一组单选按钮
var3 = tk.IntVar()
var3.set(1)
# indicatoron,默认情况下为 1.如果将该属性改为 0,其外观是凹凸形的
for i in range(3):
    tk.Radiobutton(frame4,variable = var3,indicatoron = 0,
        text = 'hello' + str(i),value = i).pack(side = 'left')
frame4.pack()
root.mainloop()
```

例 9-10 运行结果.jpg

9.3.7　Checkbutton 控件

Checkbutton 控件是一个标准的 Python Tkinter 组件，用来实现多选。Checkbutton 可以包含文字或者图像。复选框控件用于向用户显示多个选项，用户通过单击与每个选项相对应的按钮来选择一个或多个选项。

假定导入包的语句为：

```
import tkinter as tk
```

则添加复选框控件的语法如下：

复选框控件对象名 = tk.Checkbutton(根对象,属性列表)

其中，通用的可设置属性如表 9-8 所示，Checkbutton 控件的其他常用属性如表 9-16 所示。

表 9-16　Checkbutton 控件常用属性一览表

属 性 名	说 明
activebackground	鼠标指针滑过复选框时的背景颜色
activeforeground	鼠标指针滑过复选框时的前景颜色
bitmap	复选框上显示位图
command	当用户改变复选框状态时要调用的处理方法
cursor	当鼠标指针滑过复选框时的形状
disabledforeground	复选框禁用时，文本的前景颜色
image	复选框上显示图片
offvalue	当复选框未被选中时，其关联控制变量设置为 0。可以给 offvalue 设置一个值，作为未选中状态的值
onvalue	当复选框被选中时，其关联控制变量设置为 1。可以给 onvalue 设置一个值，作为选中状态的值
selectcolor	复选框被选中时的颜色，默认是红色
selectimage	如果复选框上显示的是图片而不是文字，需要设置当复选框选中时要显示的图片
state	默认为 normal。如果设置为 disable，则复选框控件颜色变灰，且不作任何响应。如果光标位于某个复选框上，状态为激活
text	复选框之后的文字
variable	跟踪复选框当前状态的控制变量。通常该变量是一个 IntVar，0 意味着未选中，1 意味着选中
underline	默认值为 -1，文本的所有字符都不带下划线。将此选项设置为文本中字符的索引（从零开始计数），以便为该字符添加下划线

Checkbutton 控件常用方法如表 9-17 所示。

表 9-17 **Checkbutton 控件常用方法一览表**

方 法 名	功　　能
deselect()	取消选中
flash()	在激活状态和正常状态之间刷新复选框的颜色
invoke()	复选框回调方法
select()	选中复选框
toggle()	开关方法。如果复选框当前是选中状态,则变为非选中;反之亦然

【例 9-11】 复选框控件使用示例。代码如下:

```
import tkinter as tk
root = tk.Tk(className = '复选框用法演示')
root.geometry('360 * 240 + 200 + 100')          # 改变 root 的大小为 360 * 240
frame1 = tk.Frame(root)                          # 使用默认设置 pack 添加 frame1 框架对象
# 用来获取复选框是否被勾选,通过 chVarDis.get()获取其状态.勾选为 1,未勾选为 0
chVarDis = tk.IntVar()
# text 为该复选框后面显示的名称,variable 将该复选框的状态赋值给一个变量
# 当 state = 'disabled'时,该复选框为灰色,不能点的状态
check1 = tk.Checkbutton(frame1, text = "Disabled", variable = chVarDis, state = 'disabled')
check1.select()                                  # 调用 select()方法勾选复选框
# sticky 用来设定对齐方式:N: 北/上对齐,S: 南/下对齐,W: 西/左对齐,E: 东/右对齐
check1.grid(column = 0, row = 4, sticky = tk.W)
chvarUn = tk.IntVar()
check2 = tk.Checkbutton(frame1, text = "UnChecked", variable = chvarUn)
check2.deselect()                                # deselect()是不勾选复选框
check2.grid(column = 1, row = 4, sticky = tk.W)
chvarEn = tk.IntVar()                            # 定义第三个复选框的状态值
check3 = tk.Checkbutton(frame1, text = "Enabled", variable = chvarEn)
check3.select()
# 使用 grid 布局管理器把复选框控件添加到指定位置
check3.grid(column = 2, row = 4, sticky = tk.W)
# 通过回调方法改变 Checkbutton 的显示文本 text 的值
def callCheckbutton1():
    var1.set('check Program')                    # 改变 v 的值,即改变 Checkbutton 的显示值
var1 = tk.StringVar()                            # 使用字符串设置复选框状态
var1.set('check python')
# 绑定 var1 到 Checkbutton 的属性 textvariable,用 command 属性绑定回调方法
tk.Checkbutton(frame1, text = 'check python', textvariable = var1, command = callCheckbutton1).\
grid(column = 1, row = 5, sticky = tk.W)
# 将一个字符串与 Checkbutton 的值绑定.每次单击 Checkbutton,将打印出当前值
var2 = tk.StringVar()
def callCheckbutton2():
    print(var2.get())
tk.Checkbutton(frame1, variable = var2, text = 'checkbutton value',
            onvalue = 'python',                  # 设置 On 的值
            offvalue = 'tkinter',                # 设置 Off 的值
            command = callCheckbutton2).grid(column = 1, row = 6, sticky = tk.W)
```

```
strName = ['python','java','C++','go']
var3 = tk.IntVar()
var4 = tk.IntVar()
var5 = tk.IntVar()
var6 = tk.IntVar()
varArr = [var3,var4,var5,var6]
j = 7
i = 0
for each in strName:
    # indicatoron 默认为绘制选择的小方块.若设置为 0,单击该按钮,将凹陷或凸起
    b = tk.Checkbutton(frame1,text = each,variable = varArr[i],width = 10,indicatoron = 0)
    b.grid(column = 1,row = j,sticky = tk.W)
    j = j + 1
    i = i + 1
frame1.pack()
root.mainloop()
```

 例 9-11 运行结果.jpg

任务 9-3   简单的测试系统

任务描述

编写一个 Python 程序,实现 GUI 界面的单选题和多选题测试。

任务实现

1. 设计思路

根据题目要求,设置测验 GUI 界面,使用列表对象存放单选题和多选题以及题目的答案。定义一个用户界面类,用标签 Label 生成题干,用 Radiobutton 生成单选题选项,用 Checkbutton 生成多选题选项,用 Button 生成响应按钮。利用弹出对话框来显示成绩信息。

2. 源代码清单

程序代码如表 9-18 所示。

表 9-18   任务 9-3 程序代码

#程序名称 task9_3.py

序号	程序代码
1	#导入 GUI 界面设计模块
2	import tkinter as tk
3	#导入消息对话框模块
4	from tkinter import messagebox

序号	程序代码
5	♯定义测试界面类
6	class **SimpleTest**(tk.Frame):
7	♯定义构造方法,queSingle 是单选题列表对象
8	♯queNonSingle 是多选题列表对象
9	♯answer 是单选题和多选题答案列表对象
10	def __init__(self,master,queSingle,queNonSingle,answer):
11	♯定义框架对象
12	frame = tk.Frame(master)
13	♯使用 pack 布局管理器布局 frame 对象
14	frame.pack()
15	♯把答案保存在实例变量 answer 中
16	self.answer = answer
17	♯定义存放单选题第一题的单选按钮的关联变量
18	vNo1 = tk.IntVar()
19	♯定义存放单选题第二题的单选按钮的关联变量
20	vNo2 = tk.IntVar()
21	♯定义存放单选题第三题的单选按钮的关联变量
22	vNo3 = tk.IntVar()
23	♯把上述 3 个关联变量组合成一个列表对象
24	self.vChoice = [vNo1,vNo2,vNo3]
25	♯初始化表格行号
26	prow = 1
27	♯k 用来遍历存放关联变量的列表对象
28	k = 0
29	♯遍历单选题列表对象,生成单选题界面
30	for item in queSingle:
31	♯初始化表格列号
32	pcol = 0
33	♯生成每个单选题的题干,在表格布局管理器中占 1 行
34	tk.Label(frame,text = item[0]).grid(row = prow,\
35	column = pcol,sticky = 'w',columnspan = 5)
36	♯表格行号加 1
37	prow = prow + 1
38	♯生成 4 个单选按钮对象,在同一行显示
39	for i in range(4):
40	♯设置第 k 道题的关联变量为 self.cChoice[k]
41	♯第 i 个单选按钮选中的值是 i + 1.1 表示第一个按钮被选中
42	tk.Radiobutton(frame,variable = self.vChoice[k],\
43	value = i + 1,text = item[i + 1]).grid(row = prow,column = pcol + i,sticky = 'w')
44	prow = prow + 1
45	k = k + 1

续表

序号	程序代码
46	♯初始化复选框关联变量,是一个嵌套的列表对象
47	♯列表对象 self.fNo 中的每个元素表示每题 4 个复选框的选择状态
48	*self*.fNo = [ ]
49	for i in range(2):
50	tm = [ ]
51	for j in range(4):
52	tm.append(tk.IntVar())
53	*self*.fNo.append(tm)
54	♯多选题题目遍历变量
55	k = 0
56	♯遍历多选题题目列表对象,生成多选题界面
57	for item in queNonSingle:
58	♯定义标签对象,生成多选题题干,跨列一行显示,左对齐
59	tk.Label(frame, text = item[0]).\
60	grid(row = prow, column = pcol, sticky = 'w', columnspan = 5)
61	prow = prow + 1
62	♯生成每道题的 4 个选项
63	for i in range(4):
64	♯复选框对象的关联变量是 self.fNo[k][i]
65	♯每道多选题选中后的值为 i + 1,即第二项选中,则为 2
66	tk.Checkbutton(frame, variable = *self*.fNo[k][i],\
67	onvalue = i + 1, text = item[i + 1]).grid(row = prow, column = pcol + i, sticky = 'w')
68	prow = prow + 1
69	k = k + 1
70	♯定义提交按钮,绑定的事件处理方法是 self.check()
71	*self*.okBtn = tk.Button(frame, text = '提交', command = *self*.check)\
72	.grid(row = prow + 1, column = 1, sticky = 'w')
73	♯定义退出按钮
74	*self*.quitBtn = tk.Button(frame, text = '退出', command = frame.quit)\
75	.grid(row = prow + 1, column = 2, sticky = 'e')
76	frame.pack(side = 'top')
77	♯提交按钮事件处理方法
78	def **check**(*self*):
79	♯生成用户提交的多选题答案,格式为[[1,0,0,1]...]
80	♯[1,0,0,1]表示多选题中选择了 A 和 D
81	aTmp = [ ]
82	for each in *self*.fNo:
83	tmp = [ ]
84	for item in each:
85	♯获得与 item 变量相关联的复选框的选择状态
86	tmp.append(item.get())

续表

序号	程 序 代 码
87	aTmp.append(tmp)
88	# 成绩初始化为 0
89	score = 0
90	# 计算单选题得分
91	for i in range(3):
92	# 对用户的解答和答案进行比较.正确,则加分
93	if self.vChoice[i].get() == self.answer[i][0]:
94	score = score + 20
95	# 计算多选题得分
96	for j in range(2):
97	if aTmp[j] == self.answer[3 + j]:
98	score = score + 20
99	# 使用消息框输出用户的成绩
100	messagebox.showinfo('测试成绩消息','您本次的测验成绩为: ' + str(score))
101	if __name__ == "__main__":
102	# 定义并初始化单选题列表对象
103	queSingle = [['1.下列哪种说法是错误的?',\
104	'A.除字典外,所有标准对象都可以用于布尔测试',\
105	'B.空字符串的布尔值是 False','C.空字符串的布尔值是 False',\
106	'D.值为 0 的任何对象的布尔值为 False'],\
107	['2.下列哪个不是 Python 的合法标识符?','A.int32','B.40Xl',\
108	'C.self','D.__name__'],\
109	['3.Python 内存管理,说法错误的是: ','A.变量不必事先声明',\
110	'B.变量无须赋值直接使用',\
111	'C.变量无须指定类型','D.可以使用 del 释放资源']]
112	# 定义并初始化多选题列表对象
113	queNonSingle = [['4.python 不支持下列哪些关键字?','A.char',\
114	'B.if','C.switch','D.for'],['5.下列语句是合法的是: ',\
115	'A.a = b = c ','B.a += 5','C.a = (b = c + 1)','D.a = [ ]']]
116	# 定义并初始化答案列表对象
117	answer = [[1],[2],[2],[1,0,3,0],[1,2,0,4]]
118	# 初始化根窗口
119	root = tk.Tk(className = '小测验')
120	# 改变 root 的大小为 1200 * 320
121	root.geometry('1200 * 320 + 100 + 100')
122	# 初始化测验类对象
123	res = SimpleTest(root,queSingle,queNonSingle,answer)
124	# 进入事件循环
125	root.mainloop()

任务 9-3 运行结果.pdf

9.3.8　Listbox 控件

列表框控件 Listbox 提供了一个多值的列表供用户选择。在 Listbox 控件中,可以设置 selectmodes 属性来设置用户选择的项目,如表 9-19 所示。

假定导入包的语句为:

import tkinter as tk

则添加列表框控件的语法如下:

列表框控件对象名 = tk.Listbox(根对象,属性列表)

其中,通用的可设置属性如表 9-8 所示,Listbox 控件的其他常用属性如表 9-19 所示。

表 9-19　Listbox 控件常用属性一览表

属　性　名	说　　明
highlightcolor	当控件具有焦点时,高亮显示的颜色
highlightthickness	焦点高亮厚度
selectbackground	文本选定后的背景颜色
selectmode	选定方式 ① BROWSE:一次只能选定一个项目。如果单击一个项目,然后拖动到不同的行,选择将跟随鼠标。默认的选定方式 ② SINGLE:一次只能选定一个项目 ③ MULTIPLE:允许通过单击选定多个项目 ④ EXTENDED:允许在单击时使用 Shift 或 Ctrl 键选择多个项目
xscrollcommand	如果列表框中使用水平滚动条,把列表控件和水平滚动条控件进行关联
yscrollcommand	如果列表框中使用垂直滚动条,把列表控件和垂直滚动条控件进行关联

Listbox 控件常用方法如表 9-20 所示。

表 9-20　Listbox 控件常用方法一览表

方　法　名	功　　能
activate(index)	选择索引所指的行
height	列表框中显示的行数,默认为 10
curselection()	返回包含所选项目的行,从 0 开始计数。未选定,则返回空元组
delete(first,last=None)	删除在[first,last]索引范围内的行。如果省略第二个参数,则删除 first 索引指定的行
get(first,last=None)	返回[first,last](包括首尾)索引范围内的项目组成的元组。如果省略第二个参数,则返回最接近 first 的行
index(i)	定位列表框的可见部分,使包含索引 i 的行位于列表框控件的顶部

续表

方 法 名	功 能
insert(index, * elements)	将一个或多个新行插入列表框中 index 指定的行之前。如果要在列表框的末尾添加新行,使用 END 作为第一个参数
nearest(y)	返回相对于 Listbox 控件的最接近 y 坐标的可见行的索引
see(index)	调整列表框的位置,以便索引所指的行可见
size()	返回列表框的行数
xview()	要使列表框水平滚动,将关联水平滚动条的命令选项设置为此方法
yview()	要使列表框垂直滚动,将关联垂直滚动条的命令选项设置为此方法

【例 9-12】 列表框按钮控件使用示例。代码如下:

```python
import tkinter as tk
root = tk.Tk(className = '列表框用法演示')
root.geometry('360 * 160 + 200 + 100')          # 设置 root 的大小为 360 * 240
# 使用默认的设置 pack,将向下添加组件,第一个在最上方,依次向下排列
frame1 = tk.Frame(root)
# 创建一个列表框,添加 3 个项目.单选,显示 4 行,宽度为 10 个字符
mylistbox1 = tk.Listbox(frame1, height = 4, width = 10)
for item in ['python', 'tkinter', 'widget']:
    mylistbox1.insert('end', item)
mylistbox1.grid(row = 0, column = 0)
# 创建一个可以多选的 Listbox,使用属性 selectmode
mylistbox2 = tk.Listbox(frame1, height = 4, width = 10, selectmode = 'extended')
for item in ['apple', 'orange', 'pear', 'pineapple']:
    mylistbox2.insert('end', item)
mylistbox2.grid(row = 0, column = 1, padx = 5)
mylistbox1.insert(0, 'linux', 'windows', 'unix')     # 在第一个列表框中的第一项之前增加 3 项
mylistbox1.delete(1, 2)                               # 在第一个列表框中删除第二项和第三项
scrollbar = tk.Scrollbar(frame1)                     # 定义滚动条对象
scrollbar.grid(row = 0, column = 3, padx = 5)
# 在列表框控件中添加垂直滚动条
mylistbox3 = tk.Listbox(frame1, height = 4, width = 10, yscrollcommand = scrollbar.set)
for i in range(10):
    mylistbox3.insert('end', str(i))
mylistbox3.grid(row = 0, column = 2, padx = 5)
scrollbar.config(command = mylistbox3.yview)         # 滚动条控件与列表框控件相关联
mylistbox2.selection_set(0, 2)                       # 使用方法实现选中操作.0、1、2 索引的行
                                                     #   都被选中
print(mylistbox2.size())                             # 得到当前 Listbox 中的 item 个数,输出 4
print(mylistbox2.get(2))                             # 返回指定索引的项,输出 pear
# get 也为两个参数的方法,可以返回多个项(item),如返回索引 3~7 的值
print(mylistbox2.get(1, 2))                          # ('orange', 'pear'),是一个 tuple 类型
print(mylistbox2.curselection())                     # 返回当前返回的项的索引,输出(0, 1, 2)
print(mylistbox2.selection_includes(2))              # 使用索引判断一个项是否被选中,True
print(mylistbox2.selection_includes(3))              # False
frame1.pack(side = 'top', fill = 'x')
root.mainloop()
```

例 9-12 运行结果.jpg

任务 9-4　信息填写与反馈

编写一个 Python 程序,实现注册信息填写与反馈。

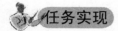

1. 设计思路

根据题目要求,设计一个注册信息填写界面,综合使用标签控件、文本框控件、单选按钮控件、复选框控件、列表框控件和按钮控件。

2. 源代码清单

程序代码如表 9-21 所示。

表 9-21　任务 9-4 程序代码

♯程序名称 task9_4.py

序号	程序代码
1	import tkinter as tk　　　　　　　　　　　♯导入 tkinter 模块
2	from tkinter import messagebox　　　　　♯导入消息框模块
3	♯定义注册界面类
4	class **RegisterForm**(tk.Frame):
5	def __init__(*self*,master):　　　　　　♯在构造方法中初始化界面中的控件
6	♯定义框架对象,用于容纳注册所用的控件对象
7	frame = tk.Frame(master)
8	frame.pack()　　　　　　　　　　　♯使用 pack 布局方式管理 frame 的位置
9	♯创建标签控件对象,说明之后的文本框要输入的内容,用表格布局
10	tk.Label(frame,text = '用户名').grid(row = 0,column = 0,pady = 3)
11	♯定义文本框对象,用于输入用户名
12	*self*.userAccount = tk.Entry(frame,width = 20)
13	♯使用表格布局管理器
14	*self*.userAccount.grid(row = 0,column = 1,padx = 5)
15	tk.Label(frame,text = '密码').grid(row = 1,column = 0,pady = 3)
16	♯定义文本框对象,用于输入密码,且输入信息显示为 *
17	*self*.userPass = tk.Entry(frame,width = 20,show = ' * ')
18	*self*.userPass.grid(row = 1,column = 1,padx = 5)
19	tk.Label(frame,text = '确认密码')\
20	.grid(row = 2,column = 0,pady = 3)
21	*self*.userPass2 = tk.Entry(frame,width = 20,show = ' * ')
22	*self*.userPass2.grid(row = 2,column = 1,padx = 5)

续表

序号	程 序 代 码
23	tk.Label(frame, text = '姓名').grid(row = 3, column = 0, pady = 3)
24	self.userName = tk.Entry(frame, width = 20)
25	self.userName.grid(row = 3, column = 1, padx = 5)
26	tk.Label(frame, text = '证件类型')\
27	.grid(row = 4, column = 0, pady = 3)
28	#定义列表框对象,用于选择证件类型
29	self.IDtype = tk.Listbox(frame, height = 2, width = 20)
30	for item in ['身份证', '军人证', '护照']:
31	self.IDtype.insert('end', item)
32	self.IDtype.grid(row = 4, column = 1)
33	tk.Label(frame, text = '证件号码')\
34	.grid(row = 5, column = 0, pady = 3)
35	self.IDnumber = tk.Entry(frame, width = 20)
36	self.IDnumber.grid(row = 5, column = 1, padx = 5)
37	tk.Label(frame, text = '邮箱').grid(row = 6, column = 0, pady = 3)
38	self.email = tk.Entry(frame, width = 20)
39	self.email.grid(row = 6, column = 1, padx = 5)
40	tk.Label(frame, text = '手机号码')\
41	.grid(row = 7, column = 0, pady = 3)
42	self.mobile = tk.Entry(frame, width = 20)
43	self.mobile.grid(row = 7, column = 1, padx = 5)
44	tk.Label(frame, text = '单位性质')\
45	.grid(row = 8, column = 0, pady = 3)
46	#定义单选按钮组关联变量,用于确定用户的选择
47	self.company = tk.IntVar()
48	#添加单选按钮控件对象,关联变量是self.company
49	tk.Radiobutton(frame, variable = self.company,\
50	value = 1, text = '政府机构')\
51	.grid(row = 9, column = 1, sticky = 'w')
52	tk.Radiobutton(frame, variable = self.company,\
53	value = 2, text = '事业单位')\
54	.grid(row = 9, column = 1, sticky = 'w')
55	tk.Radiobutton(frame, variable = self.company,\
56	value = 3, text = '企业')\
57	.grid(row = 10, column = 1, sticky = 'w')
58	tk.Radiobutton(frame, variable = self.company,\
59	value = 4, text = '其他')\
60	.grid(row = 11, column = 1, sticky = 'w')
61	tk.Label(frame, text = '擅长').grid(row = 12, column = 0, pady = 5)
62	#定义每个复选框的关联变量,用于确定复选框的选择情况
63	self.special = [tk.IntVar(), tk.IntVar(),\
64	tk.IntVar(), tk.IntVar(), tk.IntVar()]

序号	程 序 代 码
65	self.spelist = ['网络系统','web软件开发','嵌入式开发','云计算',\
66	'大数据应用']
67	#创建复选框控件对象,分别设置关联变量和显示信息
68	for i in range(4):
69	tk.Checkbutton(frame,variable = self.special[i],onvalue = i + 1,\
70	text = self.spelist[i]).grid(row = 12 + i,column = 1,sticky = 'w')
71	#定义提交按钮控件对象,单击后,事件处理方法是check()方法
72	self.okBtn = tk.Button(frame,text = '提交',command = self.check)\
73	.grid(row = 18,column = 0,sticky = 'w')
74	self.quitBtn = tk.Button(frame,text = '退出',command = frame.quit)\
75	.grid(row = 18,column = 1,sticky = 'e')
76	#定义确定按钮单击事件处理函数
77	def **check**(self):
78	#判断两次输入的密码是否相等.若不等,重新输入
79	if(self.userPass.get()! = self.userPass2.get()):
80	messagebox.showinfo('密码不正确',
81	'您两次输入的密码不同,请重新输入')
82	self.userPass.selection_clear()
83	self.userPass2.selection_clear()
84	self.userPass.icursor(0)
85	return
86	#如果两次密码相同,构造回显信息
87	info = '您输入的信息如下:\n'
88	info + = '用户名: ' + self.userAccount.get() + '\n'
89	info + = '密码: ' + self.userPass.get() + '\n'
90	info + = '姓名:' + self.userName.get() + '\n'
91	info + = '证件类型:' + str(self.IDtype.curselection()) + '\n'
92	info + = '证件号码:' + self.IDnumber.get() + '\n'
93	info + = '邮箱:' + self.email.get() + '\n'
94	info + = '手机号码:' + self.mobile.get() + '\n'
95	tmpList = ['政府机构','事业单位','企业','其他']
96	#处理单选按钮的选择情况
97	info + = '单位性质:' + tmpList[self.company.get() - 1] + '\n'
98	tmp = ''
99	for i in range(5): #处理复选框的选择情况
100	print(self.special[i].get())
101	if self.special[i].get()! = 0:
102	tmp + = self.spelist[i] + ','
103	info + = '擅长:' + tmp + '\n'

续表

序号	程 序 代 码
104	messagebox.showinfo('用户注册表反馈信息', info)
105	if __name__ == "__main__":
106	root = tk.Tk(className = '用户注册表单')
107	♯改变 root 的大小为 360 * 560
108	root.geometry('360 * 560 + 100 + 50')
109	res = RegisterForm(root)
110	root.mainloop()

任务 9-4 运行结果.pdf

9.3.9 菜单控件

Tkinter 模块提供了 Menu 控件来实现菜单,其形式有顶层菜单、下拉菜单或弹出菜单。与其他组件的添加不同,菜单需要通过主窗口的 config()方法添加到主窗口中。

假定导入包的语句为:

import tkinter as tk

则添加菜单控件的语法如下:

菜单控件对象名 = tk.Menu(根对象,属性列表)

其中,通用的可设置属性如表 9-8 所示,Menu 控件的其他常用属性如表 9-22 所示。

表 9-22　Menu 控件常用属性一览表

属 性 名	说 明
activebackground	鼠标选中某个选项时的背景颜色
activeborderwidth	鼠标选中某项时边框的绘制宽度,默认 1 像素
activeforeground	鼠标选中某项时的前景色
disabledforeground	不可用状态下项目的文字颜色
postcommand	该属性可设置为某个方法调用。当启动菜单时,可调用该方法
image	在菜单上显示图片
tearoff	通常,菜单可以一触即显示,选项列表中的第一个位置(位置 0)被此功能占用,因此需从位置 1 开始添加附加选项。如果设置 tearoff = 0,菜单将具有一触即显示功能,并从位置 0 开始添加选项
title	通常,“一触即显示”菜单窗口的标题将与此菜单相关的菜单按钮或级联菜单的文本相同

Menu 控件常用方法如表 9-23 所示。

表 9-23　Menu 控件常用方法一览表

方　法　名	功　　　能
add_command(options)	在菜单中添加菜单项
add_radiobutton(options)	在菜单中添加一个单选按钮
add_checkbutton(options)	在菜单中添加一个复选框
add_cascade(options)	在菜单中添加一个级联菜单
add_separator()	在菜单中添加分隔行
add(type,options)	在菜单中添加一个特殊类型的菜单项
delete(startindex [,endindex])	删除[startindex,endindex]索引范围内的菜单项
entryconfig(index,options)	修改索引所标识的菜单项,并更改其选项
index(item)	返回给定菜单标签的索引号
insert_separator(index)	在给定索引处添加一个分隔行
invoke(index)	设置所选索引位置的回调方法
type(index)	返回由 index 索引所指的菜单项类型。可以是如下类型：cascade、checkbutton、command、radiobutton、separator 或 tearoff

【例 9-13】　菜单控件使用示例。代码如下：

```
import tkinter as tk
def new_file():                                    # 新建文件方法
    print("Open new file")
def open_file():                                   # 打开文件方法
    print("Open existing file")
def disp_action():                                 # 相关菜单项响应方法
    print("Menu select")
def makeCommandMenu(mBar):                          # 在 mBar 中创建按钮式菜单
    # 设置一个 Menubutton 对象,在第一个字母下加下划线
    CmdBtn = tk.Menubutton(mBar,text = 'Button Commands',underline = 0)
    CmdBtn.pack(side = 'left',padx = "2m")          # 使用 pack 布局管理器
    CmdBtn.menu = tk.Menu(CmdBtn)                   # 生成下拉菜单
    # 在下拉菜单中添加第一个菜单项 Undo
    CmdBtn.menu.add_command(label = "Undo")
    CmdBtn.menu.entryconfig(0,state = 'disabled')
    # 在下拉菜单中添加第二个菜单项.单击菜单项,将调用 new_file()方法
    CmdBtn.menu.add_command(label = 'New...',underline = 0,command = new_file)
    CmdBtn.menu.add_command(label = 'Open...',underline = 0,command = open_file)
    CmdBtn.menu.add_command(label = 'Wild Font',underline = 0,
    font = ('Tempus Sans ITC',14),command = disp_action)    # 设置菜单文字的字体
    CmdBtn.menu.add('separator')                    # 添加菜单分隔线
    CmdBtn.menu.add_command(label = 'Quit',underline = 0,
    # 设置菜单项的背景颜色为白色,选中时是绿色
    background = 'white',activebackground = 'green',command = CmdBtn.quit)
    CmdBtn['menu'] = CmdBtn.menu                    # 把下拉菜单添加到 menu 属性中
    return CmdBt
def makeCascadeMenu(mBar):                          # 在 mBar 中设置级联菜单
    # 创建按钮菜单
    CasBtn = tk.Menubutton(mBar,text = 'Cascading Menus',underline = 0)
    CasBtn.pack(side = 'left',padx = "2m")
```

```
    CasBtn.menu = tk.Menu(CasBtn)                              #设置主下拉菜单
    CasBtn.menu.choices = tk.Menu(CasBtn.menu)                 #设置主下拉菜单的级联菜单
    CasBtn.menu.choices.wierdones = tk.Menu(CasBtn.menu.choices)
    #给第二级级联菜单添加菜单项
    CasBtn.menu.choices.wierdones.add_command(label = '音频')
    CasBtn.menu.choices.wierdones.add_command(label = '视频')
    CasBtn.menu.choices.wierdones.add_command(label = 'ppt')
    CasBtn.menu.choices.wierdones.add_command(label = '动画')
    #给第一级级联菜单添加菜单项
    CasBtn.menu.choices.add_command(label = '图片')
    CasBtn.menu.choices.add_command(label = '文件')
    CasBtn.menu.choices.add_command(label = '图形')
    CasBtn.menu.choices.add_command(label = '艺术字')
    CasBtn.menu.choices.add_command(label = '剪贴画')
    CasBtn.menu.choices.add_command(label = '表格')
    #在菜单项"其他"中关联 CasBtn.menu.choices.wierdones 级联菜单项
    CasBtn.menu.choices.add_cascade(label = '其他', menu = CasBtn.menu.choices.wierdones)
    #在主菜单中添加菜单项,并设置关联的级联菜单项 CasBtn.menu.choices
    CasBtn.menu.add_cascade(label = '插入', menu = CasBtn.menu.choices)
    CasBtn['menu'] = CasBtn.menu
    return CasBtn
#在 mBar 中设置多选菜单,菜单项之前加对钩
def makeCheckbuttonMenu(mBar):
    ChkBtn = tk.Menubutton(mBar, text = 'Checkbutton Menus', underline = 0)
    ChkBtn.pack(side = 'left', padx = '2m')
    ChkBtn.menu = tk.Menu(ChkBtn)
    ChkBtn.menu.add_checkbutton(label = '文字方向')            #添加多选菜单项
    ChkBtn.menu.add_checkbutton(label = '纸张')
    ChkBtn.menu.add_checkbutton(label = "页面布局")
    ChkBtn.menu.add_checkbutton(label = '页眉')
    ChkBtn.menu.add_checkbutton(label = '页脚')
    ChkBtn.menu.invoke(ChkBtn.menu.index('页眉'))            #在页眉菜单项之前打钩
    ChkBtn['menu'] = ChkBtn.menu
    return ChkBtn
#在 mBar 中设置单选菜单,只能在一个菜单项前打钩
def makeRadiobuttonMenu(mBar):
    RadBtn = tk.Menubutton(mBar, text = 'Radiobutton Menus', underline = 0)
    RadBtn.pack(side = 'left', padx = '2m')
    RadBtn.menu = tk.Menu(RadBtn)
    #添加单选菜单项
    RadBtn.menu.add_radiobutton(label = 'A')
    RadBtn.menu.add_radiobutton(label = 'B')
    RadBtn.menu.add_radiobutton(label = 'C')
    RadBtn.menu.add_radiobutton(label = 'D')
    RadBtn.menu.add_radiobutton(label = 'E')
    RadBtn.menu.add_radiobutton(label = 'F')
    RadBtn['menu'] = RadBtn.menu
    return RadBtn
#在 mBar 中设置不可用菜单
def makeDisabledMenu(mBar):
    Dummy_button = tk.Menubutton(mBar, text = 'Disabled Menu', underline = 0)
```

```
        Dummy_button.pack(side = 'left',padx = '2m')
        Dummy_button["state"] = 'disabled'              #设置菜单状态为不可用
        return Dummy_button
if __name__ == "__main__":
    root = tk.Tk()
    mBar = tk.Frame(root,relief = 'raised',borderwidth = 2)    #定义框架对象,用来容纳菜单
    mBar.pack(fill = 'x')
    #调用各菜单方法,依次添加并显示各菜单
    CmdBtn = makeCommandMenu(mBar)
    CasBtn = makeCascadeMenu(mBar)
    ChkBtn = makeCheckbuttonMenu(mBar)
    RadBtn = makeRadiobuttonMenu(mBar)
    NoMenu = makeDisabledMenu(mBar)
    root.title('各类菜单示例效果')
    root.geometry('850 * 160 + 200 + 100')
    root.mainloop()
```

例 9-13 运行结果.pdf

任务 9-5　记事本

任务描述

编写一个 Python 程序,实现 GUI 界面的记事本。

任务实现

1. 设计思路

根据题目要求,设置 GUI 界面的记事本,设计相应的文件操作菜单,并对每个菜单项编写事件处理代码。

2. 源代码清单

程序代码如表 9-24 所示。

表 9-24　任务 9-5 程序代码

序号	程序代码
	#程序名称 task9_5.py
1	from tkinter import filedialog　　　　　#导入文件对话框模块
2	import tkinter as tk
3	import tkinter.scrolledtext as tkst　　　#导入带滚动条的文本框
4	from tkinter import messagebox　　　　#导入消息框模块
5	from tkinter import simpledialog　　　　#导入输入信息对话框模块
6	import tkinter.colorchooser　　　　　　#导入颜色选择对话框模块

续表

序号	程 序 代 码
7	import fileinput
8	from tkinter import *
9	import os
10	import time
11	win = []　　　　　　　　　　　　　　　#win 用来保存打开的记事本的窗口数目
12	root = None　　　　　　　　　　　　　　#初始化 root 对象
13	#定义退出菜单项的事件处理方法
14	def **quitEditor**():
15	root.destroy()
16	#定义关于菜单项的事件处理方法
17	def **about**():
18	messagebox.showinfo(title = "关于文本编辑器",message = "版本 1.0,欢迎使用")
19	#定义记事本窗体类
20	class **SimpleEditor**:
21	def __init__(*self*,master):
22	if master == None:
23	*self*.t = tk.Tk()
24	else:
25	*self*.t = tk.Toplevel(master)
26	#定义记事本窗体启动后的标题
27	*self*.t.title("文本编辑器 %d" % (len(win) + 1))
28	*self*.sname = ''　　　　　　　　　#实例变量 self.sname 赋初值
29	#实例变量*self*.maxx 用来记录可以回退的最大步数
30	*self*.maxx = 0
31	*self*.bar = tk.Menu(master)　　　#定义菜单控件对象
32	*self*.filem = tk.Menu(*self*.bar)　　#给文件菜单添加菜单项
33	*self*.filem.add_command(label = "新建",command = *self*.neweditor)
34	*self*.filem.add_command(label = "打开",command = *self*.openfile)
35	*self*.filem.add_command(label = "保存",command = *self*.savefile)
36	*self*.filem.add_command(label = "另存",command = *self*.saveasfile)
37	*self*.filem.add_separator()
38	*self*.filem.add_command(label = "关闭",command = *self*.close)
39	*self*.filem.add_command(label = "退出",command = quitEditor)
40	#给"编辑"菜单添加菜单项
41	*self*.editm = tk.Menu(*self*.bar)
42	*self*.editm.add_command(label = "撤销",command = *self*.undo)
43	*self*.editm.add_command(label = "恢复",command = *self*.redo)

续表

序号	程 序 代 码
44	`self.editm.add_separator()`
45	`self.editm.add_command(label = "复制",command = self.copy)`
46	`self.editm.add_command(label = "粘贴",command = self.paste)`
47	`self.editm.add_command(label = "剪切",command = self.cut)`
48	`self.editm.add_command(label = "删除",command = self.delete_text)`
49	`self.editm.add_separator()`
50	`self.editm.add_command(label = "查找",command = self.find_char)`
51	`self.editm.add_command(label = "替换",command = self.replace_char)`
52	`self.editm.add_separator()`
53	`self.editm.add_command(label = "全选",command = self.select_char_all)`
54	#给"设置"菜单添加菜单项
55	`self.format = tk.Menu(self.bar)`
56	`self.format.add_command(label = "字体",command = self.setfont)`
57	`self.format.add_separator()`
58	`self.format.add_command(label = "颜色",command = self.setcolor)`
59	`self.format.add_separator()`
60	`self.format.add_command(label = "背景色",command = self.setbgcolor)`
61	#给"关于"菜单添加菜单项
62	`self.helpm = tk.Menu(self.bar)`
63	`self.helpm.add_command(label = "关于",command = about)`
64	#添加窗体主菜单
65	`self.bar.add_cascade(label = "文件",menu = self.filem)`
66	`self.bar.add_cascade(label = "编辑",menu = self.editm)`
67	`self.bar.add_cascade(label = "设置",menu = self.format)`
68	`self.bar.add_cascade(label = "帮助",menu = self.helpm)`
69	`self.t.config(menu = self.bar)`
70	`self.f = tk.Frame(self.t,width = 512)`　　#设置窗口的宽度
71	`self.f.pack(expand = 1)`　　#使用 pack 布局管理器
72	#在窗口中添加带滚动条的文本框控件对象
73	`self.st = tkst.ScrolledText(self.t)`
74	`self.st.focus()`　　#文本框控件对象获得焦点
75	`self.st.pack(expand = 1)`　　#使用 pack 布局管理器放置控件
76	#定义关闭菜单项的事件处理方法
77	`def close(self):`
78	`self.t.destroy()`
79	#定义打开菜单项的事件处理方法
80	`def openfile(self):`

续表

序号	程 序 代 码
81	♯获取要打开的文件的文件名
82	self.sname = filedialog.askopenfilename(filetypes = [("打\
83	开文件","*.txt")])
84	if self.sname:
85	for line in fileinput.input(self.sname):
86	♯逐行读入文件,并添加到文本框控件中
87	self.st.insert("1.0",line)
88	self.t.title(self.sname)
89	♯定义"另存"菜单项的事件处理方法
90	def **saveasfile**(self):
91	♯重新保存,调用文件对话框保存文件
92	self.sname = filedialog.asksaveasfilename(title = "文件保存",\
93	filetypes = [("保存文件","*.txt")])
94	if self.sname:
95	ofp = open(self.sname,"w")　　　　　♯以写方式打开文件
96	♯把当前文本框中的内容写入文件
97	ofp.write(self.st.get(1.0,tk.END))
98	ofp.flush()
99	ofp.close()
100	♯把当前文件路径及文件名设置为记事本的标题
101	self.t.title(self.sname)
102	♯定义"新建"菜单项的事件处理方法
103	def **neweditor**(self):
104	global root
105	win.append(SimpleEditor(root))　　　　♯添加新的记事本窗口
106	♯定义"保存"菜单项的事件处理方法
107	def **savefile**(self):
108	♯如果已有文件路径和文件名,直接写入原文件
109	if self.sname:
110	ofp = open(self.sname,"w")
111	ofp.write(self.st.get(1.0,tk.END))
112	ofp.flush()
113	ofp.close()
114	self.t.title(self.sname)
115	else:
116	♯如果是第一次保存,调用self.saveasfile()方法
117	self.saveasfile()
118	♯定义"撤销"菜单项的事件处理方法
119	def **undo**(self):
120	x = self.st.get("1.0",END)　　　　　♯获得当前文本框中的内容

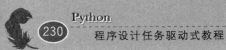

续表

序号	程 序 代 码
121	`    if len(x) == 0:` #如果没有内容了,则不能撤销
122	`        return`
123	`    self.st.edit_undo()` #调用文本框的撤销方法
124	`    self.maxx = self.maxx + 1` #撤销次数累计
125	`def redo(self):`
126	`    #单击恢复的时候,如果没有值可以被恢复,出现 Bug,`
127	`    #所以,要根据self.maxx来判断是否还可以恢复`
128	`  if self.maxx == 0:`
129	`      return`
130	`  self.st.edit_redo()` #调用文本框对象的恢复方法
131	`  self.maxx = self.maxx - 1` #可恢复次数减 1
132	`#定义"复制"菜单项的事件处理方法`
133	`def copy(self):`
134	`  #获得鼠标选中内容`
135	`  text = self.st.get(tk.SEL_FIRST, tk.SEL_LAST)`
136	`  self.st.clipboard_clear()` #清空剪贴板
137	`  self.st.clipboard_append(text)` #所选内容复制到剪贴板上
138	`#定义"粘贴"菜单项的事件处理方法`
139	`def paste(self):`
140	`  try:`
141	`      #获得剪贴板中的内容`
142	`      text = self.st.selection_get(selection = "CLIPBOARD")`
143	`      #在鼠标位置处插入剪贴板中的内容`
144	`      self.st.insert(tk.INSERT, text)`
145	`  except tk.TclError:`
146	`      pass`
147	`#定义"剪切"菜单项的事件处理方法`
148	`def cut(self):`
149	`  #获得鼠标所选内容`
150	`  text = self.st.get(tk.SEL_FIRST, tk.SEL_LAST)`
151	`  #删除文本框中鼠标所选内容`
152	`  self.st.delete(tk.SEL_FIRST, tk.SEL_LAST)`
153	`  self.st.clipboard_clear()`
154	`  self.st.clipboard_append(text)` #鼠标所选内容添加到剪贴板中
155	`#定义"删除"菜单项的事件处理方法`
156	`def delete_text(self):`
157	`  self.st.delete(tk.SEL_FIRST, tk.SEL_LAST)`
158	`#定义"查找"菜单项的事件处理方法`
159	`def find_char(self):`
160	`  #调用"输入"对话框,输入要查找的字符串`
161	`  target = simpledialog.askstring("简易文本编辑器","请输入要寻找的字符串")`

续表

序号	程 序 代 码
162	`    if target:`
163	`        #获得最后一行的位置,格式为 5.0,表示第 5 行第 0 列是结束位置`
164	`        end = self.st.index(tk.END)`
165	`        #返回去掉点之后的行号和列号组成的列表`
166	`        endindex = end.split(".")`
167	`        end_line = int(endindex[0])          #获得最后一行的行号`
168	`        end_column = int(endindex[1])        #获得最后一列的列号`
169	`        pos_line = 1                         #查找起始行为第一行`
170	`        pos_column = 0                       #查找起始列为第一列`
171	`        length = len(target)                 #获得要查找的字符串的长度`
172	`        while pos_line <= end_line :         #逐行查找字符串`
173	`          if pos_line == end_line and pos_column + length >`
174	`                end_column:`
175	`            #若最后一行且剩余字符数小于查找长度,则结束查找`
176	`            break`
177	`          elif pos_line < end_line and pos_column + length > 100:`
178	`            #从查找到的当前位置来修改下次要查找的行号和列号`
179	`            pos_line = pos_line +1`
180	`            pos_column = 100 - (pos_column + length)`
181	`            if pos_column > end_column:`
182	`                break`
183	`          else:`
184	`            #把行号和列号组合为行号.列号的字符串格式`
185	`            pos = str(pos_line) + "." + str(pos_column)`
186	`            #调用 search()方法进行查找,查找结果为行号.列号`
187	`            where = self.st.search(target,pos,tk.END)`
188	`            if  where:`
189	`                print(where)`
190	`                where1 = where.split(".")`
191	`                #获得找到的字符串的尾部索引`
192	`                sele_end_col = str(int(where1[1]) + length)`
193	`                #用行号.列号的方式标记找到的尾部索引位置`
194	`                sele = where1[0] + "." + sele_end_col`
195	`                #添加所有找到的字符串的标签`
196	`                self.st.tag_add(tk.SEL,where,sele)`
197	`                #用颜色标记找到的字符串`
198	`                self.st.mark_set(tk.INSERT,sele)`
199	`                self.st.see(tk.INSERT)`
200	`                self.st.focus()`
201	`                #弹出对话框,询问是否继续查找`
202	`                again = messagebox.askokcancel(title = \`
203	`"是否继续查找",message = "是否继续查找?")`

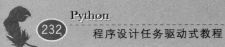
续表

序号	程 序 代 码
204	`                if again:`
205	`                    pos_line = int(where1[0])`
206	`                    pos_column = int(sele_end_col)`
207	`                else:`
208	`                    aa = messagebox.showinfo(title = "查找结束",message = \`
209	`"当前查找结束")`
210	`                    if aa:`
211	`                        break`
212	`    # 定义"替换"菜单项的事件处理方法`
213	`    def replace_char(self):`
214	`        # 输入查找字符串和替换字符串`
215	`        target = simpledialog.askstring("简易文本编辑器",\`
216	`"请输入要寻找的字符串和欲替换的字符串,用分号分开")`
217	`        if target:`
218	`            tmp = target.split(';')`
219	`            searchStr = tmp[0]                # 获得要查找的字符串`
220	`            replaceStr = tmp[1]               # 获得要替换的字符串`
221	`            if (searchStr == '' or replaceStr == ''):`
222	`                return`
223	`            # 获得最后一行的位置,格式为5.0,表示第5行第0列是结束位置`
224	`            end = self.st.index(tk.END)`
225	`            # 返回去掉点之后的行号和列号组成的列表`
226	`            endindex = end.split(".")`
227	`            end_line = int(endindex[0])       # 获得最后一行的行号`
228	`            end_column = int(endindex[1])     # 获得最后一列的列号`
229	`            pos_line = 1                      # 查找起始行为第一行`
230	`            pos_column = 0                    # 查找起始列为第一列`
231	`            length = len(searchStr)           # 获得要查找的字符串的长度`
232	`            while pos_line <= end_line:       # 逐行查找字符串`
233	`              if pos_line == end_line and`
234	`                    pos_column + length > end_column:`
235	`                    # 若最后一行且剩余字符数小于查找长度,则结束查找`
236	`                  break`
237	`              elif pos_line < end_line and pos_column + length > 100:`
238	`                    # 从查找到的当前位置来修改下次要查找的行号和列号`
239	`                  pos_line = pos_line + 1`
240	`                  pos_column = 100 - (pos_column + length)`
241	`                  if pos_column > end_column:`
242	`                      break`
243	`              else:`
244	`                    # 把行号和列号组合为行号.列号的字符串格式`
245	`                  pos = str(pos_line) + "." + str(pos_column)`

续表

序号	程序代码
246	♯调用 search()函数进行查找,查找结果为行号.列号
247	where = *self*.st.search(searchStr,pos,tk.END)
248	if where:
249	print(where)
250	where1 = where.split(".")
251	♯获得找到的字符串的尾部索引
252	sele_end_col = str(int(where1[1]) + length)
253	♯用行号.列号的方式标记找到的尾部索引位置
254	sele = where1[0] + "." + sele_end_col
255	♯添加所有找到的字符串的标签
256	*self*.st.tag_add(tk.SEL,where,sele)
257	♯用颜色标记找到的字符串
258	*self*.st.mark_set(tk.INSERT,sele)
259	*self*.st.see(tk.INSERT)
260	*self*.st.focus()
261	♯弹出对话框,询问是否替换
262	confirm = messagebox.askokcancel(title = \
263	"是否替换",message = "是否进行替换?")
264	if confirm:
265	♯先删除找到的字符串
266	*self*.st.delete(where,sele)
267	♯在找到位置处插入替换的字符串
268	*self*.st.insert(where,replaceStr)
269	♯弹出对话框,询问是否继续查找
270	again = messagebox.askokcancel(title = \
271	"是否继续查找并替换",message = "是否继续查找并替换?")
272	if again:
273	pos_line = int(where1[0])
274	pos_column = int(sele_end_col)
275	else:
276	aa = messagebox.showinfo(title = \
277	"替换结束",message = "当前替换结束")
278	if aa:
279	break
280	♯定义"全选"菜单项的事件处理方法
281	def **select_char_all**(*self*):
282	*self*.st.tag_add(tk.SEL,1.0,tk.END)
283	*self*.st.see(tk.INSERT)
284	*self*.st.focus()
285	♯定义"字体"菜单项的事件处理方法
286	def **setfont**(*self*):

续表

序号	程 序 代 码
287	info = '请输入要设置的字体、字号和是否加粗\n'
288	info + = '字体可选范围如下：{宋体,楷体,黑体,仿宋,\
289	微软雅黑,仿宋_GB2312,楷体_GB2312}\n'
290	info + = '字号请输入一个整数,用分号隔开'
291	info + = '如{3;24}表示黑体,大小 24'
292	target = simpledialog.askstring("字体设置",info)
293	fontNames = ['宋体','楷体','黑体','仿宋','微软雅黑','仿宋_GB2312','楷体_GB2312']
294	if target:
295	tmp = target.split(';')
296	fontname = fontNames[int(tmp[0]) − 1]
297	fontsize = int(tmp[1])
298	self.st.config(font = [fontname,fontsize])
299	# 定义"颜色"菜单项的事件处理方法
300	def setcolor(self):
301	'''调用"颜色"对话框,返回一个颜色二元组,返回值是一个二元组,第一\
302	个元素是选择的RGB颜色值,第二个元素是对应的十六进制颜色值
303	如果用户单击"取消"按钮,返回值为(None,None)'''
304	colors = colorchooser.askcolor()
305	print(colors)
306	self.st.config(fg = colors[1])
307	# 定义"背景色"菜单项的事件处理方法
308	def setbgcolor(self):
309	colors = colorchooser.askcolor()
310	self.st.config(bg = colors[1])
311	if __name__ == "__main__":
312	root = None
313	win.append(SimpleEditor(root))
314	root = win[0].t
315	root.mainloop()

任务 9-5 运行结果.jpg

9.4 对 话 框

    Tkinter 提供了一些常用的标准对话框,如文件对话框、消息框等,完成用户的交互。用户也可以定制自己专用的对话框。

9.4.1 标准对话框

Tkinter 提供了一系列对话框,用来显示文本消息,提示警告信息或错误信息等,还可以选择文件或颜色。另外,还有一些其他的对话框,通过输入字符串或数字来与用户交互。

1. 消息框

消息框的功能由 tkMessageBox 包提供,所包含的消息框类型如表 9-25 所示。

表 9-25 tkMessageBox 包中的消息框

消息框函数	功　　能
askokcancel(title＝None,message＝None, ** options)	询问用户操作是否继续。选择 OK,返回 True
askquestion(title＝None,message＝None, ** options)	显示一个问题,返回值是 yes
askretrycancel(title＝None,message＝None, ** options)	询问用户是否要重试。选择 yes,返回 True
askyesno(title＝None,message＝None, ** options)	显示一个问题。选择 yes,返回 True
askyesnocancel(title＝None,message＝None, ** options)	显示一个问题。选择 OK,返回 True;选择 cancel,返回 none
showerror(title＝None,message＝None, ** options)	给出一条错误信息,返回值是 OK
showinfo(title＝None,message＝None, ** options)	给出一条提示信息,返回值是 OK
showwarning(title＝None,message＝None, ** options)	给出一条警告信息,返回值是 OK

options 参数设置如表 9-26 所示。

表 9-26 options 参数设置一览表

参　　数	描　　述
default	设置默认按钮(即按回车键可响应的按钮),默认是对话框中的第一个按钮,设置的值与函数有关。可选择的设置如下:cancel、ignore、ok、no、retry、yes、no
icon	设置对话框的图标,不能用自身图标,可选择的值如下:error、info、question、warning
parent	默认对话框显示在根窗口。如果显示在子窗口,需要设置其为子窗口名称

【例 9-14】 消息框使用示例。代码如下:

```
import tkinter as tk
#引入 tkMessageBox 模块
import tkinter.messagebox
from tkinter import *
dlg1 = tk.messagebox.askokcancel("Askokcancel Demo",'是否继续查找?')
print('Askokcancel Demo 的返回结果是{0}'.format(dlg1))
dlg2 = tk.messagebox.askquestion("Askquestion Demo","确定要删除吗?")
print('Askquestion Demo 的返回结果是{0}'.format(dlg2))
dlg3 = tk.messagebox.askretrycancel("Askretrycancel Demo","登录失败,重试吗?")
print('Askretrycancel Demo 的返回结果是{0}'.format(dlg3))
dlg4 = tk.messagebox.askyesno("Askyesno Demo","确定继续执行吗?")
print('Askyesno Demo 的返回结果是{0}'.format(dlg4))
dlg5 = tk.messagebox.showerror("Showerror Demo","出错啦!")
print('Showerror Demo 的返回结果是{0}'.format(dlg5))
dlg6 = tk.messagebox.showinfo("Showinfo Demo","Python 很强大!")
print('Showinfo Demo 的返回结果是{0}'.format(dlg6))
```

```
dlg7 = tk.messagebox.showwarning("Showwarning Demo","存在木马风险!")
print('Showwarning Demo 的返回结果是{0}'.format(dlg7))
dlg8 = tk.messagebox.askyesnocancel("askyesnocancel Demo","继续购物吗?")
print('askyesnocancel Demo 的返回结果是{0}'.format(dlg8))
```

例 9-14 运行结果.pdf

2. 标准对话框

Tkinter 提供了 3 种标准的对话框模块,分别是 tkSimpleDialog 模块、tkColorChooser 模块和 tkFileDialog 模块,其可选参数可扫描二维码阅读。

Tkinter 对话框模块可选参数.pdf

tkSimpleDialog 模块可以接收用户的输入。该模块创建 3 种类型的对话框,分别为 askstring()、askinteger() 和 askfloat() 方法,用来接收用户输入的字符串、整数和小数。这些对话框结束运行后,将返回文本框中的值。

【例 9-15】 tkSimpleDialog 对话框使用示例。代码如下:

```
import tkinter as tk
import tkinter
from tkinter import simpledialog
root = tk.Tk()
# 创建一个输入字符串的 SimpleDialog
mystr = simpledialog.askstring(title = '查找关键字',prompt = '请输入要查找的关键字',\
initialvalue = '图书馆')
print(mystr)
# 输入一个整数
m = simpledialog.askinteger(title = '输入整数',prompt = '请输入一个整数:')
# 输入一个浮点数.minvalue 指定最小值,maxvalue 指定最大值
# 如果不在二者指定范围内,要求重新输入
n = simpledialog.askfloat(title = '输入小数',prompt = '请输入一个 1～100 之间的小数',\
minvalue = 1,maxvalue = 100)
print('m = {0},n = {1}'.format(m,n))
root.mainloop()
```

例 9-15 运行结果.pdf

tkFileDialog 模块中的文件对话框用于打开或者保存文件。其中，askopenfilename()
方法用于创建标准的"打开文件"对话框，asksaveasfilename 用于创建标准的"保存文件"对话框。

如果用户在对话框选择了一个文件，返回值是该文件的完整路径。如果用户单击"取消"按钮，返回值是空字符串。

【例 9-16】 tkFileDialog 对话框使用示例。代码如下：

```python
import tkinter.filedialog                          #导入"文件"对话框
from tkinter import *
from tkinter.scrolledtext import ScrolledText
import fileinput                                    #导入 fileinput 模块,用于读取文件
class fileDemo:                                     #定义 GUI 界面类
    def __init__(self,root):                        #定义界面类的构造方法
        Button(root,text = '打开文件',command = self.openFile).pack()
        Button(root,text = '保存文件',command = self.saveFile).pack()
        self.mytext = ScrolledText(root)            #添加具有滚动条的文本框
        self.mytext.pack()
        print(self.mytext)
    #定义"打开文件"按钮的事件处理程序
    def openFile(self):
        fileName = filedialog.askopenfilename()     #获得用户选择的文件名及路径
        if fileName:
            for line in fileinput.input(fileName):  #逐行读取文件内容,写入文本框
                self.mytext.insert(0.0,line)
            root.title(fileName)                    #修改当前窗口的标题
            print(fileName)
    #定义"保存文件"按钮的事件处理程序
    def saveFile(self):
        #获得用户的文件名及所在路径
        fileName = filedialog.asksaveasfilename(title = "文件保存",filetypes = [("\
保存文件"," * .txt")])
        ofp = open(fileName,"w")                    #以写的方式打开文件
        #将文本框中的内容全部写入文件
        ofp.write(self.mytext.get(0.0,END))
        ofp.flush()
        ofp.close()
        root.title(fileName)                        #修改窗体的标题为当前文件路径及文件名
        print(fileName)
if __name__ == "__main__":
    root = Tk(className = '"文件"对话框用法演示')
    root.geometry('360 * 240 + 200 + 100')
    fileDemo(root)
    mainloop()
```

例 9-16 运行结果.pdf

tkColorChooser 模块提供了一个供用户选择颜色的界面。该模块中的 askcolor()方法用来创建标准的颜色选择对话框。如果用户在对话框中选择了一种颜色,返回值是一个二元组,第一个元素是选择的 RGB 颜色值,第二个元素是对应的十六进制颜色值。如果用户单击"取消"按钮,返回值为(None,None)。

【例 9-17】 tkColorChooser 对话框使用示例。代码如下:

```python
import tkinter as tk
import tkinter.colorchooser              #导入"颜色"对话框模块
def callback():                          #定义选择颜色按钮事件处理方法
    #获得用户选择的颜色
    result = tkinter.colorchooser.askcolor(color = "#6A9662",title = "Bernd's Colour\
Chooser")
    print(result)                        #输出颜色结果
root = tk.Tk(className = '"颜色"对话框用法演示')  #定义主窗口对象
#添加选择颜色按钮
tk.Button(root,text = 'Choose Color',fg = "darkgreen",\
command = callback).pack(side = 'left',padx = 10)
tk.Button(root,text = 'Quit',command = root.quit,\
fg = "red").pack(side = 'left',padx = 10)
root.mainloop()
```

例 9-17 运行结果.pdf

9.4.2 自定义对话框

在一般的提示信息的场合下,使用 Tkinter 提供的标准对话框即可。如果这些对话框不能满足要求,使用 Toplevel 组件来创建自定义对话框,可以在 Toplevel 组件中添加其他必要组件,并定义事件的响应方法。为避免定义太多的全局变量,建议以类的方式来定义对话框。

任务 9-6　选择和替换对话框

任务描述

编写一个 Python 对话框,实现记事本的查找和替换功能。

任务实现

1. 设计思路

根据题目要求,设计一个自定义对话框,要求用户输入要查找的字符串和替换的字符串,添加相应的按钮控件用于实现单步查找、单步替换、全部替换和退出功能。按功能要求,对自定义对话框中的所有按钮控件编写相应的事件处理方法;然后,设计一个简单的测试界面,包含一个按钮控件和文本框控件。单击按钮来调用这个自定义对话框,完成查找和替换功能。

2. 源代码清单

程序代码如表 9-27 所示。

表 9-27　任务 9-6 程序代码

♯程序名称 task9_6.py	
序号	程　序　代　码
1	♯导入 tkinter 模块
2	import tkinter as tk
3	♯导入带滚动条的文本框
4	from tkinter.scrolledtext import ScrolledText
5	♯导入消息框
6	from tkinter import messagebox
7	♯设计自定义对话框类
8	class **SearchandReplace**:
9	♯初始化自定义对话框界面.mytext 是带滚动条文本框控件对象
10	def __init__(self,root,mytext):
11	♯使用 Toplevel 控件创建自定义对话框
12	self.top = tk.Toplevel(root)
13	♯在 Toplevel 控件中添加标签控件
14	label1 = tk.Label(self.top,text = '查找内容')
15	♯使用 grid 布局管理器完成控件布局
16	label1.grid(row = 0)
17	label2 = tk.Label(self.top,text = '替换内容')
18	label2.grid(row = 1)
19	♯在 Toplevel 控件中添加输入框控件
20	self.keyword = tk.Entry(self.top)
21	self.keyword.grid(row = 0,column = 1)
22	self.change = tk.Entry(self.top)
23	self.change.grid(row = 1,column = 1)
24	♯在 Toplevel 控件中添加按钮控件
25	self.nextbtn = tk.Button(self.top,text = '查找下一个',\
26	command = self.nextsearch)
27	self.nextbtn.grid(row = 0,column = 2)
28	self.changebtn = tk.Button(self.top,text = '替换',\
29	command = self.replace)
30	self.changebtn.grid(row = 1,column = 2)
31	self.changeallbtn = tk.Button(self.top,text = '全部替换',\
32	command = self.replaceall)
33	self.changeallbtn.grid(row = 2,column = 2)
34	self.quitbtn = tk.Button(self.top,text = '退出',\

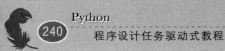
续表

序号	程 序 代 码
35	command = *self* .Quit)
36	*self* .quitbtn. grid(row = 3,column = 2)
37	#定义成员变量,指向文本框控件
38	*self* .mytext = mytext
39	#查找标记初始化为 False
40	*self* .flag = False
41	#定义"查找下一个"按钮的事件处理方法
42	def **nextsearch**(*self*):
43	#获得查找关键字
44	*self* .searchStr = *self* .keyword.get()
45	#获得替换字符串
46	*self* .replaceStr = *self* .change.get()
47	if *self* .searchStr:
48	#获得最后一行的位置,格式为 5.0,表示第 5 行第 0 列是结束位置
49	end = *self* .mytext.index(tk.END)
50	#返回去掉点之后的行号和列号组成的列表
51	endindex = end.split(".")
52	#获得最后一行的行号
53	*self* .end_line = int(endindex[0])
54	#获得最后一列的列号
55	end_column = int(endindex[1])
56	#查找起始行为第一行
57	if not(*self* .flag):
58	*self* .pos_line = 1
59	#查找起始列为第一列
60	*self* .pos_column = 0
61	#获得要查找的字符串的长度
62	length = len(*self* .searchStr)
63	#逐行查找字符串
64	while *self* .pos_line < = *self* .end_line :
65	if *self* .pos_line == *self* .end_line and \
66	*self* .pos_column + length > end_column:
67	#如果到了最后一行且剩余字符数小于查找字符串长度,则结束查找
68	return False
69	elif *self* .pos_line < *self* .end_line and \
70	*self* .pos_column + length > 100:
71	#从查找到的当前位置来修改下次要查找的行号和列号
72	*self* .pos_line = *self* .pos_line + 1
73	pos_column = 100 - (*self* .pos_column + length)

续表

序号	程序代码
74	if pos_column > end_column:
75	return False
76	else:
77	#组合为行号.列号的字符串格式,用于查找函数
78	pos = str(self.pos_line) + "." + str(self.pos_column)
79	#调用 search()函数进行查找,查找结果为行号.列号
80	self.where = self.mytext.search(self.searchStr, pos, tk.END)
81	if self.where:
82	print(self.where)
83	self.flag = True
84	where1 = self.where.split(".")
85	#获得找到的字符串的尾部索引
86	sele_end_col = str(int(where1[1]) + length)
87	#用行号.列号的方式标记找到字符串的尾部索引位置
88	self.sele = where1[0] + "." + sele_end_col
89	#添加所有找到的字符串的标签
90	self.mytext.tag_add(tk.SEL, self.where, self.sele)
91	#用颜色标记找到的字符串
92	self.mytext.mark_set(tk.INSERT, self.sele)
93	self.mytext.see(tk.INSERT)
94	self.mytext.focus()
95	#下一次查找的起始行号
96	self.pos_line = int(where1[0])
97	#下一次查找的起始列号
98	self.pos_column = int(sele_end_col)
99	#退出当前查找
100	return True
101	else:
102	messagebox.showinfo(title = "查找结束", \
103	message = "当前查找完毕!")
104	return False
105	return False
106	#定义"替换"按钮的事件处理方法
107	def replace(self):
108	if self.where:
109	#先删除找到的字符串
110	self.mytext.delete(self.where, self.sele)
111	#在找到位置处插入替换的字符串
112	self.mytext.insert(self.where, self.replaceStr)

续表

序号	程 序 代 码
113	else:
114	messagebox.showinfo(title = *"替换结束"*,\
115	message = *"查找完毕,当前替换结束"*)
116	#定义"全部替换"按钮的事件处理方法
117	def **replaceall**(*self*):
118	*self*.nextsearch()
119	while *self*.where:
120	*self*.replace()
121	*self*.nextsearch()
122	#定义"退出"按钮的事件处理方法
123	def **Quit**(*self*):
124	*self*.top.destroy()
125	#定义测试窗口类
126	class **mypad**:
127	def __init__(*self*,root):
128	*self*.root = root
129	tk.Button(root,text = *'查找和替换'*,command = *self*.mysearch).pack()
130	*self*.mytext = ScrolledText(root)
131	*self*.mytext.pack()
132	#定义"查找和替换"按钮的事件处理方法
133	def **mysearch**(*self*):
134	SearchandReplace(*self*.root,*self*.mytext)
135	#定义类的对象,完成测试功能
136	if __name__ == *"__main__"*:
137	root = tk.Tk(className = *'自定义对话框用法演示'*)
138	root.geometry(*'360 * 240 + 200 + 100'*)
139	mypad(root)
140	root.mainloop()

任务 9-6 运行结果.pdf

9.5 习　　题

(1) 设计一个用户注册界面,要求用户输入用户名、密码、确认密码、电话、电子邮件。用户单击"确定"按钮后,在新的窗口中回显输入的信息;单击"重置"按钮,所有输入信息清空;单击"退出"按钮,关闭窗口。

（2）设计一个窗口界面，用户输入两个数，并选择某个运算符后，显示计算结果。

（3）设计一个测验系统，题目类型为单选题、多选题和判断题。使用 CSV 文件存放题目，每次随机抽取试题组卷。

（4）设计一个简易画图板。

（5）设计一个自定义窗口，模拟 Word 的"字体"对话框。

进程和线程

进程是操作系统能独立调度的最小单位,线程是进程内部可并发执行的一个单元。操作系统创建进程后,首先创建主线程,主线程创建其他线程,其他线程可以再创建线程。

利用多进程技术或多线程技术,可以提高某些任务,如文件下载的执行效率。对于 IO 密集型任务,多线程和多进程都可以使用。一般多进程比多线程易用,缺点是消耗内存较多。对于 CPU 密集型的任务,多进程优于多线程,尤其适用于运行任务的计算机是多核或多 CPU 的。对于网络应用,当需要扩展到多台机器上执行任务时,分布式技术比较适用。

10.1 Python 下的进程编程

Python 提供了多进程包 multiprocessing 来完成多进程任务。使用这个进程包,可以完成从单进程到并发执行的转换。multiprocessing 支持子进程、通信和共享数据,执行不同形式的同步,提供了 Process、Queue、Pipe、Lock 等组件。

multiprocessing 包是 Python 中的多进程管理包,使用 multiprocessing. Process 对象来创建一个进程,该进程运行在 Python 程序内部编写的函数中。Process 对象使用 start( )、run( )、join( )等方法实现进程状态的转换。此外,multiprocessing 包中有 Lock/Event、Semaphore/Condition 类(这些对象可以通过参数传递给各个进程)用于同步进程。

10.1.1 创建进程

Python 中有两种方法来创建进程,一种是直接利用 Process 类的对象来创建进程,另一种是通过继承 Process 类定义自己的进程类来创建进程。

1. 直接利用 Process 类的对象来创建进程

Process 类的构造方法如下:

```
Process([group [,target [,name [,args [,kwargs]]]]])
```

参数说明:

(1) group   线程组,目前还没有实现,库引用中提示必须是 None。

(2) target   要执行的方法。

(3) name   进程名。

(4) args/kwargs   要传入方法的参数。

在创建进程对象后,通过设置 target 属性直接传入要运行的方法。

Process 类的属性如表 10-1 所示,Process 类的方法如表 10-2 所示。

表 10-1　Process 类的属性

属 性 名	描　　　述
authkey	进程的验证密钥。当初始化多进程时，使用 os. urandom()为主进程分配一个随机字符串。创建 Process 对象时，它将继承其父进程的身份验证密钥
daemon	进程的守护进程标志，是一个布尔值，必须在调用 start()之前设置。初值从创建的进程中继承
exitcode	子进程的退出代码。如果进程尚未终止，为 None。负值－N 表示子进程被信号 N 终止
name	进程名字
pid	进程号，进程对象产生之前为 None

表 10-2　Process 类的方法

方 法 名	功　　　能
is_alive()	返回进程是否在运行
join([timeout])	阻塞当前上、下文环境的进程，直到调用此方法的进程终止或到达指定的 timeout(可选参数)
start()	进程准备就绪，等待 CPU 调度
run()	start()调用 run()方法。如果实例化进程时未指定传入 target，start 执行默认 run()方法
terminate()	不管任务是否完成，立即停止工作进程。如果相关进程正在使用管道或队列，使用该方法容易破坏管道或队列，并且可能不能被其他进程使用。同样，如果进程已经获得锁或信号量等，终止它可能导致其他进程发生死锁

注意

　　start()、join()、is_alive()、terminate()和 exitcode()方法只能被创建进程对象的进程来调用。

【**例 10-1**】　利用 Process 类创建进程示例。代码如下：

```
from multiprocessing import Process        ＃导入 Process 模块
def func(i):                               ＃定义进程中要运行的方法
    print('第{0}个进程调用'.format(i))
if __name__ == '__main__':
    ＃创建 10 个进程对象，传入要调用的方法 func()
    for i in range(10):
        p = Process(target = func,args = (i,))
        p.start()                          ＃启动进程
```

例 10-1 运行结果.txt

2. 继承 Process 类来创建进程

用户也可以编写自己的进程类。该进程类需要继承自 Process 类，并要覆盖父进程的

run()方法。

【例 10-2】 继承 Process 类创建进程示例。代码如下：

```python
from multiprocessing import Process
import time
class MyProcess(Process):
    def __init__(self,arg):
        super(MyProcess,self).__init__()
        self.arg = arg
    def run(self):
        print('第{0}个进程调用'.format(self.arg))
        time.sleep(1)
if __name__ == '__main__':
    for i in range(10):
        p = MyProcess(i)
        p.start()
```

例 10-2 运行结果.txt

10.1.2　进程池

进程池的内部维护一个进程序列,使用时就去进程池中获取一个进程。如果进程池序列中没有可供使用的进程,程序将等待,直到进程池中有可用进程为止。进程池数量的设置最好等于 CPU 核心数量。

Python 提供 Pool 类来管理进程池。该类的构造方法如下：

```python
Pool([processes[,initializer[,initargs[,maxtasksperchild[,context]]]]])
```

参数说明：

(1) processes　工作进程的数量。如果 processes 是 None,使用 os.cpu_count()返回的数量。

(2) initializer　如果 initializer 是 None,那么每一个工作进程在开始的时候都会调用 initializer(*initargs)方法。

(3) maxtasksperchild　工作进程退出之前可以完成的任务数。完成后,用一个新的工作进程来替代原进程,以便让闲置的资源得到释放。maxtasksperchild 默认是 None,意味着只要 Pool 存在工作进程,就会一直存活。

(4) context　用于指定工作进程启动时的上下文。一般使用 multiprocessing.Pool()或者一个 context 对象的 Pool()方法来创建进程池。这两种方法都需要设置相应的 context。

Pool 类的方法如表 10-3 所示。

表 10-3　Pool 类的方法

方　法　名	功　　能
apply(func[,args[,kwds]])	同步进程池,主进程会阻塞子函数
apply _ async (func [, args [, kwds [, callback[,error_callback]]]])	异步进程池,非阻塞的且支持结果返回后进行回调。主进程循环运行过程中不等待 apply_async 的返回结果。在主进程结束后,即使子进程还未返回整个程序也会退出。返回结果的 get()方法是阻塞的,如使用 result. get()会阻塞主进程
map(func,iterable[,chunksize])	单个任务会并行运行,会使进程阻塞,直到结果返回。第二个参数为 iterable。在实际使用时,只有在整个队列全部就绪后,程序才会运行子进程
map_async(func,iterable[,chunksize[, callback]])	与 map 用法一致,是非阻塞的
imap(func,iterable[,chunksize])	与 map 不同的是,imap 的返回结果为 iter,需要在主进程中主动使用 next 来驱动子进程的调用。即使子进程没有返回结果,主进程对于 gen_list(l)的 iter 还是会继续进行
imap_unordered(func,iterable[,chunksize])	同 imap 一致,只不过并不保证返回结果与迭代传入的顺序一致
close()	关闭进程池,阻止更多的任务提交到进程池。待任务完成后,工作进程会退出
terminate()	结束工作进程,不再处理未完成的任务
join()	主进程阻塞,等待子进程退出。join()方法要在 close()或 terminate()之后使用

注意

　　pool. close()与 pool. terminate()的区别在于 close()会等待池中的工作进程执行结束后再关闭 pool,而 terminate()是直接关闭 pool。

【例 10-3】　同步进程池示例。代码如下:

```
from multiprocessing import Process,Pool    # 导入进程池模块
import time                                  # 导入时间模块
import random                                # 导入随机数模块
# 定义进程要执行的方法
def myFun(i):
    msg = "hello,this is % d process" % (i)
    print(msg)                               # 打印第 i 个进程调用信息
    t = random. randint(1,5)                 # 生成随机数,用于暂停进程的执行
    time. sleep(t)
    print("end, % d process" % i)            # 打印第 i 个进程结束信息
    return 100 + i
if __name__ == '__main__':
    t_start = time. time()                   # 记录当前时间戳
    pool = Pool(5)                           # 初始化具有 5 个进程的进程池
    for i in range(10):
        # 开启同步进程. 在进程池中,前一个进程结束后才会开启下一个进程
        pool. apply(myFun,(i,))
```

```
pool.close()                          #关闭进程池
#在进程池中,进程执行完毕再关闭.如果注释,程序直接关闭
pool.join()
t_end = time.time()
t = t_end - t_start                   #计算整个任务所用的时间
print('the program time is : % s' % t)
```

例 10-3 运行结果.txt

【例 10-4】 异步进程池获得进程执行结果示例。代码如下：

```
from multiprocessing import Pool        #导入进程池模块
import time                             #导入时间模块
import random                           #导入随机数模块
#定义进程要执行的方法
def myFun(i):
    msg = "hello,this is % d process" % (i) #定义第 i 个进程输出信息
    print(msg)
    t = random.randint(1,5)             #生成 1～5 之间的随机数
    time.sleep(t)                       #进程休眠 t 时间
    print("end, % d process" % i)       #输出进程结束信息
    return 100 + i                      #返回调用结果
#定义进程池要执行的回调方法
def HandleP(arg):
    return arg
if __name__ == '__main__':
    res_list = []                       #初始化列表对象
    t_start = time.time()               #记录当前时间戳
    #初始化具有 5 个进程的进程池
    pool = Pool(5)
    #以异步方式启动 10 个进程
    for i in range(10):
        #保证进程池中的进程个数不超过 5 个.res 对象保存进程调用方法的返回结果
        res = pool.apply_async(func = myFun, args = (i,), callback = HandleP)
        res_list.append(res)            #所有进程所调用方法的返回结果添加到列表对象中
    pool.close()                        #关闭进程池
    pool.join()
    #输出各进程调用方法的返回结果
    for res in res_list:
        print(res.get())
    t_end = time.time()
    t = t_end - t_start
    print('the program time is : % s' % t)
```

例 10-4 运行结果.txt

10.1.3　多进程间通信

1. 队列

Queue(队列)是 Python 中的标准库,可以通过 import 引用队列模块,其操作特点是先进先出。Queue 可以保障多进程安全,并实现多进程之间的数据传递。

队列中的 put()方法用来把数据添加到队列中。put()方法中有两个可选参数: blocked 和 timeout。如果 blocked 为 True(默认值),并且 timeout 为正数,该方法会阻塞 timeout 指定的时间,直到该队列有剩余空间。如果超时,抛出 Queue.Full 异常。如果 blocked 为 False,但队列已满,会立即抛出 Queue.Full 异常。

get()方法用来从队列读取并且删除一个元素。get()方法中也有两个可选参数: blocked 和 timeout。如果 blocked 为 True(默认值),并且 timeout 为正数,若在等待时间内没有取到任何元素,抛出 Queue.Empty 异常。如果 blocked 为 False,分两种情况:若 Queue 队列有一个元素可用,立即返回该元素;否则,若队列为空,立即抛出 Queue.Empty 异常。

multiprocessing.JoinableQueue 是 Queue 的子类,增加了 task_done()方法和 join()方法。task_done()方法通知队列某个任务完成。一般情况下,在调用 get()方法时会获得一个 task。若 join()阻塞,则直到 Queue 中的所有任务都被处理(即 task_done()方法被调用)。

【例 10-5】　Queue 队列多进程应用示例。代码如下:

```python
from multiprocessing import Process,Queue    #导入进程和队列模块
import os,time,random                         #导入时间和随机数模块
#写数据进程执行的代码
def write(q):
    for value in ['China','England','America','Japan','France']:
        print('Put {0} to queue...'.format(value))
        q.put(value)
        time.sleep(random.randint(1,6))
#读数据进程执行的代码
def read(q):
    while True:
        if not q.empty():
            value = q.get(True)
            print('Get %s from queue.' % value)
            time.sleep(random.randint(1,6))
        else:
            break
if __name__ == '__main__':
    q = Queue()                               #父进程创建 Queue,并传给各个子进程
    pw = Process(target = write,args = (q,))
    pr = Process(target = read,args = (q,))
    pw.start()                                #启动子进程 pw,写入
    pw.join()                                 #等待 pw 结束
    pr.start()                                #启动子进程 pr,读取
    pr.join()
    print('所有数据都写入并且读完')
```

例 10-5 运行结果.txt

2. 队列加锁

对不同程序,如果要同时对同一个队列进行操作,为了避免发生错误,可以在某个方法操作队列的时候给它加锁,这样,在同一个时间内,只能有一个子进程对队列进行操作,需使用 manager 对象中的锁(lock)。

【例 10-6】 Queue 队列多进程加锁应用示例。代码如下:

```python
from multiprocessing import Process,Queue,Pool    #导入进程、队列和进程池模块
import multiprocessing
import time,random                                #导入时间、随机数模块
#写数据进程执行的代码
def write(q,lock):
    lock.acquire()                                #加锁
    #遍历列表,依次把每个元素插入队列
    for value in ['China','England','America','Japan','France']:
        print('Put {0} to queue...'.format(value))
        q.put(value)
    lock.release()                                #释放锁
    time.sleep(random.random())                   #休眠随机数指定的时间
#读数据进程执行的代码
def read(q):
    while True:
        if not q.empty():                         #队列不空,则依次读取队列中元素
            #读取队列元素.如果队列中有元素,返回元素,否则抛出异常
            value = q.get(False)
            print('Get {0} from queue.'.format(value))
            time.sleep(random.random())           #休眠随机数指定的时间
        else:
            break
if __name__ == '__main__':
    manager = multiprocessing.Manager()           #获得 Manager 的对象
    q = manager.Queue()                           #父进程创建 Queue,并传给各个子进程
    lock = manager.Lock()                         #初始化锁
    p = Pool()                                    #初始化进程池对象
    pw = p.apply_async(write,args = (q,lock))     #生成写子进程
    pr = p.apply_async(read,args = (q,))          #生成读子进程
    p.close()                                     #关闭主进程
    p.join()                                      #等待进程结束
    print('所有数据都写入并且读完')
```

例 10-6 运行结果.txt

3. 管道

管道(pipe)是由内核管理的一个缓冲区。管道的一端链接一个写进程,该进程会向管道写入信息。管道的另一端链接一个读进程,该进程读取管道中的信息。使用一个环形结构的缓冲区,可以使管道被循环利用。若管道中没有信息,读进程会等待,直到写进程放入信息。当管道空间满时,写进程等待,直到读进程读取出信息。若两个进程都结束,管道自动消失。

Python 提供了 pipe()方法来使用管道。pipe()方法返回一对链接对象(conn1,conn2),分别代表 pipe()的两端。每个对象都有 send()和 recv()方法。

pipe()方法可以设置 duplex 参数。如果 duplex 参数设置为 True(默认值),则该管道是全双工模式,即 conn1 和 conn2 这两个对象均可收、发。如果 duplex 参数设置为 False,则是单工模式,conn1 对象只负责接收消息,conn2 对象只负责发送消息。

send()方法和 recv()方法分别是发送和接收消息的方法。在全双工模式下,可以调用 conn1. send()方法发送消息,调用 conn1. recv()方法接收消息。如果没有消息可接收,recv()方法一直阻塞。若管道被关闭,recv()方法抛出 EOFError 异常。

【例 10-7】 队列及管道多进程应用示例。代码如下:

```python
import multiprocessing                          #导入多进程模块
import random                                   #导入随机数模块
import time                                      #导入时间模块
#定义生产者进程类
class producer(multiprocessing.Process):
    def __init__(self,queue):
        multiprocessing.Process.__init__(self)
        self.queue = queue                       #初始化实例队列对象
    def run(self):                               #覆盖父类的 run()方法
        for value in ['China','England','America','Japan','France']:
            print('Process Producer: put {0} to queue...'.format(value))
            self.queue.put(value)
            print("The size of queue is {0} .".format(self.queue.qsize()))
            time.sleep(random.random())
#定义消费者进程类
class consumer(multiprocessing.Process):
    def __init__(self,queue):
        multiprocessing.Process.__init__(self)
        self.queue = queue
    def run(self):
        while True:
            if (self.queue.empty()):
                print("the queue is empty")
                break
            else:
                time.sleep(random.random())
                value = self.queue.get()
                print("Process Consumer:Get {0} from queue.".format(value))
                time.sleep(random.random())
#定义管道写进程 1
def create_items(pipe):
    #获得管道的两个对象,第一个对象赋值给 output_pipe,用于写信息
```

```
                #管道的第二个对象赋值给_,表示第二个变量本方法不使用
        output_pipe,_ = pipe
        for value in ['China','England','America','Japan','France']:
            output_pipe.send(value)
            time.sleep(random.random())
        output_pipe.close()                           #关闭写进程
#定义管道写进程2
def change_items(pipe_1,pipe_2):
        close,input_pipe = pipe_1                      #分别获得管道1的两个对象
        close.close()                                 #关闭管道1的写进程
        #获得管道2的两个对象,第一个对象赋值给 output_pipe,用于写信息
        #管道2的第二个对象赋值给_,表示第二个变量本方法不使用
        output_pipe,_ = pipe_2
        try:
            while True:
                value = input_pipe.recv()             #从管道1中读取信息
                output_pipe.send('I come from ' + value)  #向管道2中写信息
        except EOFError:
            output_pipe.close()
if __name__ == '__main__':
        queue = multiprocessing.Queue()               #初始化多进程队列对象
        process_producer = producer(queue)            #初始化生产者进程对象
        process_consumer = consumer(queue)            #初始化消费者进程对象
        process_producer.start()                      #启动生产者进程
        process_consumer.start()                      #启动消费者进程
        process_producer.join()                       #生产者进程阻塞
        process_consumer.join()                       #消费者进程阻塞
        pipe_1 = multiprocessing.Pipe(True)           #初始化管道1对象
        #初始化利用管道1通信的进程对象
        process_pipe_1 = multiprocessing.Process(target = create_items,args = (pipe_1,))
        process_pipe_1.start()                        #启动该进程对象
        pipe_2 = multiprocessing.Pipe(True)           #初始化管道2对象
        #初始化利用管道1和管道2进行通信的进程对象
        porcess_pipe_2 = multiprocessing.Process(target = change_items,args = (pipe_1,pipe_2,))
        porcess_pipe_2.start()                        #启动该进程对象
        pipe_1[0].close()                             #关闭管道1中的写进程对象
        pipe_2[0].close()
        try:
            while True:
                print (pipe_2[1].recv())              #依次输出管道2中的信息
        except EOFError:
            print("End")
```

例 10-7 运行结果.txt

4. 管理共享数据

Python 进程间共享数据,除了使用队列和管道外,还提供了更高层次的封装。通过

multiprocessing.Manager 可以简单地使用这些高级接口。

　　Manager()返回的 manager 对象控制了一个 server 进程，此进程中的 Python 对象可以被其他进程通过 proxies 进行访问，达到多进程间数据通信的目的。

　　Manager 对象支持的类型有：list、dict、Namespace、Lock、RLock、Semaphore、BoundedSemaphore、Condition、Event、Barrier、Queue、Value 和 Array 等。

　　【例 10-8】　manager 多进程应用示例。代码如下：

```python
import multiprocessing
import time,random
＃定义进程要执行的方法
def mywork(d,key,value,t,country):
    d[key] = value
    t.append(country)
    time.sleep(random.random())
if __name__ == '__main__':
    manager = multiprocessing.Manager()          ＃获得 Manager 对象
    d = manager.dict()                           ＃初始化多进程用字典对象
    t = manager.list()                           ＃初始化多进程用列表对象
    li = list(range(10,20))
    country = ['China','England','America','Japan','France','Spain','Italy','India',\
'Thailand','Germany']
    ＃初始化 10 个进程对象
    jobs = [ multiprocessing.Process(target = mywork,args = (d,i,li[i],t,country[i]))\
for i in range(10) ]
    for j in jobs:
        j.start()
    for j in jobs:
        j.join()
    print ('Results:')
    for key,value in enumerate(dict(d)):
        print("({0},{1},{2})".format(key,value,d[key]))
    for item in t:
        print(item,end = ' ')
```

例 10-8 运行结果.txt

任务 10-1　多进程实现大文件分割

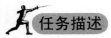

　　编写一个 Python 程序，用多进程把大文件分割成若干个小文件。

任务实现

1. 设计思路

根据题目要求,需要使用多进程来完成任务。首先定义确定文件分割的单位,然后根据文件总长度决定开启的进程数量,利用共享队列 array 来标记进程所读文件的结束位置。定义进程执行方法,每个进程根据自己的起始和终止位置分别将文件写入不同的文件,实现文件分割功能。

2. 源代码清单

程序代码如表 10-4 所示。

表 10-4　任务 10-1 程序代码

＃程序名称 task10_1.py

序号	程序代码
1	import datetime
2	import os
3	from multiprocessing import Process, Array, RLock
4	BLOCKSIZE = 100000000　　　　　　　　　　　＃定义每个进程读取的最大文件长度
5	＃定义获取文件长度的函数
6	def **getFilesize**(file):
7	fstream = open(file,'r')　　　　　　　　＃打开文件
8	fstream.seek(0, os.SEEK_END)　　　　　＃文件指针移动到文件的末尾
9	filesize = fstream.tell()　　　　　　＃读取末尾位置,获得文件长度
10	fstream.close()　　　　　　　　　　　＃关闭打开的文件
11	return filesize
12	＃定义每个进程要执行的方法,pid 是进程编号,array 是进程间共享队列;标记
13	＃各进程所读的文件块结束位置,file 是要读的文件,rlock 是锁
14	＃filesize 是文件大小
15	def **process_found**(pid, array, file, rlock, filesize):
16	fstream = open(file,'r')
17	while True:
18	rlock.acquire()　　　　　　　　　　　＃获得锁
19	＃输出当前进程共享队列信息
20	print('*mypid*%s'% pid,', '.join([str(v) for v in array]))
21	＃计算当前进程读取文件的起始位置
22	startpossition = max(array)
23	＃计算当前进程读取文件的结束位置
24	if (startpossition + BLOCKSIZE)< filesize:
25	endpossition = array[pid] = (startpossition + BLOCKSIZE)
26	else:
27	endpossition = array[pid] = filesize
28	rlock.release()　　　　　　　　　　＃释放锁
29	＃如果已到文件的结束位置,输出结束信息
30	if startpossition == filesize:
31	print('*pid*%s end'% (pid))
32	break
33	＃防止行被 block 截断,先读一行不处理,从下一行开始正式处理
34	elif startpossition != 0:

续表

序号	程 序 代 码
35	fstream.seek(startpossition)
36	fstream.readline()
37	pos = ss = fstream.tell()　　　　　　　　＃获得文件指针的当前位置
38	＃打开输出文件,每个进程分别读到不同的文件中
39	＃文件名格式如下: tmp_pid2_jobs100000000
40	ostream = open('D:/temp/chapter10/tmp_pid' + str(pid) + '_jobs'\
41	+ str(endpossition),'w')
42	＃从起始位置到结束位置逐行读取,并写入文件
43	while pos < endpossition:
44	line = fstream.readline()　　　　＃每次读取一行
45	ostream.write(line)　　　　＃写入分配给当前进程的文件
46	pos = fstream.tell()
47	＃输出文件位置信息
48	print('pid: % s,startposition: % s,endposition: % s,pos: % s'\
49	% (pid,ss,pos,pos))
50	ostream.flush()
51	ostream.close()
52	fstream.close()　　　　　　　　　　＃关闭文件
53	＃main()函数用来启动进程
54	def **main()**:
55	＃输出当前时间
56	print(datetime.datetime.now().strftime("% Y/ % d % m % H: % M: % S"))
57	file = "D:/temp/chapter10/kddcup.txt"　　　＃初始化文件对象
58	filesize = getFilesize(file)　　　　　　＃获得文件长度
59	＃确定启动的进程数量
60	if(filesize % BLOCKSIZE == 0):
61	workers = (int)(filesize/BLOCKSIZE) + 1
62	else:
63	workers = (int)(filesize/BLOCKSIZE)
64	print(filesize)
65	rlock = RLock()　　　　　　　　　　＃初始化锁
66	array = Array('l',workers,lock = rlock)　　＃初始化进程共享队列
67	threads = []　　　　　　　　　　　＃初始化进程列表对象
68	＃初始化并生成 workers 个进程
69	for i in range(workers):
70	＃进程执行的方法为 process_found(),并传递方法中的参数
71	p = Process(target = process_found,args = [i,array,file,rlock,filesize])
72	threads.append(p)　　　　　　　　　　＃新生成的进程添加到进程列表对象中
73	for i in range(workers):
74	threads[i].start()　　　　　　　　＃依次启动进程
75	for i in range(workers):
76	threads[i].join()　　　　　　　　＃依次调用 join()方法
77	＃输出程序运行结束的时间
78	print(datetime.datetime.now().strftime("% Y/ % d % m % H: % M: % S"))
79	if __name__ == '_ main_':
80	main()　　　　　　　　　　　　＃调用 main()函数,开始执行代码

任务 10-1 运行结果.txt

10.2 多线程编程

进程是操作系统的调度单位,线程是进程的执行单元。创建进程的同时,也创建了主线程。每个进程中可以有一个或多个线程,实现并行处理。

Python 提供了以下多线程实现方式:_thread 模块和 threading 模块。其中,_thread 模块较底层,而 threading 模块对_thread 进行了封装,使用更方便。

一般情况下,应使用更高级别的 threading 模块来完成多线程任务,原因为:①threading 模块对线程的支持更完善,且与_thread 模块中的属性可能发生冲突;②_thread 模块的同步原语只有一个,而 threading 模块有很多;③在_thread 模块中,当主线程结束时,所有的线程都被强制结束,既没有警告,也没有正常的清除工作,而 threading 模块能确保重要的子线程退出后,进程才退出。

1. 使用_thread 模块创建进程

调用_thread 模块中的 start_new_thread()方法来产生新线程。语法如下:

```
_thread.start_new_thread ( function,args[,kwargs] )
```

参数说明:

(1) function　线程函数。

(2) args　传递给线程函数的参数,必须是元组类型。

(3) kwargs　可选参数,以字典的形式指定参数。

_thread 类的方法如表 10-5 所示。

表 10-5　_thread 类的方法

方 法 名	功　能
_thread.start_new_thread (function,args [,kwargs])	创建新线程
_thread.exit()	结束当前线程。调用该方法会触发 SystemExit 异常。如果没有处理该异常,线程将结束
_thread.get_ident()	返回当前线程的标识符,是一个非零整数
_thread.interrupt_main()	在主线程中触发 KeyboardInterrupt 异常。子线程可以使用该方法中断主线程

【例 10-9】　_thread 多线程应用示例。代码如下:

```
import _thread                                    #导入_thread 模块
import time,random
def myFun( threadName,num):                        #定义线程执行函数
```

```
        count = 0
        while count < num:
            print('threadname = {0},count = {1}'.format(threadName,count))
            count += 1
            time.sleep(random.randint(1,6))
if __name__ == '__main__':
    try:
        _thread.start_new_thread(myFun,("Thread-1",3))      # 创建线程
        _thread.start_new_thread(myFun,("Thread-2",6))
        _thread.start_new_thread(myFun,("Thread-3",5))
    except Exception as e:
        print("Error: unable to start thread")
    while True:                                # 设置一个永真循环,为防止主进程退出而使线程同时退出
        pass
```

例 10-9 运行结果.txt

2. thread 模块中的锁

thread.LockType 是 thread 模块中定义的锁类型。锁可以保证在任何时刻,最多只有一个线程访问共享资源。

thread.LockType 类的方法如表 10-6 所示。

表 10-6　thread.LockType 类的方法

方　法　名	功　　能
lock.acquire([waitflag])	获取锁。函数返回一个布尔值,如果获取成功,返回 True,否则返回 False。若参数 waitflag 是一个非零整数,表示锁已被其他线程占用,当前线程将一直等待占用线程结束。若 waitflag 为 0,当前线程会尝试获取锁,不管锁是否被其他线程占用,当前线程都不会等待
lock.release()	释放所占用的琐
lock.locked()	判断锁是否被占用

【例 10-10】　_thread 多线程加锁应用示例。代码如下:

```
import _thread                    # 导入_thread 模块
import time,random
count = 0
lock = _thread.allocate_lock()   # 创建一个锁对象
def threadFunc(threadname):
    global count,lock            # 定义全局变量
    lock.acquire()               # 获得锁
    for i in range(20):
        count += 1
    print('threadname = {0}'.format(threadname))
    lock.release()               # 释放锁
```

```
if __name__ == '__main__':
  for i in range(10):
     _thread. start_new_thread(threadFunc,(("thread" + str(i),)))  # 分别启动 10 个线程
     time. sleep(15)                                               # 为防止线程未执行完毕而进程退出,进程休眠一段时间
     print(count)                                                  # 输出全局变量 count 的值
```

例 10-10 运行结果.txt

3. 用 threading 模块创建进程

threading 用于提供与线程相关的操作,线程是应用程序中调度的最小单元。Thread 是 threading 模块中最重要的类之一,用来创建线程。

Python 中使用 Thread 创建线程有以下两种模式。

(1) 创建线程要执行的函数,把这个函数传递给 Thread 类的对象来执行。

(2) 定义继承自 Thread 类的派生类,覆盖父类的 run() 方法,编写线程要执行的代码。

注意

> (1) 线程在调用 start() 方法时会自动运行 run() 方法中的代码,或自动调用在线程构造函数中 tagret 指定的方法。
>
> (2) 如果在一个线程 A 或函数中调用另一个线程 B,并且线程 A 需要等待线程 B 结束后才运行,此时可以在启动线程 B 后,再用线程 B 调用 join() 方法完成上述功能。
>
> (3) 线程创建后可以设置不同的线程名来区别每个线程。线程名可以在类的初始化方法中定义,也可以利用 setName() 方法设置线程名,或用 getName() 方法获得线程名。
>
> (4) 程序运行时会有一个主线程,主线程可以创建线程。如果子线程调用 setDaemon(True) 方法,主线程会等子线程完成后再退出;否则,当主线程退出时,不管子线程是否完成,都随主线程同时退出。

实例化一个 Thread(调用 Thread())与调用 thread. start_new_thread() 之间最大的区别就是,前者创建的新线程不会立即开始,而是所有线程对象都被创建了之后,再调用 start() 方法启动,并不是创建一个启动一个。Thread 需要管理锁(分配锁、获得锁、释放锁、检查锁的状态等),对每个线程调用 join() 方法,从而使主线程等待子线程的结束。

1) 定义线程函数来创建线程

Thread 类的构造方法如下:

Thread(group = None, target = None, name = None, args = (), kwargs = {})

参数说明:

(1) group   线程组,目前还没有实现,必须是 None。

(2) target   要执行的方法。

（3）name　线程名。

（4）args/kwargs　要传入线程函数的参数。

【例 10-11】 threading 多线程应用示例。代码如下：

```python
import threading,time                              # 导入 threading 模块
from time import sleep
import random
def now() :                                        # 定义显示当前日期和时间的函数
    return str( time. strftime('%Y-%m-%d %H:%M:%S',time. localtime()))
def test(nloop,delay):                             # 定义线程要执行的方法
    print('start loop',nloop,'at:',now())          # 输出线程执行方法的起始时间
    sleep(delay)                                   # 线程休眠
    print('I am sleep in {0} seconds'. format(delay)) # 输出当前线程信息
    print('loop',nloop,'done at:',now())           # 输出线程结束的时间
def main():                                        # 定义 main()函数,初始化并启动线程
    print('starting at:',now())                    # 输出当前时间
    threadpool = []                                # 定义存放线程的列表对象
    for i in range(8):                             # 初始化 8 个线程
        # 调用 Thread 类的构造方法初始化线程,并对线程函数传递相应的参数
        thread = threading. Thread(target = test,args = ("thread-" + str(i),random. randint(1,6)))
        # 创建的线程对象加入列表对象
        threadpool. append(thread)
    for each in threadpool:
        each. start()                              # 分别启动线程列表对象中的每个线程
    for each in threadpool :
        threading. Thread. join( each )            # 线程分别调用 join()方法,让主线程等待
                                                   # 其他线程结束
    print('all Done at:',now())                    # 输出整个程序运行结束时间
if __name__ == '__main__':
        main()
```

例 10-11 运行结果. txt

2）派生 Thread 类来创建线程

【例 10-12】 Thread 派生类多线程应用示例。代码如下：

```python
import threading                                   # 导入 threading 模块
import time
import random
# 继承父类 threading. Thread,编写子类 myThread
class myThread (threading. Thread):
    # 定义子类构造方法,传入线程 ID、线程名字和一个整数值
    def __init__(self,threadID,name,counter):
        threading. Thread. __init__(self)          # 调用父类构造方法
        self. threadID = threadID                  # 定义实例变量存储各参数
```

```
            self.name = name
            self.counter = counter
        #覆盖父类的 run()方法.线程在创建后会直接运行 run()方法
        def run(self):
            print('starting loop',self.name,'at:',time.ctime(time.time()))    #输出线程进入的时间
            print_time(self.name,random.randint(1,5),self.counter)    #调用线程执行方法
            print('existing loop',self.name,'at:',time.ctime(time.time()))    #输出线程结束的时间
    def print_time(threadName,delay,counter):        #线程中调用的方法
        while counter:                               #循环输出 counter 的值
            time.sleep(delay)
            print("threadName = {0},counter = {1}".format(threadName,counter))
            counter -= 1
    def now():                                       #定义显示时间的函数
        return str( time.strftime('%Y- %m- %d %H:%M:%S',time.localtime()))
    def main():
        print('starting at:',now())
        threadpool = []
        #通过创建自定义类 myThread 的对象来创建进程
        for i in range(5):
            thread = myThread(i,"Thread- " + str(i),random.randint(3,9))
            threadpool.append(thread)
        for each in threadpool:
            each.start()                             #依次启动每个线程
        for each in threadpool:
            threading.Thread.join(each)              #调用 join()方法,使主线程等待所有线程结束
        print('all Done at:',now())
    if __name__ == '__main__':
        main()
```

例 10-12 运行结果.txt

任务 10-2　多线程下载网络文件

任务描述

编写一个 Python 程序,使用多线程机制下载网站上的文件。

任务实现

1. 设计思路

根据题目要求,首先利用 urllib.request 模块请求下载文件的地址;然后定义一个下载线程类,重写 run()方法,完成多线程下载。

2. 源代码清单

程序代码如表 10-7 所示。

表 10-7　任务 10-2 程序代码

＃程序名称 task10_2.py

序号	程序代码
1	import threading　　　　　　　　　　　　　　＃导入线程模块
2	import urllib.request　　　　　　　　＃导入 urllib 模块,访问网页或 FTP 上的资源
3	import sys
4	import time
5	max_thread = 16　　　　　　　　　　　　　　＃设置最大线程数为 16
6	lock = threading.RLock()　　　　　　　　　＃初始化锁对象
7	def **now()**:　　　　　　　　　　　　　　＃定义获取当前日期和时间的函数
8	return
9	str(time.strftime('*%Y- %m- %d %H: %M: %S*',time.localtime()))
10	＃定义用于下载的线程类
11	class **Downloader**(threading.Thread):
12	＃定义本类的构造方法,url 是下载地址,start_size 下载文件的起始位置
13	＃end_size 是下载文件的结束位置,fobj 是本地要保存的文件名
14	＃buffer 是每次读写块的字节数
15	def __init__(*self*,url,start_size,end_size,fobj,buffer):
16	＃初始化类的实例变量
17	*self*.url = url
18	*self*.buffer = buffer
19	*self*.start_size = start_size
20	*self*.end_size = end_size
21	*self*.fobj = fobj
22	threading.Thread.__init__(*self*)　＃调用父类的构造方法
23	＃覆盖父类的 run()方法
24	def **run**(*self*):
25	with lock:
26	print('*starting: threadName = {0}*'.format(*self*.getName()))
27	＃输出当前执行任务的进程
28	*self*._download()　　　　　＃调用_download()方法完成下载任务
29	＃定义下载方法
30	def **_download**(*self*):
31	＃获取网络请求对象
32	req = urllib.request.Request(*self*.url)
33	＃添加 HTTP Header(RANGE),用来设置下载数据的范围
34	req.headers['*Range*'] = '*bytes = %s- %s*'% (*self*.start_size,\
35	*self*.end_size)
36	f = urllib.request.urlopen(req)　＃打开 url,返回一个文件对象
37	offset = *self*.start_size　　　　＃初始化当前线程文件对象偏移量
38	while 1:
39	block = f.read(*self*.buffer)

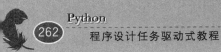
续表

序号	程序代码
40	＃判断当前线程是否全部读完所分配的任务
41	if not block:
42	with lock:
43	＃如果没有可读取的数据,当前线程结束
44	print('{0} is done.'.format(self.getName()))
45	break
46	＃由于对同一个文件进行写操作,因此需要锁住文件
47	with lock:
48	＃输出当前写文件的线程名
49	sys.stdout.write('{0} is saving block...'.format(self.getName()))
50	self.fobj.seek(offset)　　　　　　　　＃设置文件对象偏移地址
51	self.fobj.write(block)　　　　　　　　＃写入获取到的数据
52	＃修改文件对象偏移地址,为下次读写做准备
53	offset = offset + len(block)
54	sys.stdout.write('done.\n')
55	＃定义初始化和启动线程方法
56	def **main**(url, thread = 3, save_file = '', buffer = 1024):
57	＃最大线程数量不能超过 max_thread
58	thread = thread if thread <= max_thread else max_thread
59	req = urllib.request.urlopen(url)　　　　　＃打开 url,获取文件对象
60	print(req.info())　　　　　　　　　　　＃输出获取到的信息
61	size = (int)(req.info().get('Content - Length'))＃获取文件的大小
62	fobj = open(save_file,'wb')　　　　　　　＃初始化本地要写的文件对象
63	＃根据线程数量计算每个线程负责的下载任务
64	avg_size, pad_size = divmod(size, thread)
65	plist = []　　　　　　　　　　　　　　＃存放线程的队列对象初始化
66	＃根据用户传入的线程数量创建每个线程
67	for i in range(thread):
68	＃计算每个线程要下载的内容在文件中的起始地址
69	start_size = i * avg_size
70	end_size = start_size + avg_size - 1
71	＃最后一个线程一般比块的字节数小,需特殊处理
72	if i == thread - 1:
73	＃最后一个线程加上 pad_size
74	end_size = end_size + pad_size + 1
75	＃调用线程类的构造方法创建当前线程
76	t = Downloader(url, start_size, end_size, fobj, buffer)
77	plist.append(t)　　　　　　　　　　　＃新生成的线程加入列表对象
78	for t in plist:
79	t.start()　　　　　　　　　　　　　　＃依次启动每个线程
80	for t in plist:

续表

序号	程序代码
81	t.join() #主线程等待所有线程结束
82	fobj.close() #若所有线程结束,关闭文件对象
83	print('*Download completed!*') #输出结束信息
84	if __name__ == '__main__':
85	print('*start Done at:*',now())
86	#url是要下载的文件的网络地址和文件名
87	url = '*http://localhost:8080/unit03/download/IMG_100347.jpg*'
88	#调用 main()函数开启下载任务
89	main(url = url, thread = 10, save_file =
90	'*D:\\temp\\chapter10\\mypicture.jpg*', buffer = 32768)
91	print('*all Done at:*',now()) #所有线程结束,输出结束时间

任务 10-2 运行结果.txt

10.3 线程之间的同步

当多个线程共享同样的临界资源时,如果调度时不加控制,可能会出现不可预料的结果。例如,在生产者和消费者问题中,前一个进程 A 的输出作为后一个进程 B 的输入,当进程 A 未输出时,进程 B 应该等待,否则会出错。因此,当多个线程共享数据时,为了避免可能导致的数据处理错误,保证数据的正确性,应该使用线程同步技术。

Python 提供多种线程同步技术,如锁机制、条件变量机制、队列机制、事件机制等。

10.3.1 锁机制

Python 中有两种锁:原始锁和递归锁。原始锁的操作特点是不可重入,而递归锁是可重入的。thread 模块中只提供了不可重入的原始锁,在 threading 模块中则支持以上两种锁。

可重入是指当一个线程拥有某个锁的使用权后,再次获取该锁时,不会阻塞,且立即获得该锁的使用权。原始锁不能重复获得使用权且会阻塞,因此是不可重入的。

1. _thread 模块的原始锁

使用_thread 模块的原始锁的方法如下。

(1)通过_thread.allocate_lock()方法获得原始锁对象。

(2)通过锁对象名.lock.acquire()获得临界资源的使用权。

(3)操作完成后,通过锁对象名.lock.release()方法释放获得的锁。

【例 10-13】 _thread 模块的原始锁应用示例。代码如下:

```
import _thread
```

```
from time import sleep
lock = _thread.allocate_lock()                  #获得_thread模块的原始锁
#定义线程要执行的函数
def myFunc(threadname):
    global num;
    while True:
        lock.acquire()                          #获得锁
        if num <= 20:
            print("Threadname - {0},num = {1}".format(threadname,str(num)))
            num = num + 1
            sleep(1)
        else:
            break
        lock.release()                          #释放锁
    else:
        _thread.exit_thread()                   #结束当前线程
if __name__ == "__main__":
    num = 1                                     #全局变量赋初值
    _thread.start_new_thread(myFunc,('One',))   #启动第一个进程
    _thread.start_new_thread(myFunc,('Two',))   #启动第二个进程
    print('Completed')
    sleep(20)                                   #为防止因主进程结束而结束子进程,休眠20秒
```

例 10-13 运行结果.txt

2. threading 模块的原始锁

threading 模块的 Lock 对象是原始锁。使用方法如下:

(1) 通过 threading.Lock()方法获得原始锁对象。

(2) 通过锁对象名.lock.acquire()获得临界资源的使用权。

(3) 操作完成后,通过锁对象名.lock.release()方法释放获得的锁。

【例 10-14】 threading 模块的原始锁应用示例。代码如下:

```
import threading
import time
import random
class myThread (threading.Thread):                  #定义线程类
    #自定义线程类构造方法,参数分别为线程编号、线程名字、数字、原始锁对象
    def __init__(self,threadID,name,counter,mylock):
        threading.Thread.__init__(self)
        self.threadID = threadID
        self.name = name
        self.counter = counter
        self.mylock = mylock
    def run(self):                                  #定义线程要执行的方法
```

```
            print("Starting " + self.name)
            self.mylock.acquire()              # 获得锁.成功锁定后,返回 True
            print_time(self.name,self.counter)  # 调用输出函数
            self.mylock.release()              # 释放锁
def print_time(threadName,counter):           # 定义输出函数
        while counter:
            delay = random.randint(1,4)
            time.sleep(delay)
            print("threadname - {0},{1},counter = {2}".format (threadName,\
time.ctime(time.time()),counter))             # 输出当前线程的信息
            counter -= 1
def main():                                    # 定义 main()函数,完成线程的创建和启动
        threadLock = threading.Lock()          # 获得原始锁
        threads = []                           # 初始化线程列表对象
        for i in range(5):
            # 调用自定义线程类的构造方法创建线程
            thread = myThread(i,"Thread - " + str(i),6 - i,threadLock)
            threads.append(thread)
        for each in threads:
            each.start()                       # 依次启动新创建的线程
        for each in threads :
            threading.Thread.join( each )      # 依次调用 join()方法,让主线程等待所有线程完成
        print("Exiting Main Thread")           # 输出结束信息
if __name__ == '__main__':
    main()
```

例 10-14 运行结果.txt

3. threading 模块的递归锁

threading 模块的 RLock 对象是递归锁,其使用方法如下:

(1) 通过 threading.RLock()方法获得递归锁对象。

(2) 通过递归锁对象名.lock.acquire()获得临界资源的使用权。

(3) 操作完成后,通过递归锁对象名.lock.release()方法释放获得的锁。

【例 10-15】 threading 模块的递归锁应用示例。代码如下:

```
import threading
import time
from time import sleep
import random
lock = threading.RLock()                       # 获得递归锁对象
def myFunc(threadname):                         # 定义线程要执行的函数
        global num
        lock.acquire()                          # 获得锁
        if num <= 20:
            print("Thread - {0},num = {1}".format (threadname,str(num)))
            num = num + 2
            sleep(random.randint(0,1))
```

```
        myFunc(threadname)                        # 递归调用本函数
        lock.release()                            # 释放锁
if __name__ == "__main__":
    num = 1
    t1 = threading.Thread(target = myFunc, args = ('One',))
    t2 = threading.Thread(target = myFunc, args = ('Two',))
    t1.start()
    t2.start()
    t1.join()
    t2.join()
    print('Completed!')
```

例 10-15 运行结果.txt

10.3.2　条件变量机制

锁只能提供最基本的同步,如果只是在某些事件发生时才需要访问一个"临界区"时,可以使用条件变量 Condition。Python 中的 Condition 条件变量提供了对复杂线程同步问题的支持,除了提供 acquire() 和 release() 方法外,还提供了 wait() 和 notify() 方法。

Condition 对象是对 Lock 对象的包装。在创建 Condition 对象时,调用构造方法需要一个 Lock 对象作为参数。如果该参数默认,Condition 将自动创建一个 Lock 对象。

条件变量的工作机制如下:当一个线程 A 通过 acquire() 方法成功获得一个条件变量对象 B 后,通过该条件变量对象 B 调用 wait() 方法,使线程 A 释放条件变量对象内的锁,并进入阻塞状态,直到另一个线程 C 通过条件变量对象 B 调用 notify() 方法来唤醒进入阻塞状态的线程 A。如果通过条件变量对象 B 调用 notifyAll() 方法,会唤醒所有等待的线程。

如果程序或者线程始终处于阻塞状态,将发生死锁。在使用锁、条件变量等同步机制的情况下,需要预防死锁。防止死锁的方法如下:

(1) 对可能产生异常的临界区,应该使用异常处理机制中的 finally 子句来保证释放锁。

(2) 保证每一个 wait() 方法调用都有一个相对应的 notify() 调用。也可以调用 notifyAll() 方法防止有的线程永远处于阻塞状态。

Condition 对象可使用的方法如表 10-8 所示。

表 10-8　Condition 对象可使用的方法

方　法　名	功　　能
acquire()	获得 Condition 对象内部的锁
release()	释放 Condition 对象内部的锁
wait([timeout])	释放内部占用的锁,同时线程被挂起,直至接收到通知被唤醒或超时(如果提供了 timeout 参数)
notify()	唤醒一个挂起的线程(如果存在挂起的线程)。注意:notify()方法不会释放所占用的锁
notifyAll()	唤醒所有挂起的线程(如果存在挂起的线程)。注意:这些方法不会释放所占用的锁

threading 模块的条件变量 Condition 的使用方法如下：

（1）通过 threading.Condition()方法获得条件变量对象。

（2）通过条件变量对象名.acquire()方法获得条件变量内的锁。

（3）通过条件变量对象名.notify()方法唤醒一个被阻塞的线程，或使用条件变量对象名.notifyAll()唤醒被阻塞的线程。

（4）操作完成后，通过条件变量对象名.release()方法释放获得的锁。

【例 10-16】 条件变量 Condition 应用示例。代码如下：

```
import time
import threading
import random
condition = threading.Condition()        #初始化全局条件变量
items = []                                #初始化全局列表对象
#定义写线程类
class WriteData(threading.Thread):
    #定义写线程类的构造方法,第二个参数是线程的名字
    def __init__(self,thread_name):
        threading.Thread.__init__(self,name = thread_name)
        self.name = thread_name
    #定义实例方法 myWriter(),完成输出
    def myWriter(self):
        global condition                  #全局变量声明
        global items
        condition.acquire()               #获得条件变量对象的内部锁
        if len(items) == 0:               #如果列表对象为空,等待
            condition.wait()              #释放条件变量的内部锁,等待唤醒
            print ("Writer notify: no item to print")
        else:
            print("Writer notify: found 1 item")
            t = items.pop()               #从列表对象的尾部删除一个元素并输出
            print("thread {0} notify: The item is :{1}".format(self.name,t))
            condition.notify()            #唤醒处于阻塞状态的进程
            condition.release()           #释放条件变量对象的内部锁
    #覆盖线程类的 run()方法
    def run(self):
        for i in range(20):
            time.sleep(3)
            self.myWriter()               #调用输出方法输出信息
        print("myWriter is end.")
#定义读进程类
class ReadData(threading.Thread):
    def __init__(self,thread_name):
        threading.Thread.__init__(self,name = thread_name)
        self.name = thread_name
    #定义实例方法,完成列表中添加元素的功能
    def myReader(self,i):
        global condition
        global items
        condition.acquire()               #获得内部锁
```

```
            if len(items) == 10:            #最多写10个元素,写满则释放内部锁,并进入阻塞状态
                condition.wait()
                print ("Reader notify: the number of items is {0}".format(len(items)))
                print("Producer notify: stop reading!!")
            items.append(i)                 #在全局列表对象中添加元素
            condition.notify()              #唤醒等待进程
            condition.release()             #释放内部锁
        def run(self):                      #覆盖父类 run()方法
            for i in range(0,20):
                time.sleep(1)
                self.myReader(i)
            print("myReader is end.")
    if __name__ == "__main__":
        producer = WriteData("out")         #初始化线程对象
        consumer = ReadData("in")
        producer.start()                    #启动线程
        consumer.start()
        producer.join()                     #主线程等待所有线程执行完毕
        consumer.join()
```

例 10-16 运行结果.txt

10.3.3 队列机制

Python 在 Queue 模块中提供了同步的且线程安全的队列类,如下所示。

(1) Queue.Queue(maxsize):FIFO(先进先出队列)。

(2) Queue.LifoQueue(maxsize):LIFO(先进后出队列)。

(3) Queue.PriorityQueue(maxsize):优先级队列,优先级低的先出。

注意

如果设置的 maxsize 小于 1,表示队列的长度无限长。上述队列都实现了锁原语,能够在多线程中直接使用,从而实现线程间的同步。

队列适用于"生产者—消费者"类型的任务,两者无论数量多少,无论速度有何差异,都可以使用队列。FIFO 队列常用方法如表 10-9 所示。

表 10-9 FIFO 队列常用方法一览表

方 法 名	功 能
Queue.qsize()	返回队列元素个数
Queue.empty()	判断队列是否为空
Queue.full()	判断队列是否已满

方 法 名	功 能
Queue. get([block])	从队列头删除元素并返回元素值,参数 block 默认为 True,表示当队列为空时会阻塞线程,等待,直到队列中有元素为止。如果是 False,则当队列为空时,删除元素会引起异常
Queue. put(...[,block])	向队尾插入一个元素。若参数 block 为 True,队列满时阻塞并等待,直到有空位置为止。若 block 为 False,队列满时插入会引起异常
Queue. task_done()	处理完删除的队列头元素后,可以调用 task_done()方法向队列发出本任务已经完成的信号
Queue. join()	监视所有队列元素并阻塞主线程,直到所有队列元素都调用了 task_done()之后,主线程才继续向下执行

【例 10-17】 队列同步应用示例。代码如下:

```
import threading
import time
import queue                                  # 导入同步队列
myqueue = queue.Queue()                       # 初始化全局同步队列对象
# 初始化列表对象,用于生产任务
mylist = [(x, y) for x in range(100) for y in range(100) if x!= y]
count = 0                                     # 初始化全局变量,用于统计生产数量
# 定义生产者线程类
class Producer(threading.Thread):
    def run(self):                            # 定义生产者线程运行方法
        global myqueue                        # 声明全局变量
        global count
        # 每个生产者的生产次数由随机数决定
        for j in range(random.randint(1,3)):
            # 每次生产 5 个产品
            for i in range(5):
                if myqueue.qsize() > 15:      # 如果队列元素多于 15 个,将停止生产
                    pass
                else:
                    count = count + 1
                    msg = self.name + '生成产品' + str(i) + str(mylist[count])
                    myqueue.put(msg)          # 当前产品添加到队列中
                    print(msg)
            time.sleep(2)
# 定义消费者线程
class Consumer(threading.Thread):
    def run(self):                            # 定义消费者线程运行方法
        global myqueue
        # 如果队列不为空,继续读取数据
        while myqueue.qsize()!= 0:
            for i in range(3):
                if myqueue.qsize() < 1:
                    pass
                else:
                    msg = self.name + '消费了' + myqueue.get()    # 读取队列元素
                    print(msg)
```

```
                        myqueue.task_done()        #读处理完毕,给队列对象发送任务完毕信号
                time.sleep(3)
    #定义操作线程方法
def test():
    global count
    #队列初始化10个元素
    for i in range(10):
        myqueue.put('初始产品:第' + str(i) + '个产品' + str(mylist[i]))
    count = myqueue.qsize()                          #count 表示元素的个数
    for i in range(5):
        p = Producer()
        p.start()                                   #启动生产者线程
    for i in range(3):
        c = Consumer()
        c.start()                                   #启动消费者线程
if __name__ == '__main__':
    test()
```

例 10-17 运行结果.txt

10.3.4 事件机制

Python 提供了事件机制,即 Event 对象,用于线程间的通信。线程同步是通过共享数据实现的,多个线程操作同一个变量对象,但是任一时刻只能有一个线程操作,其他线程必须等待,而在事件机制中,通过标志位的设置来完成同步。如果标志位为真,其他线程阻塞并等待。

事件机制 Event 的应用.pdf

任务 10-3 URL 请求

任务描述

编写一个 Python 程序,用多线程方式进行 URL 请求。

任务实现

1. 设计思路

根据题目要求,设计两个线程类,其中一个相当于生产者线程,负责向队列中添加 URL 地址;另一个相当于消费者线程,从队列中摘取 URL 并访问,把访问信息存放在列表对象中。

2. 源代码清单

程序代码如表 10-10 所示。

表 10-10　任务 10-3 程序代码

＃程序名称 task10_3.py

序号	程 序 代 码
1	import urllib.request　　　　　　　　　＃导入 URL 访问模块
2	import threading　　　　　　　　　　　＃导入线程模块
3	import time
4	import queue　　　　　　　　　　　　　＃导入队列模块
5	maxThread = 10
6	myqueue = queue.Queue()　　　　　　　　＃初始化队列对象
7	count = 0　　　　　　　　　　　　　　　＃计数器初始化
8	＃初始 URL 列表对象
9	urls = ['http://www.baidu.com','http://www.sohu.com',
10	'http://www.sina.com','http://www.taobao.com',
11	'http://www.126.com','http://www.JD.com',
12	'http://www.bioon.com','http://www.buaa.edu.cn',
13	'http://www.163.com','http://www.qnwz.cn',
14	'http://edu.taisha.org','http://www.bnu.edu.cn',
15	'http://www.pku.edu.cn','http://www.bjmu.edu.cn',
16	'http://www.njtu.edu.cn','http://www.cau.edu.cn',
17	'http://www.bit.edu.cn','http://www.cfan.com.cn',
18	'http://finance.cctv.com','http://www.bupt.edu.cn']
19	num = len(urls)　　　　　　　　　　　　＃获得 URL 地址的个数
20	info = []　　　　　　　　　　　　　　　＃访问信息列表对象初始化
21	＃定义 URL 访问线程
22	class **GetUrlThread**(threading.Thread):
23	def __init__(self,threadname):
24	threading.Thread.__init__(self,name = threadname)
25	self.name = threadname
26	＃定义线程运行的方法
27	def **run**(self):
28	global info
29	while True:
30	if myqueue.qsize()!= 0:
31	tmp = myqueue.get()　　　　＃如果队列不为空,取队头元素
32	req = urllib.request.urlopen(tmp) ＃访问该 URL 地址
33	info.append(req.info)　　　　＃信息添加到列表对象中
34	else:
35	break
36	＃定义放置 URL 到队列的线程类
37	class **PutUrlThread**(threading.Thread):
38	def __init__(self,threadname):
39	threading.Thread.__init__(self,name = threadname)

续表

序号	程 序 代 码
40	*self* .name = threadname
41	♯定义线程要运行的方法
42	def **run**(*self*):
43	♯声明全局变量
44	global myqueue
45	global urls
46	global count
47	global num
48	while True:
49	if count < num:
50	♯从列表对象中摘取第 count 个元素放在队列中
51	myqueue. put(urls[count])
52	count = count + 1
53	else:
54	break
55	♯定义并初始化线程对象
56	def **main**():
57	global count
58	global urls
59	start = time. time()
60	threadsPut = [ ]
61	♯初始化用于 URL 请求的线程对象
62	for i in range(5):
63	t = PutUrlThread(*"put"* + str(i))
64	threadsPut. append(t)
65	t. start()
66	threadsGet = [ ]
67	♯初始化用于从 URL 列表中摘取元素的线程对象
68	for i in range(5):
69	t = GetUrlThread(*"get"* + str(i))
70	threadsGet. append(t)
71	t. start()
72	for t in threadsPut:
73	t. join()
74	for t in threadsGet:
75	t. join()
76	print(*"Elapsed time: ％ s"*％ (time. time() – start))
77	if __name__ == '__main__':
78	main()
79	print(len(info))
80	for item in info:
81	print(item)

任务 10-3 运行结果.txt

10.4 习　　题

（1）编写多进程程序：1 个生产者生产一系列随机整数,缓冲区大小为 10；10 个消费者处理数据。判断该数据是否是素数,输出计算和调度结果。

（2）编写多线程程序：1 个生产者生产一系列随机整数,缓冲区大小为 10；10 个消费者处理数据,上一个消费者处理完后,下一个消费者才处理。判断该数据是否是素数,输出计算和调度结果。

（3）编写多进程程序,根据关键字爬取网页,并把符合要求的网址写在文件中。

（4）编写多进程程序,从多个网站中批量下载图片。

高级篇

Python高级应用

Python 与数据库

在信息管理中,经常使用数据库技术来管理大量的数据,并实现数据共享和安全机制。Python 提供了数据库编程接口 API 来操作数据库。Python 通过数据库编程接口可以操作不同平台的数据库,如 SQLite 数据库和 MySQL 数据库。

11.1 Python 数据库编程接口

Python 标准数据库接口为 Python DB API,开发人员可以用来进行数据库应用开发。Python DB API 支持多种数据库,如 SQLite、MySQL、PostgreSQL、Microsoft SQL Server、Informix、Interbase、Oracle、Sybase 等。

针对不同的数据库类型,需要下载不同的 DB API 模块。例如,访问 MySQL 数据库需要下载 MySQL 数据库模块。

11.1.1 全局变量

为提高 API 设计的灵活性并支持多种底层机制,所有支持 DB API 的数据库模块都必须定义 3 个全局变量,用来描述模块的特征。这 3 个全局变量分别是 apilevel、threadsafety 和 paramstyle,其用途如表 11-1 所示。

表 11-1 DB API 的模块特征

全局变量名称	用　　途
apilevel	一个字符串常量,说明使用 Python DB API 的版本号
threadsafety	线程的安全等级,取值范围为 0～3 取值为 0,表示线程完全不共享模块 取值为 1,表示线程本身可共享模块,但不共享连接 取值为 3,表示完全线程安全
paramstyle	参数风格,规定在执行多次类似查询时,参数是如何被拼接到 SQL 查询中的。可以是如下取值之一。 format:标准的字符串格式,在拼接处插入%s pyformat:扩展的格式代码,用于字典拼接,插入%(dk) qmark:使用问号 numeric:使用:1 或:2 格式的字段(数字表示参数序号) named::para1 格式的字段。其中,para1 为参数名

11.1.2 异常处理

为了处理可能发生的错误，DB API 中定义了很多异常类，如表 11-2 所示。在程序中可以通过 except 模块来捕获这些异常对象。

表 11-2 DB API 中定义的异常类

异 常 类	超 类	异 常 描 述
Standard Error		所有异常的泛型基类
Warning	StandardError	在非致命错误发生时引发
Error	StandardError	所有错误条件的泛型超类
InterfaceError	Error	与接口有关而非数据库的错误
DatabaseError	Error	与数据库相关的错误的基类
DataError	DatabaseError	与数据相关的问题，比如值超出范围
OperationalError	DatabaseError	数据库内部操作错误
IntegrityError	DatabaseError	关系完整性受到影响，比如键检查失败
InternalError	DatabaseError	数据库内部错误，比如非法游标
ProgrammingError	DatabaseError	用户编程错误，比如未找到表
NotSupportedError	DatabaseError	请求不支持的特性（比如回滚）

11.1.3 数据库连接与游标

在使用数据库之前需要连接到数据库。可以调用 connect() 方法完成这一功能，其常用参数如表 11-3 所示。参数的类型全部是字符串类型。具体使用哪个参数与底层数据库的类型有关。建议以关键字参数的形式来使用这些参数，并按顺序传递。

表 11-3 connect() 函数的常用参数

参 数 名	描　　述	是否可选
dsn	数据源名称。给出该参数，表示数据库依赖	否
user	用户名	是
password	用户密码	是
host	主机名	是
database	数据库名	是

connect() 方法返回数据库连接对象。该连接对象可执行的方法如表 11-4 所示。

表 11-4 数据库连接对象的方法

方 法 名	描　　述
close()	关闭数据库连接。关闭之后，连接对象及其游标均不可用
commit()	如果支持事务，就提交挂起的事务，否则不做任何事
rollback()	回滚挂起的事务（对于不支持事务的数据库，不可用）
cursor()	返回连接的游标对象

表 11-4 中的游标对象用来执行 SQL 语句并检查结果。游标对象可用的方法如表 11-5 所示。游标对象的属性如表 11-6 所示。

表 11-5　游标对象的方法

方　法　名	描　　述
callproc(name[,params])	使用给定的名称和参数(可选)调用已命名的数据库程序
close()	关闭游标对象。关闭之后,游标不可用
execute(oper[,params])	执行 SQL 操作,可使用参数
executemany(opera,pseq)	对序列中的每个参数执行 SQL 操作
fetchone()	把查询的结果集中的下一行保存为序列,或者 None
fetchmany([size])	获取查询结果集中的多行,默认大小为 arraysize
fetchall()	将所有(剩余)的行作为序列
nextset()	跳至下一个可用的结果集(可选)
setinputsizes(sizes)	为参数预先定义内存区域
setoutputsize(size[,col])	为获取的大数据值设置缓冲区大小

表 11-6　游标对象的属性

名　称	描　　述
description	结果列描述的序列,只读
rowcount	结果中的行数,只读
arraysize	fetchmany 中返回的行数,默认为 1

11.1.4　数据类型

在与底层数据库交互时,需要确定列中的值的数据类型。DB API 提供了用于特殊数据类型的构造方法和常量,如表 11-7 所示。

表 11-7　DB API 特殊数据类型的构造方法和常量

数　据　类　型	描　　述
Date(year,month,day)	创建保存日期值的对象
Time(hour,minute,second)	创建保存时间值的对象
Timestamp(y,mon,d,h,min,s)	创建保存时间戳的对象
DateFromTicks(ticks)	创建保存自新纪元以来秒数的对象
TimeFromTicks(ticks)	创建保存来自秒数的时间值的对象
TimestampFromTicks(ticks)	创建保存来自秒数的时间戳值的对象
Binary(string)	创建保存二进制字符串值的对象
String	描述基于字符串的列类型(比如 char)
Binary	描述二进制列(比如 long 或 raw)
Number	描述数字列
DateTime	描述日期/时间列
RowID	描述行 ID 列

11.1.5　Python 数据库操作步骤

Python 的数据库模块有统一的接口标准,所以数据库操作步骤基本一致,总结如下:

(1) 利用数据库模块提供的 connect()方法创建数据库连接。假设连接对象为 conn。

(2) 如果某个数据库操作不需要返回结果,可以直接用 conn. execute()方法执行 SQL 语句。对于支持事务的数据库,所有修改数据库的操作需要调用 conn. commit()方法完成事务。

（3）如果数据库操作需要返回结果,调用 conn. cursor()方法创建游标对象 cursor,然后通过 cursor. execute()方法执行 SQL 语句,用 cursor. fetchall()、cursor. fetchone()或 cursor. fetchmany()方法返回执行结果。对于支持事务的数据库,所有修改数据库的操作需要调用 conn. commit()方法完成事务。

（4）调用 cursor. close()方法关闭游标对象。

（5）调用 conn. close()方法关闭数据库连接。

11.2 SQLite 数据库操作

11.2.1 SQLite 数据库连接

Python SQLite 数据库是一款非常小巧的嵌入式开源数据库软件,无独立的维护进程;使用一个文件来存储整个数据库,操作方便。SQLite 实现了多数 SQL-92 的标准,比如事务、触发器和复杂的查询等。Python SQLite 3 模块 DB API 如表 11-8 所示。开发者可以利用这些 API 来操作 SQLite 数据库。

表 11-8　Python SQLite 3 模块 DB API

函　数　名	功　　能
sqlite3. connect(database［,timeout,other optional arguments］)	打开数据库文件 database。如果数据库成功打开,返回一个连接对象; 当一个数据库被多个连接访问,且其中一个修改了数据库,此时 SQLite 数据库被锁定,直到事务提交; timeout 参数表示连接等待锁定的持续时间,直到发生异常断开连接。timeout 参数默认是 5.0(5 秒); 如果给定的数据库名称 filename 不存在,该调用将创建一个数据库
connection. cursor(［cursorClass］)	创建游标对象 cursor。可选参数 cursorClass 必须是一个扩展自 sqlite3. Cursor 的自定义的 cursor 类
cursor. execute(sql［,optional parameters］)	执行 SQL 语句。该 SQL 语句可以被参数化(即使用占位符代替 SQL 文本),SQLite 3 模块支持两种类型的占位符:问号和命名占位符(命名样式)
connection. execute(sql［,optional parameters］)	游标对象 cursor. execute()方法的快捷方式
cursor. executemany(sql,seq_of_parameters)	对 seq_of_parameters 中的所有参数或映射执行 SQL 命令
connection. executemany(sql［,parameters］)	游标对象 cursor. executemany()方法的快捷方式
cursor. executescript(sql_script)	接收到脚本后执行多条 SQL 语句。首先执行 COMMIT 语句,然后执行作为参数传入的 SQL 脚本。所有的 SQL 语句用分号(;)分隔
connection. executescript(sql_script)	游标对象 cursor. executescript()方法的快捷方式
connection. total_changes	返回自数据库连接打开以来被修改、插入或删除的数据库总行数

续表

函　数　名	功　　能
connection. commit()	提交当前的事务。若未调用该方法,则自上次调用 commit()以来所做的任何动作对其他数据库连接来说都是不可见的
connection. rollback()	回滚自上一次调用 commit()以来对数据库所做的更改
connection. close()	关闭数据库连接。若未调用 commit()方法,就直接关闭数据库连接,所有更改将全部丢失
cursor. fetchone()	获取查询结果集中的下一行。若没有数据,返回 None
cursor. fetchmany([size＝cursor. arraysize])	获取查询结果集中的多行,行数由 size 指定,返回列表。若没有数据,返回空列表
cursor. fetchall()	获取查询结果集中所有(剩余)的行,返回一个列表。当没有可用行时,返回一个空列表

例 11-1 显示了如何连接到一个现有的 SQLite 数据库。如果参数中指定的数据库不存在,会在指定位置创建该名字的数据库,并返回数据库连接对象。

【例 11-1】　SQLite 数据库连接示例。代码如下:

```
import sqlite3
conn = sqlite3.connect('D:\\temp\\chapter11\\test.db')
print("Opened database successfully");
```

11.2.2　SQLite 数据库操作步骤

(1) 创建数据库表。

调用 connection. execute()方法或 cursor. execute()方法创建数据库表。

(2) 插入数据。

调用 connection. execute()方法或 cursor. execute()方法在数据库表中插入数据。

(3) 更新数据。

调用 connection. execute()方法或 cursor. execute()方法在数据库表中更新数据。

(4) 删除数据。

调用 connection. execute()方法或 cursor. execute()方法在数据库表中删除数据。

(5) 查询数据。

调用 connection. execute()方法或 cursor. execute()方法在数据库表中查询数据。

SQLite 数据库操作实例. pdf

任务 11-1　通讯录管理系统

任务描述

编写一个 Python 程序,采用数据库实现通讯录管理功能。

任务实现

1. 设计思路

根据题目要求,采用 SQLite 数据库存放通讯录,并设计相应的操作菜单便于用户使用。通过参数化的 SQL 语句来完成通讯录的管理操作。

2. 源代码清单

程序代码如表 11-9 所示。

表 11-9　任务 11-1 程序代码

程序名称 task11_1.py

序号	程序代码
1	import sqlite3　　　　　　# 导入 SQLite 数据库模块
2	# 创建数据库连接对象. 第一次执行时, 创建 address 数据库
3	conn = sqlite3.connect('D:\\temp\\chapter11\\address.db')
4	print("数据库连接成功!");
5	print("\t\t 通讯录管理")
6	while True:
7	print("1.新建",end = ' ')
8	print("2.查找",end = ' ')
9	print("3.添加",end = ' ')
10	print("4.修改",end = ' ')
11	print("5.删除",end = ' ')
12	print("6.排序",end = ' ')
13	print("0.退出",end = ' ')
14	choice = int(input("请输入你的选择(0~7)"))
15	if(choice == 0):
16	break;
17	if(choice < 0 or choice > 7):
18	print("输入非法,请重新输入!")
19	continue
20	if(choice == 1):
21	# 创建通讯录数据表,只能执行一次
22	conn.execute('''CREATE TABLE MYADDRESS
23	(ID INT PRIMARY KEY　　NOT NULL,
24	NAME　　　　　TEXT　　NOT NULL,
25	TELEPHONE　　　TEXT　　NOT NULL,
26	EMAIL　　　　　TEXT,
27	ADDRESS　　TEXT,
28	WEICHART　　TEXT,
29	QQ　　　　　TEXT);''')
30	print("成功建立通讯录数据库表!");
31	elif(choice == 2):
32	que = input("请输入查找关键字, * 表示查找全部数据")
33	cursor = conn.cursor()
34	if(que == ' * '):
35	# 查找全部数据
36	mylist = cursor.execute("SELECT * from　MYADDRESS ")

续表

序号	程 序 代 码
37	`        else:`
38	`            ♯全表内模糊查找`
39	`            mylist = cursor.execute("SELECT ID, NAME, TELEPHONE, \`
40	`EMAIL, ADDRESS, WEICHART, QQ from MYADDRESS where \`
41	`ID = (?) or NAME like ? or   ADDRESS like ? or \`
42	`TELEPHONE like ? or EMAIL like ? or WEICHART like ?\`
43	`or QQ like ?",(que.strip(),('%'+que.strip()+'%'),\`
44	`('%'+que.strip()+'%'),('%'+que.strip()+'%'),\`
45	`('%'+que.strip()+'%'),('%'+que.strip()+'%'),\`
46	`('%'+que.strip()+'%')))`
47	`            ♯显示查找结果`
48	`            for row in mylist:`
49	`                print("编号 =  ",row[0],end = ' ')`
50	`                print("姓名 =  ",row[1],end = ' ')`
51	`                print("电话 =  ",row[2],end = ' ')`
52	`                print("电子邮件 =  ",row[3],end = ' ')`
53	`                print("地址 =  ",row[4],end = ' ')`
54	`                print("微信 =  ",row[5],end = ' ')`
55	`                print("QQ =  ",row[6])`
56	`            print("查询结束")`
57	`            cursor.close()`
58	`        elif(choice == 3):`
59	`            ♯输出要添加的通讯录信息`
60	`            cursor = conn.cursor()`
61	`            myid = input("请输入编号")`
62	`            name = input("请输入姓名")`
63	`            telephone = input("请输入电话")`
64	`            email = input("请输入电子邮件")`
65	`            address = input("请输入地址")`
66	`            weichart = input("请输入微信")`
67	`            qq = input("请输入 QQ")`
68	`            ♯调用 insert 语句添加一条信息`
69	`            cursor.execute("INSERT INTO MYADDRESS(ID, NAME, TELEPHONE, EMAIL, \`
70	`ADDRESS, WEICHART, QQ) VALUES ((?),(?),(?),(?),(?),(?),(?))",\`
71	`(int(myid),name,telephone,email,address,weichart,qq))`
72	`            conn.commit()`
73	`            cursor.close()`
74	`            print("添加成功!")`
75	`        elif(choice == 4):`
76	`            myid = input("请输入编号")`
77	`            cursor = conn.cursor()`
78	`            ♯修改某条信息之前,先按关键字查找它`
79	`            mylist = cursor.execute("SELECT ID, NAME, TELEPHONE, EMAIL, \`
80	`ADDRESS, WEICHART, QQ from MYADDRESS where ID = (?)",(myid.strip()))`
81	`            for row in mylist:`
82	`                ♯输出找到的记录并选择修改哪项`

序号	程 序 代 码
83	print("1.编号 = ",row[0],end='')
84	print("2.姓名 = ",row[1],end='')
85	print("3.电话 = ",row[2],end='')
86	print("4.电子邮件 = ",row[3],end='')
87	print("5.地址 = ",row[4],end='')
88	print("6.微信 = ",row[5],end='')
89	print("7.QQ = ",row[6],end='')
90	print("0.退出")
91	while True:
92	chnum = input("请输入要修改的项的编号：")
93	chinfo = input("请输入修改后的值：")
94	if(chnum == '0'):
95	break;
96	elif(chnum == '1'):
97	#执行修改编号的操作
98	cursor.execute("UPDATE MYADDRESS set ID = ? \
99	where ID = ?",(chinfo.strip(),myid.strip()))
100	conn.commit()
101	elif(chnum == '2'):
102	cursor.execute("UPDATE MYADDRESS set NAME = ?\
103	where ID = ?",(chinfo.strip(),myid.strip()))
104	conn.commit()
105	elif(chnum == '3'):
106	cursor.execute("UPDATE MYADDRESS set TELEPHONE = ?\
107	where ID = ?",(chinfo.strip(),myid.strip()))
108	conn.commit()
109	elif(chnum == '4'):
110	cursor.execute("UPDATE MYADDRESS set EMAIL = ? \
111	where ID = ?",(chinfo.strip(),myid.strip()))
112	conn.commit()
113	elif(chnum == '5'):
114	cursor.execute("UPDATE MYADDRESS set ADDRESS = ?\
115	where ID = ?",(chinfo.strip(),myid.strip()))
116	conn.commit()
117	elif(chnum == '6'):
118	cursor.execute("UPDATE MYADDRESS set WEICHAR = ?\
119	where ID = ?",(chinfo.strip(),myid.strip()))
120	conn.commit()
121	elif(chnum == '7'):
122	cursor.execute("UPDATE MYADDRESS set QQ = ? \
123	where ID = ?",(chinfo.strip(),myid.strip()))
124	conn.commit()
125	cursor.close()
126	elif(choice == 5):

续表

序号	程 序 代 码
127	myid = input("请输入编号")
128	cursor = conn.cursor()
129	♯ 删除某条记录时先显示,并询问用户是否删除
130	mylist = cursor.execute("SELECT ID, NAME, TELEPHONE, EMAIL, \
131	ADDRESS, WEICHART, QQ from MYADDRESS where ID = (?)",(myid.strip()))
132	chok = input("是否确定删除此记录?(Y/N)")
133	if(chok == 'Y'or chok == 'y'):
134	cursor.execute("DELETE FROM MYADDRESS where ID = ?",(myid.strip()))
135	conn.commit()
136	elif(choice == 6):
137	♯用户选择按哪个字段排序
138	print("1.编号 = ",end = ' ')
139	print("2.姓名 = ",end = ' ')
140	print("3.电话 = ",end = ' ')
141	print("4.电子邮件 = ",end = ' ')
142	print("5.地址 = ",end = ' ')
143	print("6.微信 = ",end = ' ')
144	print("7.QQ = ",end = ' ')
145	print("0.退出",end = ' ')
146	key = input('请选择排序关键字(0~7)')
147	cursor = conn.cursor()
148	if(key == '0'):
149	mylist = []
150	elif key == '1':
151	mylist = cursor.execute("SELECT * from MYADDRESS order by ID")
152	elif key == '2':
153	mylist = cursor.execute("SELECT * from MYADDRESS order by NAME")
154	elif key == '3':
155	mylist = cursor.execute("SELECT * from MYADDRESS order by TELEPHONE")
156	elif key == '4':
157	mylist = cursor.execute("SELECT * from MYADDRESS order by EMAIL")
158	elif key == '5':
159	mylist = cursor.execute("SELECT * from MYADDRESS order by ADDRESS")
160	elif key == '6':
161	mylist = cursor.execute("SELECT * from MYADDRESS order by WEICHART")
162	elif key == '7':
163	mylist = cursor.execute("SELECT * from MYADDRESS order by QQ")
164	for row in mylist:
165	print("编号 = ",row[0],end = ' ')
166	print("姓名 = ",row[1],end = ' ')
167	print("电话 = ",row[2],end = ' ')
168	print("电子邮件 = ",row[3],end = ' ')

续表

序号	程序代码
169	print("地址 = ",row[4],end = ' ')
170	print("微信 = ",row[5],end = ' ')
171	print("QQ = ",row[6])
172	conn.close()

任务 11-1 运行结果.txt

11.3　MySQL 数据库操作

11.3.1　MySQL 数据库连接

在 Python 3.6 中使用 MySQL 数据库，需要安装 PyMySQL 模块。

PyMySQL 数据库模块的安装.pdf

PyMySQL 模块的 connect() 方法的参数说明如表 11-10 所示。

表 11-10　connect() 方法参数说明

数据类型	描　　述
host(str)	MySQL 服务器地址
port(int)	MySQL 服务器端口号
user(str)	用户名
passwd(str)	密码
db(str)	数据库名称
charset(str)	字符编码

PyMySQL 模块的 connection 对象支持的方法说明如表 11-11 所示。

表 11-11　connection 对象支持的方法说明

数据类型	描　　述
cursor()	使用该连接创建并返回游标
commit()	提交当前事务
rollback()	回滚当前事务
close()	关闭连接

PyMySQL 模块的 cursor 对象支持的方法说明如表 11-12 所示。

表 11-12　cursor 对象支持的方法说明

数 据 类 型	描　　述
execute(self,query,args)：	执行 SQL 语句,返回值为受影响的行数
executemany(self,query,args)：	执行 SQL 语句,重复执行参数列表里的参数,返回值为受影响的行数
fetchone(self)	获取结果集的下一行
fetchmany(self,size)	获取结果集的下几行
fetchall(self)	获取结果集中的所有行
nextset(self)：	移动到下一个结果集
rowcount()	返回数据条数或影响行数
scroll(self,value,mode＝'relative')	把指针移动到某行。如果 mode＝'relative',表示从当前所在行移动 value 条；如果 mode＝'absolute',表示从结果集的第一行移动 value 条
callproc(self,procname,args)：	调用存储过程
close()	关闭游标对象

11.3.2　MySQL 数据库操作步骤

（1）创建数据库表。

通过调用 cursor.execute()方法创建数据库表。

（2）插入数据。

通过调用 cursor.execute()方法,在数据库表中插入数据。

（3）更新数据。

通过调用 cursor.execute()方法,在数据库表中更新数据。

（4）删除数据。

通过调用 cursor.execute()方法,在数据库表中删除数据。

（5）查询数据。

通过调用 cursor.execute()方法,在数据库表中查询数据。

MySQL 数据库操作实例.pdf

任务 11-2　ATM 电子银行模拟

 任务描述

编写一个 Python 程序,所有数据存放在 MySQL 数据库中,模拟用户端 ATM 电子银行操作。

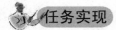

1. 设计思路

根据题目要求,需要在 MySQL 数据库中创建名为 simpleBank 的数据库。在该数据库中创建两张数据库表,第一张数据库表是 bank 表,用于存放银行卡等相关信息,具体字段如表 11-13 所示;第二张数据库表是 runningaccount 表,用于存放存取款操作流水,具体字段如表 11-14 所示。

表 11-13　bank 表结构设计

字 段 名 称	数 据 类 型	描　　　述
name_login	text	用户名
pwd_login	text	登录密码
account	text	银行卡号
pwd_money	text	银行卡密码
tm_text	text	注册时间
billing_day	text	账单日
Repayment_date	text	还款日
status	text	账户状态(0:活跃;1:冻结)
cash	decimal(8,1)	现金电子余额
actual_overdraft	decimal(8,1)	总透支金额
overdraft_limit	decimal(8,1)	透支额度上限
debt_bill_amount	decimal(8,1)	账单欠账金额记录

表 11-14　runningaccount 表结构设计

字 段 名 称	数 据 类 型	描　　　述
name_login	text	用户名
account	text	银行卡号
tm_text	text	操作日期
status	text	操作类型(-1:取款;1:存款)
cash	decimal(8,1)	现金额

用户首先需要注册,填写相应的注册信息后才可以登录。在登录过程中,如果连续输错密码 3 次,账号被冻结,不允许进行其他相关操作。

用户登录成功后,通过菜单来完成相应操作,菜单项如下:用户管理、个人信息、存款取款、实时转账、还款设置、查询账单、退出系统。

根据上述功能要求,在 Python 程序访问 MySQL 数据库,实现各项操作。

2. 源代码清单

程序代码如表 11-15 所示。

表 11-15　任务 11-2 程序代码

程序名称 task11_2.py

序号	程 序 代 码
1	`import pymysql`　　　　　　　　# 导入数据库操作模块
2	`import time`

续表

序号	程 序 代 码
3	＃创建数据库连接对象
4	conn = pymysql.connect(host = '127.0.0.1', port = 3306,\
5	user = 'root', passwd = 'root', db = 'simpleBank')
6	＃全局变量, 用于存放经过登录验证的用户名
7	currentUser = ''
8	＃用户管理模块, 实现用户登录和注册功能
9	def **User_Manage**():
10	while True:
11	text = '''
12	欢迎光临用户管理模块
13	1.用户登录
14	2.用户注册
15	3.退出　　'''
16	print (text)
17	choose = input('请输入索引进行选择: ')
18	if choose == '1':
19	Login()
20	elif choose == '2':
21	User_registration()
22	elif choose == '3':
23	exit()
24	else:
25	print ('您的输入有误, 请重新输入!')
26	＃Login()函数完成用户登录功能
27	def **Login**():
28	global ERROR
29	global currentUser
30	num = 0
31	while True:
32	user = input('请输入用户名: ')
33	pwd = input('请输入密码: ')
34	ree = Login_check(user, pwd)
35	if ree == True:
36	print ('用户名和密码校验成功!')
37	currentUser = user
38	Main()
39	break
40	elif ree == '1':
41	print('没有这个用户名, 请注册后再来!')
42	return
43	elif num == 2:
44	print ('您已经连续输错 3 次, 账号已经锁定!')
45	return

序号	程 序 代 码
46	elif ree == '2':
47	print ('密码输入错误,请重新输入!')
48	num += 1
49	continue
50	elif ree == '3':
51	print('这个账号已经被锁定!')
52	return
53	#完成用户登录验证功能
54	def **Login_check**(user,pwd):
55	'''
56	用户登录验证功能模块:
57	:**param** user: 用户名
58	:**param** pwd: 登录密码
59	:**return**: 1: 用户名不存在
60	2: 用户名密码不匹配
61	3: 用户名被锁定
62	True: 登录信息正确
63	'''
64	cursor = conn.cursor()
65	num = cursor.execute("select name_login,pwd_login from bank \
66	where name_login = %s and pwd_login = %s and status = '0'",(user,pwd))
67	if num!= 0:
68	return True;
69	num = cursor.execute("select name_login,pwd_login from bank\
70	where name_login = %s ",(user))
71	if num == 0:
72	return 1
73	num = cursor.execute("select name_login,pwd_login from bank\
74	where name_login = %s and pwd_login = %s",(user,pwd))
75	if num == 0:
76	return 2;
77	else:
78	num = cursor.execute("select name_login,pwd_login from\
79	bank where name_login = %s and pwd_login = %s and status = '1'",(user,pwd))
80	if num == 1:
81	return 3;
82	#完成用户注册功能
83	def **User_registration**():
84	'''
85	用户注册功能模块

序号	程 序 代 码
86	**: return:** *None*
87	*'''*
88	while True:
89	name_login = name_login_input() # 得到新用户名
90	if name_login == None:
91	return
92	pwd_login = pwd_login_input() # 得到新登录密码
93	if pwd_login == None:
94	return
95	account = account_input() # 得到新银行卡号
96	if account == None:
97	return
98	if account != *'empty'*:
99	pwd_money = pwd_money_input() # 得到新取款密码
100	if pwd_money == None:
101	return
102	else:
103	pwd_money = *'empty'*
104	while True:
105	information = *'''*
106	*您要注册的信息如下：*
107	*登录用户名：{0}*
108	*登录的密码：{1}*
109	*银行卡账号：{2}*
110	*银行取款码：{3}* *'''.*\
111	format(name_login, pwd_login, account, pwd_money)
112	# 显示用户输入的信息
113	print (information)
114	decide = input(*'注册信息是否确认？(y/n):'*)
115	if decide == *'y'*:
116	tm = time.localtime()
117	year = str(tm.tm_year)
118	month = str(tm.tm_mon)
119	if int(month) < 10:
120	month = *'0'* + month
121	day = str(tm.tm_mday)
122	if int(day) < 10:
123	day = *'0'* + day
124	# 以 yyyy–mm–dd 方式存放注册日期
125	tm_text = year + month + day
126	print(tm_text)
127	cursor = conn.cursor()

序号	程 序 代 码
128	＃用带参数的 insert 语句把新用户信息插入表中
129	cursor.execute("INSERT INTO bank (name_login, \
130	pwd_login, account, pwd_money, tm_text, billing_day, \
131	Repayment_date, status, cash, Actual_overdraft, Overdraft_limit, Debt_Bill_amount) \
132	VALUES (%s, %s, %s, %s, %s, %s, %s, %s, %s, %s, %s, %s)",\
133	(name_login, pwd_login, account, pwd_money, tm_text, '15', '1', '0', 0, 0, 8000, 0))
134	conn.commit()
135	print('注册成功!')
136	cursor.close()
137	＃调用 User_Manager() 函数进入操作主界面
138	User_Manage()
139	elif decide == 'n':
140	break
141	else:
142	print('您的输入有误,请重新输入!')
143	＃用户名验证
144	def **name_login_input**():
145	'''
146	键盘输入登录名
147	:**return**:新用户名
148	'''
149	while True:
150	name_login = input('请输入登录用户的用户名(n = 返回上级菜单): ')
151	if name_login == 'n':
152	return
153	if len(name_login) != len(name_login.strip()) \
154	or len(name_login.strip().split()) != 1:
155	print('登录名不能为空,且不能有空格,请重新输入!')
156	else:
157	cursor = conn.cursor()
158	num = cursor.execute("select name_login, pwd_login from \
159	bank where name_login = %s ", (name_login))
160	if num!= 0:
161	print('您输入的用户名已存在,请重新输入!')
162	else:
163	return name_login
164	＃验证密码格式是否正确
165	def **pwd_login_input**():
166	'''
167	键盘输入登录密码

续表

序号	程 序 代 码
168	`:return:`新登录密码
169	`'''`
170	`    while True:`
171	`        pwd_login = input('请输入登录密码(n=返回上级菜单):')`
172	`        if pwd_login == 'n':`
173	`            return`
174	`        elif len(pwd_login) < 8:`
175	`            print('您输入的密码不能小于8位数(8位以上字母数字\`
176	`                至少1位大写字母组合),请重新输入!')`
177	`        elif len(pwd_login.strip().split()) != 1:`
178	`            print('您输入的密码不能有空格,密码也不能为空,请重新输入!')`
179	`        elif pwd_login.isdigit():`
180	`            print('密码不能全为数字(8位以上字母数字和\`
181	`至少1位大写字母组合),请重新输入!')`
182	`        elif pwd_login.lower() == pwd_login:`
183	`            print('请至少保留1位大写字母(8位以上字母数字\`
184	`至少1位大写字母组合),请重新输入!')`
185	`        else:`
186	`            return pwd_login`
187	`# 验证银行卡号格式是否正确`
188	`def account_input():`
189	`    '''`
190	`    键盘输入银行卡号`
191	`    :return:新银行卡号`
192	`    '''`
193	`    while True:`
194	`        account = input('请输入银行卡号(如果没有,可以为空)(n=返回上级菜单):')`
195	`        if account.strip() == '':`
196	`            account = 'empty'`
197	`            return account`
198	`        elif account == 'n':`
199	`            return`
200	`        elif len(account.strip()) < 16:`
201	`            print('银行卡号是不能小于16位的纯数字,请重新输入!')`
202	`        elif account.isdigit() != True:`
203	`            print('银行卡号是不能小于16位的纯数字,请重新输入!')`
204	`        else:`
205	`            return account`
206	`# 验证银行卡密码是否正确`
207	`def pwd_money_input():`

序号	程 序 代 码
208	`'''`
209	键盘输入银行卡密码
210	`:return:`新银行卡密码
211	`'''`
212	`while True:`
213	`pwd_money = input('请输入银行卡的 6 位数字取款(转账)密码(n = 返回上级\`
214	菜单): ')`
215	`if pwd_money == 'n':`
216	`return`
217	`elif len(pwd_money.strip()) != 6:`
218	`print('取款密码只能是 6 位纯数字,请重新输入!')`
219	`elif pwd_money.strip().isdigit() != True:`
220	`print('取款密码只能是 6 位纯数字,请重新输入!')`
221	`else:`
222	`return pwd_money`
223	`#登录成功后的用户操作界面`
224	`def Main():`
225	`'''`
226	用户功能选择界面
227	`:return:None`
228	`'''`
229	`while True:`
230	`text = '''`
231	欢迎光临 ATM 电子银行
232	1.用户管理
233	2.个人信息
234	3.存款取款
235	4.实时转账
236	5.还款设置
237	6.查询账单
238	7.退出系统 `'''`
239	`print (text)`
240	`Choose = {'1': User_Manage,`
241	`'2': User_information,`
242	`'3': User_Save_Money,`
243	`'4': User_Transfer_Money,`
244	`'5': User_Pay_back_Money,`
245	`'6': Select_Billing,`
246	`'7': Exit`
247	`}`
248	`choose = input('请输入索引进行选择: ')`
249	`if choose in Choose:`

序号	程序代码
250	Choose[choose]()
251	else:
252	print ('您输入有误,请重新输入!')
253	#个人信息查询
254	def **User_information**():
255	'''
256	个人信息查询模块
257	:return:None
258	'''
259	global conn
260	while True:
261	#检查用户是否登录.登录成功的用户名存放在全局变量中
262	if currentUser == '':
263	print('您尚未登录,请先登录后再操作')
264	return
265	cursor = conn.cursor()
266	#在数据库表中获取当前用户的信息
267	num = cursor.execute("select * from bank where name_login = %s",(currentUser))
268	mylist = cursor.fetchall()
269	cursor.close()
270	for row in mylist:
271	#把数据库表中的标志位转换为具体状态信息
272	if row[7] == '0':
273	lab = '正常'
274	else:
275	lab = '冻结'
276	if row[2] == '':
277	labb = '未绑定'
278	else:
279	labb = '已绑定'
280	text = '''
281	您的个人注册信息如下:
282	登录名:{0}
283	银行卡号:{1}
284	注册时间:{2}
285	账单日(每月):{3}
286	还款日(每月):{4}
287	银行卡状态:{5}
288	电子现金余额:{6}
289	银行卡已透支额度:{7}

序号	程 序 代 码
290	银行卡透支额度上限：{8}
291	账单欠账金额记录：{9}
292	'''.format(row[0],row[2],row[4],row[5],row[6],\
293	lab,row[8],row[9],row[10],row[11])
294	# 输出用户信息
295	print(text)
296	# 输出用户操作菜单
297	print ('''
298	您可以进行如下操作：
299	1.修改登录密码
300	2.绑定银行卡
301	3.修改银行卡密码
302	4.返回菜单
303	''')
304	while True:
305	decide = input('请选择要完成的操作(1~4)：')
306	if decide == '1':
307	pwd_login = pwd_login_input()
308	if pwd_login == None:
309	return
310	else:
311	mycursor = conn.cursor()
312	# 修改登录密码
313	num = mycursor.execute("update bank set \
314	pwd_login = %s where name_login = %s ",(pwd_login,currentUser))
315	conn.commit()
316	if num!= 0:
317	print('登录密码修改成功')
318	else:
319	print('登录密码修改不成功,请重新操作')
320	mycursor.close()
321	break
322	elif decide == '2':
323	# 检查是否已经绑定银行卡
324	if labb == '已绑定':
325	print ('您已经绑定过银行卡了!不能再次绑定!')
326	break
327	else:
328	account = account_input()
329	if account == None:
330	return

续表

序号	程 序 代 码
331	else:
332	mycursor = conn.cursor()
333	♯修改数据库表,绑定银行卡
334	num = mycursor.execute(" update bank set \
335	account = % s where name_login = % s",(account,currentUser))
336	conn.commit()
337	if num!= 0:
338	print ('银行卡绑定成功!')
339	else:
340	print ('银行卡绑定不成功,重新操作!')
341	mycursor.close()
342	break
343	elif decide == '3':
344	if labb!='已绑定':
345	print ('您尚未绑定银行卡,请绑定后再来!')
346	break
347	else:
348	pwd_money = pwd_money_input()
349	if pwd_money == None:
350	return
351	else:
352	mycursor = conn.cursor()
353	♯修改银行卡取款密码
354	num = mycursor.execute("update bank set \
355	pwd_money = % s where name_login = % s",(pwd_money,currentUser))
356	conn.commit()
357	if num!= 0:
358	print('银行卡密码修改成功')
359	else:
360	print('银行卡密码修改不成功,请重新操作')
361	mycursor.close()
362	break
363	elif decide == '4':
364	return
365	else:
366	print ('您的输入有误!')
367	♯完成存取款功能
368	def **User_Save_Money**():
369	'''

续表

序号	程 序 代 码
370	用户存款取款模块
371	**:return:True** *or False*
372	'''
373	while True:
374	if currentUser == '':
375	print('您尚未登录,请先登录后再操作')
376	return
377	cursor = conn.cursor()
378	♯获得当前用户信息
379	cursor.execute("*select * from bank where name_login = %s*",(currentUser))
380	mylist = cursor.fetchall()
381	cursor.close()
382	for row in mylist:
383	♯获取银行卡内现金额
384	cash = row[8]
385	♯获取总透支金额
386	Actual_overdraft = row[9]
387	♯获取透支额度上限
388	Overdraft_limit = row[10]
389	tm = time.localtime()
390	year = str(tm.tm_year)
391	month = str(tm.tm_mon)
392	if int(month) < 10:
393	month = '0' + month
394	day = str(tm.tm_mday)
395	if int(day) < 10:
396	day = '0' + day
397	♯以 yyyymmdd 方式组合当前日期
398	tm_text = year + month + day
399	text = '''
400	自助存取款功能界面 {0}
401	1.取款
402	2.存款
403	3.返回 '''
404	♯输出操作菜单
405	print (text)
406	♯输出当前余额信息等
407	print ('您的电子账户现金为{0}元,透支额度上限为{1}元,\
408	已经透支的额度为{2}元'.format(cash,Overdraft_limit,Actual_overdraft))

续表

序号	程 序 代 码
409	choose = input('请选择要进行的操作(1~3):')
410	if choose == '1':
411	while True:
412	money = input('请输入您想提取的金额: ')
413	♯调用函数,实现取款密码校验.参数是用户的取款密码
414	re = pwd_money_check(row[3])
415	if re == False:
416	print ('密码校验错误!')
417	break
418	elif money.isdigit():
419	♯如果现金余额大于取款额,在现金余额中扣除
420	♯否则,先把现金余额扣为0,其余的从透支额度中扣除
421	if int(cash) >= int(money):
422	cash = str(int(cash) − int(money))
423	mycursor = conn.cursor()
424	♯取款后,修改数据库表
425	num = mycursor.execute(" update bank set cash = % s where \
426	name_login = % s",(cash,currentUser))
427	♯在操作流水表中添加一条取款记录
428	mycursor.execute("insert into runningaccount \
429	(name_login,account,tm_text,status,cash)
430	values(% s, % s, % s, % s, % s)",(currentUser,\
431	row[2],tm_text,'−1',money))
432	conn.commit()
433	if num!= 0:
434	print ('本次取款成功!')
435	else:
436	print ('本次取款不成功,请重新操作!')
437	mycursor.close()
438	print('{0}: 您进行了"提款"操作,提款金额为\
439	{1},现金余额为{2},总透支金额为{3}'.format(tm_text,money,cash,Actual_overdraft))
440	break
441	else:
442	a = int(Actual_overdraft) + int(money) − int(cash)
443	if a <= int(Overdraft_limit):
444	mycursor = conn.cursor()
445	♯修改数据库表中的现金和透支额度
446	num = mycursor.execute(" update bank set \
447	Actual_overdraft = % s,cash = % s where name_login = % s",(a,0,currentUser))

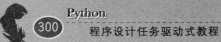

续表

序号	程 序 代 码
448	mycursor.execute("insert into runningaccount\
449	(name_login,account,tm_text,status,cash) values(%s,%s,%s,%s,%s)",\
450	(currentUser,row[2],tm_text,'-1',money))
451	conn.commit()
452	if num!= 0:
453	print ('本次取款成功!')
454	else:
455	print ('本次取款不成功,请重新操作!')
456	mycursor.close()
457	print('{0}: 您进行了"提款"操作,提款金额为{1},\
458	电子现金余额为{2},总透支金额为{3}'.format(tm_text,money,'0',a))
459	break
460	else:
461	#额度不足,本次无法取款
462	a = str(int(Overdraft_limit) - int(Actual_overdraft))
463	print ('您想提取的金额已超透支额度上限,\
464	您最多还能提取{0}元 '.format(a))
465	break
466	else:
467	print ('您的输人有误!')
468	elif choose == '2':
469	while True:
470	money = input("请输人您想存人的金额: ")
471	#银行卡密码校验
472	re = pwd_money_check(row[3])
473	if re == False:
474	print ('密码校验错误!')
475	break
476	elif money.isdigit():
477	cash = str(int(cash) + int(money))
478	mycursor = conn.cursor()
479	#修改数据库表中的现金额
480	num = mycursor.execute(" update bank set \
481	cash = %s where name_login = %s",(cash,currentUser))
482	#在操作流水表中添加一条存款记录
483	mycursor.execute("insert into runningaccount\
484	(name_login,account,tm_text,status,cash) values(%s,%s,%s,%s,%s)",\
485	(currentUser,row[2],tm_text,'1',money))

续表

序号	程 序 代 码
486	conn.commit()
487	if num!= 0:
488	print ('本次存款成功!')
489	else:
490	print ('本次存款不成功,请重新操作!')
491	mycursor.close()
492	print('{0}: 您进行了"存款"操作,存款金额为{1},\
493	电子现金余额为{2},总透支额度为{3}'.format(tm_text,money,cash,Actual_overdraft))
494	break
495	else:
496	print ('您的输入有误!')
497	elif choose == '3':
498	return
499	else:
500	print ('您的输入有误!')
501	#银行卡密码校验,参数为用户设置的取款密码
502	def **pwd_money_check**(userpass):
503	'''
504	用户银行卡密码登录验证
505	:**return:**True or False
506	'''
507	while True:
508	pwd = input('请输入 6 位银行卡密码: ')
509	if pwd.isdigit() and len(pwd) == 6:
510	if pwd == userpass:
511	print ('密码验证成功!')
512	return True
513	else:
514	print ('密码不正确!')
515	return False
516	else:
517	print ('您的输入有误!')
518	#向其他银行卡转账
519	def **User_Transfer_Money**():
520	'''
521	用户实时转账模块
522	:**return:**
523	'''
524	while True:
525	if currentUser == '':

序号	程 序 代 码
526	print('您尚未登录,请先登录后再操作')
527	return
528	cursor = conn.cursor()
529	# 获取用户的账号信息
530	cursor.execute("select * from bank where name_login = %s",(currentUser))
531	mylist = cursor.fetchall()
532	cursor.close()
533	for row in mylist:
534	tm = time.localtime()
535	year = str(tm.tm_year)
536	month = str(tm.tm_mon)
537	if int(month)< 10:
538	month = '0' + month
539	day = str(tm.tm_mday)
540	if int(day)< 10:
541	day = '0' + day
542	tm_text = year + month+ day
543	text = '''
544	实时转账功能界面
545	1.实时转账
546	2.返回菜单
547	'''
548	while True:
549	print (text)
550	decide = input('请选择操作(1 或 2): ')
551	if decide == '1':
552	name = input('请输入要转账的人的用户名: ')
553	cursor = conn.cursor()
554	# 获取对方用户信息
555	num = cursor.execute("select * from bank \
556	where name_login = %s",(name))
557	tmplist = cursor.fetchone()
558	cursor.close()
559	if num == 0:
560	print ('没有这个用户存在!请重新输入!')
561	break
562	elif tmplist[2] == '':
563	print ('对方没有关联银行卡!')
564	break

续表

序号	程序代码
565	`                else:`
566	`                    card = input('请输入您想要转账的对方的银行卡号：')`
567	`                    if card == tmplist[2]:`
568	`                        print ('银行卡号验证成功！')`
569	`                        money = input('请输入您想要转账的金额：')`
570	`                        re = pwd_money_check(row[3])`
571	`                        if re == False:`
572	`                            print ('密码校验错误！')`
573	`                            break`
574	`                        elif row[8] < int(money):`
575	`                            print ('您没有足够的现金转账！')`
576	`                            break`
577	`                        elif money.isdigit():`
578	`                            mycursor = conn.cursor()`
579	`                            a = row[8] − int(money)`
580	`                            b = tmplist[8] + int(money)`
581	`                            ♯修改支出用户的现金额`
582	`                            num = mycursor.execute(" update bank \`
583	`set cash = % s where name_login = % s",(a,currentUser))`
584	`                            ♯在操作流水表中添加一条取款记录`
585	`                            mycursor.execute("insert into runningaccount \`
586	`(name_login,account,tm_text,status,cash )values(% s,% s,% s,% s,% s)",\`
587	`(currentUser,row[2],tm_text,'−1',money))`
588	`                            ♯修改收款用户的现金额`
589	`                            mycursor.execute(" update bank set cash = % s where`
590	`name_login = % s",(b,name))`
591	`                            ♯在操作流水表中添加一条存款记录`
592	`                            mycursor.execute("insert into runningaccount \`
593	`(name_login,account,tm_text,sta tus,cash ) values(% s,% s,% s,% s,% s)",\`
594	`(name,tmplist[2],tm_text,'1',money))`
595	`                            conn.commit()`
596	`                            if num!= 0:`
597	`                                print ('本次转账成功！')`
598	`                            else:`
599	`                                print ('本次转账不成功,请重新操作！')`
600	`                            mycursor.close()`
601	`                            text = '{0}:银行卡为{1}的用户向您转账{2}元,电子\`
602	`现金账户余额为{3},总透支额度为{4}'.format(tm_text,row[2],money,tmplist[8],tmplist[9])`

续表

序号	程 序 代 码
603	♯输出相应信息
604	print(text)
605	text = '{0}: 您进行了"转账"操作,转账金额为{1},\
606	对方银行卡号为{2},电子现金余额为{3},总透支额度为{4}'.format(tm_text,money,\
607	tmplist[2],a,row[9])
608	print(text)
609	else:
610	print('您的银行卡号输入错误!')
611	break
612	elif decide == '2':
613	return
614	else:
615	print('您的输入有误!')
616	♯修改自动还款日期
617	def **User_Pay_back_Money**():
618	'''
619	用户定期还款日设置模块
620	**:return:**
621	'''
622	if currentUser == '':
623	print('您尚未登录,请先登录后再操作')
624	return
625	cursor = conn.cursor()
626	cursor.execute("select * from bank where name_login = %s",(currentUser))
627	mylist = cursor.fetchall()
628	cursor.close()
629	for row in mylist:
630	print('您目前的自动还款设置为每月的{0}日还款'.\
631	format(row[6]))
632	while True:
633	decide = input('您想重新设置自动还款日期吗?(y/n):')
634	if decide == 'y':
635	day = input('请输入您想设置的日期(1～26): ')
636	if day.isdigit() and int(day) <= 26:
637	mycursor = conn.cursor()
638	mycursor.execute(" update bank set Repayment_date = %s where \
639	name_login = %s",(day,currentUser))
640	conn.commit()
641	print('自动还款日期修改成功!')

续表

序号	程 序 代 码
642	return
643	else:
644	print ('您的输入有误!')
645	elif decide == 'n':
646	return
647	else:
648	print ('您的输入有误!')
649	# 查询银行卡流水信息
650	def **Select_Billing**(log = None):
651	'''
652	用户账单查询模块
653	:**return**:
654	'''
655	if currentUser == '':
656	print('您尚未登录,请先登录后再操作')
657	return
658	cursor = conn.cursor()
659	cursor.execute("select * from runningaccount where name_login = %s",(currentUser))
660	mylist = cursor.fetchall()
661	cursor.close()
662	print("用户名: " + currentUser)
663	for row in mylist:
664	print("银行卡号: ",row[1])
665	print("日期: ",row[2])
666	if row[3] == '-1':
667	operation = '取款'
668	else:
669	operation = ' = 存款'
670	print("操作: ",operation)
671	print("金额: ",row[4])
672	# 退出系统
673	def **Exit**():
674	'''
675	系统退出
676	:**return**:**None**
677	'''
678	print ('程序退出!')
679	exit()
680	if __name__ == '__main__':
681	User_Manage()

任务 11-2 运行结果.pdf

11.4 习 题

（1）编写一个 SQLite 应用程序，实现学生信息管理。学生信息包括学号、姓名、性别、院系、专业、电话、毕业学校、生源、E-mail 等。要求实现学生信息的增、删、改、查功能。

（2）编写一个 MySQL 应用程序，实现商品信息管理。

网 络 编 程

　　TCP 是目前网络通信中使用的协议集合。在一次通信过程中,需要把信息打包处理后进行传送;在接收方重新组合成原始信息。在这个过程中,TCP 需要识别远程机器和进行通信的程序,通过 IP 地址和服务端口号完成。另外,为保证数据传输的可靠性,在发送的信息包中应包含校验码,一旦接收方发现校验码不正确,则丢弃该数据包;如果收到正确的信息包,需发送反馈信息。发送方对于没有收到反馈信息的包,会重新发送。

　　用 Python 进行网络编程有两种方式:一种方式是利用 Python 中的协议模块,如 socket 进行网络程序开发;另一种方式是自己开发特定的网络协议模块进行网络编程。

　　Python 提供了访问操作系统中的 Socket 接口的全部方法,同时提供了加密和认证功能,如 SSL 和 TLS。

12.1　socket 模块

12.1.1　socket 模块介绍

　　socket 是网络编程的基本组件,也称套接字。socket 是进行通信的两个程序间的信息通道,即处于互联网络上的两台计算机之间通过套接字传递信息。

　　套接字 socket 包括两个:一个是客户端套接字;另一个是服务器端套接字。服务器端套接字创建后,处于等待连接状态,并在其服务端口进行监听,一旦发现有客户端套接字的连接请求,立刻进行连接操作。客户端和服务器端连接成功后,双方就可以通信了。

　　1. socket() 的初始化

　　使用 socket 模块时,首先需要用 socket() 函数创建一个 socket 对象。之后就可以调用 socket 对象的方法来创建连接。

　　socket() 函数的语法格式如下:

```
socket(family,type[,protocal])
```

　　功能:使用给定的地址族、套接字类型、协议编号(默认为 0)来创建套接字。

　　参数说明:

　　(1) family　地址系列,该参数可选。取值为 AF_INET(用于 Internet 进程间通信)、AF_UNIX(用于同一台机器进程间通信)或者 AF_INET6(用于 IPv6)。默认为 AF_INET。

　　(2) type　套接字类型,该参数可选。可以是 SOCKET_STREAM(流式套接字,主要用于 TCP 协议)、SOCKET_DGRAM(数据报套接字,主要用于 UDP 协议)、SOCK_RAW(原始套接字,可处理 ICMP、IGMP 等网络报文或特殊的 IPv4 报文)。默认为 SOCKET_STREAM。

(3) protocal　协议编号,该参数可选。默认为 0。如果是 0,系统将根据地址格式和套接字类别,自动选择一个合适的协议。

创建 TCP 套接字和 UDP 套接字,代码如下:

```
s = socket.socket(socket.AF_INET,socket.SOCK_STREAM)
s = socket.socket(socket.AF_INET,socket.SOCK_DGRAM)
```

2. socket()方法

套接字 socket 对象创建后,可以使用该对象的方法进行网络连接和通信。

表 12-1 所示是客户端 socket()方法,表 12-2 所示是服务器端 socket()方法,表 12-3 所示是 socket()通用方法。

表 12-1　客户端 socket()方法

函 数 名 称	功 能 描 述
connect(address)	连接到 address 处的套接字。一般 address 的格式为元组(hostname,port)。如果连接出错,返回 socket.error 错误
connect_ex(address)	功能与 connect(address)相同。成功,返回 0;失败,返回 errno 的值

注意

　　使用 connect()和 connect_ex()方法都可以连接到服务器;不同的是,前者引发一个异常,后者返回一个错误代码。

表 12-2　服务器端 socket()方法

函 数 名 称	功 能 描 述
bind(address)	将套接字绑定到地址。在 AF_INET 下,以元组(host,port)的形式表示地址。如果 IP 地址为空,表示本机
listen(backlog)	开始监听 TCP 传入连接。backlog 指定在拒绝连接之前,操作系统可以挂起的最大连接数量。该值至少为1,大部分应用程序设为 5 就可以了
accept()	接收 TCP 连接并返回(conn,address)。其中,conn 是新的套接字对象,可以用来接收和发送数据。address 是连接客户端的地址

表 12-3　socket()通用方法

函 数 名 称	功 能 描 述
recv(bufsize[,flag])	接收 TCP 套接字的数据。数据以字符串形式返回。bufsize 指定要接收的最大数据量。flag 提供有关消息的其他信息,通常可以忽略
send(string[,flag])	发送 TCP 数据。将 string 中的数据发送到连接的套接字。返回值是要发送的字节数量,该数量可能小于 string 的字节大小
sendall(string[,flag])	完整发送 TCP 数据。将 string 中的数据发送到连接的套接字,但在返回之前会尝试发送所有数据。成功,返回 None;失败,抛出异常
recvfrom(bufsize[,flag])	接收 UDP 套接字的数据。与 recv()类似,但返回值是(data,address)。其中,data 是包含接收数据的字符串,address 是发送数据的套接字地址

续表

函 数 名 称	功 能 描 述
sendto (string [, flag], address)	发送 UDP 数据。将数据发送到套接字,address 是形式为(ipaddr,port)的元组,指定远程地址。返回值是发送的字节数
close()	关闭套接字
getpeername()	返回连接套接字的远程地址。返回值通常是元组(ipaddr,port)
getsockname()	返回套接字自己的地址。通常是一个元组(ipaddr,port)
setsockopt(level, optname, value)	设置给定套接字选项的值
getsockopt (level, optname [. buflen])	返回套接字选项的值
settimeout(timeout)	设置套接字操作的超时期,timeout 是一个浮点数,单位是秒。值为 None,表示没有超时期限
gettimeout()	返回当前超时的值,单位是秒。如果没有设置超时期限,返回 None
fileno()	返回套接字的文件描述符
setblocking(flag)	如果 flag 为 0,将套接字设为非阻塞模式,否则将套接字设为阻塞模式(默认值)。非阻塞模式下,如果调用 recv()没有发现任何数据,或 send()调用无法立即发送数据,将引起 socket. error 异常
makefile()	创建一个与该套接字相关联的文件
gethostname()	返回运行程序所在的计算机的主机名
gethostbyname(name)	尝试将给定的主机名解释为一个 IP 地址,返回值是 IP 地址,或在查找失败后引发的一个异常
gethostbyname_ex(name)	返回一个包含 3 个元素的元组,分别是给定主机的主机名、同一 IP 地址的可选的主机名的一个列表,以及关于同一主机的同一接口的其他 IP 地址的一个列表(列表可能都是空的)
inet_aton(ip_addr)	把 IP 地址转换为 32 位字节包的形式,如 '222.76.216.16'转为 '\xdeL\xd8\x10'
inet_ntoa(packed)	32 位字节包形式的地址转为 IP 地址
getfqdn([name])	返回关于给定主机名的全域名(如果省略参数,返回本机的全域名)
gethostbyaddr(address)	与 gethostbyname_ex()函数作用相同,只是参数是 IP 地址
setsockopt (level, optname, value)	设置 socket 选项
getsockopt	获得已设置的 socket 选项

12.1.2 网络客户端

TCP 客户端编程步骤如下:

(1) 创建一个 socket 对象。

```
socket = socket.socket(family,type)
```

(2) 使用 socket 的 connect()方法连接服务器。对于 AF_INET 家族,连接格式如下:

```
socket.connect((host,port))
```

参数说明:host 代表服务器主机名或 IP;port 代表服务器进程绑定的端口号。如果连接成功,客户机可通过套接字与服务器通信;如果连接失败,引发 socket. error 异常。

（3）处理阶段。客户机和服务器将通过 send()方法和 recv()方法通信,或完成其他任务。

（4）处理结束。客户机通过调用 socket 的 close()方法关闭连接。

【例 12-1】　向服务器发送数据,代码如下:

```python
import socket
import sys
try:
    ＃创建用于 internet 进程之间通信的流套接字,用于协议 TCP
    mysocket = socket.socket(socket.AF_INET,socket.SOCK_STREAM)
except socket.error as msg:
    print('套接字创建失败.错误代码: ' + str(msg[0]) + '; 错误信息: ' + msg[1])
    sys.exit();
print('套接字创建成功')
host = 'www.baidu.com'
port = 80
try:
    remote_ip = socket.gethostbyname( host )
except socket.gaierror:
    print('主机名解析不成功. 退出')
    sys.exit()
print('主机名为' + host + ',IP 地址是' + remote_ip)
mysocket.connect((remote_ip,port))
print('套接字连接成功,主机名为 ' + host + ',IP 地址为 ' + remote_ip)
message = "GET / HTTP/1.1\r\n\r\n"   ＃初始化发送信息,向 http 请求网页内容
try :
    ＃调用 sendall()函数向服务器发送信息.encode()函数用于把字符串转为字节数据
    mysocket.sendall(message.encode('utf - 8'))
except socket.error:
    print('向服务器发送失败')   ＃如果发送不成功,输出异常信息
    sys.exit()
print('您的信息成功发送到服务器!')
```

 例 12-1 运行结果.txt

【例 12-2】　接收服务器返回结果,代码如下:

```python
import socket
import sys
try:
    ＃创建用于 internet 进程之间通信的流套接字,用于 TCP 协议
    mysocket = socket.socket(socket.AF_INET,socket.SOCK_STREAM)
except socket.error as msg:
    print('套接字创建失败.错误代码: ' + str(msg[0]) + '; 错误信息: ' + msg[1])
    sys.exit();
print('套接字创建成功')
```

```
host = 'www.baidu.com'
port = 80
try:
    remote_ip = socket.gethostbyname( host )
except socket.gaierror:
    print('主机名解析不成功. 退出')
    sys.exit()
print('主机名为' + host + ',IP 地址是' + remote_ip)
mysocket.connect((remote_ip,port))
print('套接字连接成功,主机名为 ' + host + ',IP 地址为 ' + remote_ip)
message = "GET / HTTP/1.1\r\n\r\n"
try :
    mysocket.sendall(message.encode('utf - 8'))    ♯调用 sendall()方法向服务器发送信息
except socket.error:
    print('向服务器发送失败')                          ♯如果发生异常,输出提示信息
    sys.exit()
print('您的信息成功发送到服务器!')
♯调用 recv()函数接收服务器返回结果.调用 decode()函数,把字节型数据转换为字符串
reply = mysocket.recv(4096).decode()
print('服务器返回信息如下: ')
print(reply)                                        ♯输出返回信息
mysocket.close()                                    ♯关闭与服务器的连接
```

例 12-2 运行结果.txt

12.1.3　网络服务器

网络服务器端编程步骤如下:

(1) 创建 socket 对象,然后调用 setsockopt()方法设置 socket 选项。

(2) 绑定到特定的地址以及端口。可以调用方法 bind()把 socket 绑定到特定的地址和端口上。

(3) 监听连接。调用方法 listen()把 socket 设置成监听模式。

(4) 建立连接。服务器端调用 accept()方法建立 TCP 连接。

(5) 接收/发送数据。服务器端通过 accept()方法返回的套接字对象与客户端之间发送和接收数据。

网络服务器端编程.pdf

下面的示例代码是一个简单的 TCP 服务器端和客户端。

（1）服务器端。采用 TCP 响应服务器，当与客户端建立连接后，服务器显示客户端 IP 和端口，同时将接收的客户端信息和"已收到信息"传给客户端。此时，等待输入一个新的信息传给客户端。

（2）客户端。采用 TCP 客户端，需要输入服务器 IP 地址和要发送的信息。获得服务器返回信息后退出。

【例 12-3】 简单的客户机和服务器通信示例。服务器端代码如下：

```python
# 服务器端源代码
import socket, traceback                                    # 导入相关模块
host = ''                                                    # 主机 IP 地址，一般为空
port = 12341                                                 # 服务器要绑定的端口号
# 创建套接字对象，用于 TCP 通信
mysocket = socket.socket(socket.AF_INET, socket.SOCK_STREAM)
print('服务器连接成功!')
# 设置套接字选项.当服务器关闭后，端口号可立即被重用
mysocket.setsockopt(socket.SOL_SOCKET, socket.SO_REUSEADDR, 1)
print('套接字选项设置成功!')
# 绑定到指定主机和端口号
mysocket.bind((host, port))
print('服务器成功绑定到端口 12345!')
mysocket.listen(2)                                          # 开始启动监听功能
print('服务器开始监听!')
while True:
    try:
        # 调用 accept()方法建立连接，返回新的套接字对象和客户端地址
        clientsock, clientaddr = mysocket.accept()
    # 处理 Ctrl + C 键被按下的异常
    except KeyboardInterrupt:
        raise                                               # 捕提异常，但是不重新引发异常
    except:
        traceback.print_exc()                               # 输出详细异常信息
        continue
    try:
        print("连接到: ", clientsock.getpeername())          # 输出客户端连接信息
        while True:
            data = clientsock.recv(4096).decode()           # 接收客户端发送的信息，并解码
            print('来自客户端的消息是: ')
            print(data)                                     # 输出客户端发送的信息
            t = input('请输入返回信息: ')
            clientsock.send(data.encode())                  # 向客户端返回发送的信息
            clientsock.send(('I get it! \n').encode())      # 向客户端返回应答信息
            clientsock.send(t.encode())
    # 处理退出异常
    except (KeyboardInterrupt, SystemExit):
        raise
    except:
        traceback.print_exc()
    try:
        clientsock.close()                                  # 关闭套接字对象
    except KeyboardInterrupt:
        raise
```

```
except:
        traceback.print_exc()
```

客户端代码如下：

```
#客户端源代码
import socket,sys                          #导入相关模块
port = 12341                               #初始化要连接的服务器的端口号
host = input('输入服务器 ip:')             #输入服务器 IP 地址
data = input('输入要发送的信息: ')
#创建客户端套接字对象
mysocket = socket.socket(socket.AF_INET,socket.SOCK_STREAM)
try:
    mysocket.connect((host,port))          #建立与服务器的连接
except:
    print('服务器连接错误!')
mysocket.send(data.encode())               #向服务器发送消息
#设置单向 socket 方式,shutdown()的调用需要一个参数: 0 代表禁止下次的数据读取;
#1 代表禁止下次的数据写入; 2 代表禁止下次的数据读取和写入
mysocket.shutdown(1)
print('向服务器发送信息完成.')
while True:
    buf = mysocket.recv(4096).decode()     #接收服务器发送的消息
    if not len(buf):
        print("未收到服务器响应")
        break
    #输出服务器返回的应答
    sys.stdout.write(buf)
```

例 12-3 运行结果.pdf

任务 12-1 局域网文件传输

任务描述

编写一个 Python 程序,实现局域网内文件的传输。

任务实现

1. 设计思路

根据题目要求,通过 socket 通信分别进行发送端和接收端的程序设计。

(1) 发送端功能：读取文件内容,并把要传输的文件的信息发送到接收端,包括文件包、大小以及其他信息。

(2) 接收端功能：读取文件相应信息,并将缓存的内容写入文件。

2. 源代码清单

表 12-4 所示是发送端源代码,表 12-5 所示是接收端源代码。

表 12-4　任务 12-1 发送端程序代码

♯程序名称 task12_1_1.py

序号	程 序 代 码
1	import socket　　　　　　　　　♯导入套接字模块
2	import os
3	import struct　　　　　　　　　♯导入 struct 模块,用于对数据打包
4	if __name__ == "__main__":
5	ADDR = ('127.0.0.1',12342)　　♯初始化目的主机名称和端口号
6	BUFSIZE = 1024　　　　　　　♯初始化缓冲区大小
7	♯struct.calcsize()方法计算格式字符串对应的结果的长度
8	FILEINFO_SIZE = struct.calcsize('128s32sI8s')
9	♯输入要传输的文件名
10	filename = input("file to be sent under this dir:")
11	♯输出该文件的字节数
12	print('要发送的文件大小为:
13	{0}'.format(os.stat(filename).st_size))
14	♯根据格式字符,把参数信息转换为字节流数据
15	fhead = struct.pack('128s11I',filename.encode(),0,0,0,0,0,0,0,\
16	0,os.stat(filename).st_size,0,0)
17	♯创建客户端套接字对象
18	sendSock = socket.socket(socket.AF_INET,socket.SOCK_STREAM)
19	print('套接字成功建立!')
20	♯客户端连接到指定 IP 和端口号的服务器
21	sendSock.connect(ADDR)
22	print('与接收端成功建立连接!')
23	sendSock.send(fhead)　　　　♯与服务器连接成功后,发送文件头部相关信息
24	print('文件头部相关信息已发送!')
25	fp = open(filename,'rb')　　　♯打开要发送的文件
26	print('准备发送文件!')
27	while True:
28	♯把文件读入内存,一次读入字节数为 BUFSIZE
29	filedata = fp.read(BUFSIZE)
30	if not filedata:
31	break　　　　　　　♯如果读入不成功,退出
32	sendSock.send(filedata)　　♯向服务器发送当前缓冲区内容
33	fp.close()　　　　　　　　　♯关闭文件对象
34	sendSock.close()　　　　　　♯关闭套接字对象
35	print('全部发送完毕!')

表 12-5　任务 12-1 接收端程序代码

#程序名称 task12_1_2.py

序号	程 序 代 码
1	import socket
2	import struct
3	import os
4	ratio_base = 0.00　　　　　　　　　　　　　#初始化文件接收比例
5	def **print_ratio**(ratio, delta = 10.00):
6	global ratio_base
7	if ratio > ratio_base + delta:
8	#以 10 % 的速度显示接收比例
9	ratio_base = ratio_base + delta
10	print("%4.2f" % ratio, end = '')
11	print("%")
12	else:
13	pass
14	if __name__ == "__main__":
15	host = '127.0.0.1'　　　　　　　　　　　　#设置主机地址
16	port = 12342　　　　　　　　　　　　　　#设置端口号
17	ADDR = (host, port)
18	BUFSIZE = 1024　　　　　　　　　　　　#设置接收缓冲区大小
19	print('客户端初始化连接：')
20	# struct.calcsize()函数计算格式字符串对应的结果的长度
21	FILEINFO_SIZE = struct.calcsize('128s32sI8s')
22	#创建服务器端套接字
23	recvSock = socket.socket(socket.AF_INET, socket.SOCK_STREAM)
24	print('套接字已成功创建！')
25	#服务器绑定到指定地址和端口号
26	recvSock.bind(ADDR)
27	print('已绑定到端口号：{0}'.format(port))
28	recvSock.listen(2)　　　　　　　　　　#服务器开始监听
29	print('开始监听：')
30	conn, addr = recvSock.accept()　　　　　#服务器与客户端建立连接
31	print('连接已建立！')
32	#服务器端接收发送端发送的文件头信息包
33	fhead = conn.recv(FILEINFO_SIZE)
34	#从信息包中解析出文件名和文件长度
35	filename, temp1, filesize, temp2 = struct.unpack('128s32sI8s', fhead)
36	tmp = filename.decode()　　　　　　　　#文件名解码后转为字符串型数据
37	filename = tmp.strip('\00')　　　　　　　#去掉文件名中的空字符
38	print(filename)　　　　　　　　　　　　#输出解码后的文件名
39	if os.path.isfile(filename):

续表

序号	程 序 代 码
40	♯如存在同名文件,输入新文件名
41	filename = input("文件已存在,请起一个新名字[default: new_ % s]" % filename)
42	♯如果输入的文件名为空,生成一个新文件名
43	if filename.strip() == "":
44	filename = 'new_' + filename.strip('\00')
45	else:
46	filename = filename.strip('\00')
47	fp = open(filename,'wb') ♯打开文件,进行写操作
48	restsize = filesize ♯restsize 表示还有多少字节未写入
49	♯每次写 BUFSIZE 字节数的信息
50	while True:
51	if restsize > BUFSIZE:
52	♯如果未写入字节数大于缓冲区大小,接收所有缓冲区内容
53	filedata = conn.recv(BUFSIZE)
54	else:
55	♯否则,只接收缓冲区中 restsize 大小的字节数
56	filedata = conn.recv(restsize)
57	♯如果接收信息有误,退出
58	if not filedata:
59	break
60	fp.write(filedata) ♯把接收到的信息写入当前文件
61	restsize = restsize - len(filedata) ♯重新计算余下的字节数
62	♯计算接收比例
63	ratio = (float(filesize) - float(restsize)) float(filesize) * 100
64	print_ratio(ratio)
65	if restsize == 0:
66	break
67	fp.close() ♯关闭文件对象
68	conn.close() ♯关闭连接对象
69	recvSock.close() ♯关闭套接字对象
70	print("received all")

任务 12-1 运行结果.pdf

12.2 SocketServer 模块

SocketServer 内部使用 I/O 多路复用以及多线程和多进程技术,实现并发处理多个客户端请求的 socket 服务端。每个客户端请求连接到服务器时,socket 服务端都会在服务器创建一个线程或者进程来专门负责处理当前客户端的所有请求。

SocketServer 有 4 个服务类,分类如下。

(1) TCPServer:使用协议 TCP,提供在客户端和服务端进行持续的流式数据通信。

(2) UDPServer:使用 UDP 数据包协议。这是一种不连续的数据包,在包的传输过程中可能出现数据包到达顺序不一致或者丢失的情况。

(3) UNIXStreamServer:继承自 TCPServer,使用了 UNIX domain socket,在非 UNIX 平台下无法工作。

(4) UNIXDatagramServer:继承自 UDPServer,使用了 UNIX domain socket,在非 UNIX 平台下无法工作。

所有的 Server 类都拥有相同的属性和方法,不管使用的是何种协议。

上述 4 个类使用同步技术来处理请求,只有处理完所有请求后,才开始处理新的请求。对于请求耗费时间较长的任务,不适用,因为服务器返回大量的数据,导致客户端处理速度下降,解决方法是创建单独的进程或者线程处理每一个请求。在类内部使用 ForkingMixIn 和 ThreadingMixIn 组合,可以支持异步操作。

请求处理器 RequestHandler 接收数据并决定如何操作。负责在 socket 层之上实现协议(如 HTTP、XML-RPC 或 AMQP),读取数据,处理并写反应。

要实现某个服务,必须派生 RequestHandler 请求处理类的子类,并重写父类的 handle()方法。handle()方法就是用来专门处理请求的。该模块通过服务类和请求处理类组合来处理请求。

使用 SocketServer 的步骤如下所述。

(1) 创建一个派生自 BaseRequestHandler 类的子类,并重写 itshandle()方法。该方法用来处理每个请求。

(2) 实例化一个 server 类对象,传递服务器地址和第一步继承自 BaseRequestHandler 类的子类名称,以便 server 对象按照重写的方法来处理请求。

(3) 调用 server 对象的 handle_request()或者 server_forever()方法来处理单个或多个请求。

【例 12-4】 基于 SocketServer 的 TCP 通信示例。服务器端代码如下:

```
import socketserver                                     ♯导入 socketserver 模块
♯定义服务请求处理类,继承自 BaseRequestHandler
class MyTCPHandler(socketserver.BaseRequestHandler):
    ♯对每一个服务器的连接都要实例化,必须重写 handle()方法
    def handle(self):
        ♯self.request 是连接到客户端的套接字,然后调用 recv()方法获得用户发送的信息
```

```
        self.data = self.request.recv(1024).strip()  #strip()方法用于去除字符串首尾空格
        print("{} wrote:".format(self.client_address[0]))        #输出客户端 IP 地址
        print(self.data)                                    #输出接收到的数据
        self.request.sendall(self.data.upper())         #全部转换为大写后发送到客户端
if __name__ == "__main__":
    HOST,PORT = "127.0.0.1",9001                          #初始化主机地址和端口号
    #初始化 TCPServer 类对象,用指定的主机地址、端口号和请求服务类创建服务器
    server = socketserver.TCPServer((HOST,PORT),MyTCPHandler)
    print('服务器已在端口{0}成功开启!'.format(PORT))
    #启动服务器,按 Ctrl + C 键终止服务
    server.server_forever()
    print('开始监听!')
```

客户端代码如下:

```
import socket                     #导入 socket 模块
import sys
HOST,PORT = "127.0.0.1",9001      #初始化要连接的服务器的主机地址和端口号
#初始化要发送的数据
data = "The RequestHandler class for our server.\
    It is instantiated once per connection to the server,and must\
    override the handle() method to implement communication to the client."
sock = socket.socket(socket.AF_INET,socket.SOCK_STREAM)  #创建一个 TCP 套接字
print('套接字已成功创建!')
try:
    sock.connect((HOST,PORT))                    #调用 connect()方法,连接到主机
    print('已成功连接到主机!')
    sock.sendall(bytes(data + "\n","utf-8"))     #调用 sendall()方法,向主机发送数据
    print('向服务器信息发送成功!')
    received = str(sock.recv(1024),"utf-8")      #调用 recv()方法,接收主机返回信息
    print('成功收到服务器返回信息!')
finally:
    sock.close()                                 #关闭套接字对象
print("Sent:     {}".format(data))               #输出发送的信息
print("Received: {}".format(received))           #输出接收到的信息
```

例 12-4 运行结果.pdf

任务 12-2　基于 SocketServer 的文件上传

 **任务描述**

编写一个 Python 程序,利用 SocketServer 实现局域网内文件的上传。

任务实现

1. 设计思路

根据题目要求,通过 SocketServer 实现接收端,发送端仍然用 socket 来完成任务。

(1)发送端功能:把要传输的文件的信息发送到接收端,包括文件包、大小以及其他信息。发送端读取文件内容并发送过去。在接收端,需要定义请求处理类,完成信息的接收和发送;然后,初始化 TCPServer 类对象,用指定的主机地址、端口号和自定义的请求服务类创建接收端对象。

(2)接收端功能:接收端读取文件相应信息,并将缓存中的内容写入文件。

2. 源代码清单

表 12-6 所示是接收端源代码,表 12-7 所示是发送端源代码。

表 12-6　任务 12-2 接收端程序代码

#程序名称 task12_2_1.py

序号	程序代码
1	import socketserver
2	import struct
3	import os
4	#定义请求处理类,继承自 BaseRequestHandler
5	class MyTCPHandler(socketserver.BaseRequestHandler):
6	#重写请求处理方法,用于接收上传的文件
7	def handle(self):
8	BUFSIZE = 1024　　　　　　　　　　#设置文件接收缓冲区大小,为 1024 个字节
9	#struct.calcsize()方法计算格式字符串对应的结果的长度
10	FILEINFO_SIZE = struct.calcsize('128s32sI8s')
11	#输出发送端地址
12	print("{} 客户端发来文件:".format(self.client_address[0]))
13	fhead = self.request.recv(FILEINFO_SIZE)
14	#从文件头信息包中解析出文件名和文件长度
15	filename,temp1,filesize,temp2 = struct.
16	unpack('128s32sI8s',fhead)
17	tmp = filename.decode()　　　　　#字节数据转换为字符串
18	filename = tmp.strip('\00')　　　#去掉字符串中的空白字符
19	#输出接收到的文件名
20	print("接收到的文件的文件名是: {0}".format(filename))
21	#输出文件长度
22	print("接收到的文件的长度是: {0}".format(filesize))
23	if os.path.isfile(filename):
24	#如果有同名文件,要求用户输入新的文件名

序号	程 序 代 码
25	filename = input("文件已存在,请起一个新名字[default:new_ % s]" % filename)
26	if filename.strip() == "":
27	# 如果未输入新的文件名,设置默认文件名
28	filename = 'new_' + filename.strip('\00')
29	else:
30	# 如果没有同名文件,使用用户发送的文件名
31	filename = filename.strip('\00')
32	fp = open(filename,'wb') # 创建文件写对象
33	restsize = filesize # restsize 是未读完的字节数
34	while True:
35	if restsize > BUFSIZE:
36	# 如果未读完的字节数大于缓冲区字节数,全部接收
37	filedata = self.request.recv(BUFSIZE)
38	else:
39	# 否则,直接接收剩余字节数
40	filedata = self.request.recv(restsize)
41	# 如果接收数据为空,退出循环
42	if not filedata:
43	break
44	fp.write(filedata) # 把接收的数据写入文件
45	restsize = restsize - len(filedata) # 计算剩余字节数
46	# 计算接收到的字节数的比例
47	ratio = (float(filesize) - float(restsize)) float(filesize) * 100
48	print_ratio(ratio) # 输出接收到的文件字节数的比例
49	if restsize == 0:
50	break
51	print("文件成功上传!")
52	fp.close() # 关闭文件对象
53	# 计算字节数比例
54	ratio_base = 0.00
55	def print_ratio(ratio, delta = 10.00):
56	global ratio_base
57	if ratio > ratio_base + delta:
58	ratio_base = ratio_base + delta
59	print(" % 4.2f" % ratio, end = '')
60	print(" % ")
61	else:

续表

序号	程序代码
62	pass
63	if __name__ == "__main__":
64	HOST,PORT = "127.0.0.1",9003　　　　♯设置接收端地址和端口号
65	♯创建 TCP 服务器
66	server = socketserver.TCPServer((HOST,PORT),MyTCPHandler)
67	print('服务器已在端口{0}成功开启!'.format(PORT))
68	print('开始监听!')　　　　　　♯启动服务器并监听,按 Ctrl + C 键退出
69	server.serve_forever()

表 12-7　任务 12-2 发送端程序代码

♯程序名称 task12_2_2.py

序号	程序代码
1	import socket
2	import os
3	import struct
4	if __name__ == "__main__":
5	ADDR = ('127.0.0.1',9003)　　　　　　♯设置主机地址
6	BUFSIZE = 1024　　　　　　　　　♯设置接收缓冲区大小
7	FILEINFO_SIZE = struct.calcsize('128s32sI8s') ♯计算文件长度
8	filename = input("file to be sent under this dir: ")
9	print('要发送的文件大小为:
10	{0}'.format(os.stat(filename).st_size))
11	fhead = struct.pack('128s11I',filename.encode(),0,0,0,0,0,0,0,\
12	0,os.stat(filename).st_size,0,0)
13	sendSock = socket.socket(socket.AF_INET,socket.SOCK_STREAM)
14	print('套接字成功建立!')
15	sendSock.connect(ADDR)　　　　　　♯连接到主机
16	print('与接收端成功建立连接!')
17	sendSock.send(fhead)　　　　　　♯发送文件头
18	print('文件头部相关信息已发送!')
19	fp = open(filename,'rb')　　　　　　♯打开要发送的文件
20	print('准备发送文件!')
21	while True:
22	filedata = fp.read(BUFSIZE)　　　　♯读入文件所有内容
23	if not filedata:
24	break
25	sendSock.send(filedata)　　　　　♯发送文件
26	fp.close()
27	sendSock.close()
28	print('全部发送完毕!')

任务 12-2 运行结果.pdf

12.3 多连接应用

目前 socket 应用的特点是同步应用,即服务器每次只能连接一个请求并处理。在实际应用中,如网络聊天,需要服务器能同时处理多个连接。

Python 提供了很多方法来实现多连接。例如,利用 SocketServer 进行线程或分叉处理。

12.3.1 使用 SocketServer 进行多连接处理

1. ThreadingTCPServer

ThreadingTCPServer 从 ThreadingMixIn 和 TCPServer 类中继承,实现多线程机制。

基于 ThreadingTCPServer 的 socket 服务器在内部为每个客户端创建一个线程来和客户端交互,同时支持多个客户端连接(长连接)。

ThreadingTCPServer 对象的创建方式如下:

```
socketserver.ThreadingTCPServer((host,port),RequestHandler)
```

参数说明:

(1) host 主机地址。

(2) port 端口号。

(3) RequestHandler 继承自 SocketServer.BaseRequestHandler 的类,必须重写 handle()方法,用来处理客户端的请求。

【例 12-5】 利用 ThreadingTCPServer 的多连接示例。服务器端代码如下:

```
import socketserver
import threading
#定义服务器处理类,继承自.BaseRequestHandler
class MyMultiServer(socketserver.BaseRequestHandler):
    #重写请求处理方法
    def handle(self):
        print('self.request:',self.request)
        print('self.client_address',self.client_address)
                                                        #输出属性变量 client_address 的值
        print('self.server',self.server)                #输出属性变量 server 的值
        conn = self.request                             #获得连接客户端的套接字
        cur_thread = threading.current_thread()         #获得处理客户端连接的线程对象
        print(cur_thread)                               #输出线程对象
        while True:
```

```
        self.data = self.request.recv(1024).strip()    #接收用户端输入的信息
        if self.data.decode() == 'exit':
            #如果接收到的信息是 exit,表示用户要退出本次会话
            print('用户{0}离开!'.format(self.client_address))
            break
        else:
            #否则,显示用户发来的信息
            print('用户 {0}发来消息{1}'.format(self.client_address,self.data.decode()))
            conn.sendall(self.data.upper())    #收到的信息全部转为大写,并返回给用户
if __name__ == '__main__':
    host = '127.0.0.1'
    port = 9003
    #创建 ThreadingTCPServer 对象
    myserver = socketserver.ThreadingTCPServer((host,port),MyMultiServer)
    print('服务器已在端口号{0}启动,正在监听'.format(port))
    myserver.serve_forever()                        #启动服务
```

客户端代码如下:

```
import socket
#定义客户端通信类
class Client():
    def connect(self,ip_port):
        self.ip_port = ip_port        #初始化实例变量,是一个存放主机地址和端口号的元组
        sk = socket.socket()          #创建客户端套接字对象
        print('客户端套接字创建成功!')
        sk.connect(ip_port)           #建立到服务器的连接
        print('客户端成功连接到服务器端!')
        sk.settimeout(5)              #设置套接字的超时时间
        while True:
            inp = input('请输入要发送的信息:')
            sk.sendall(inp.encode()) #转码后发送数据
            if inp == 'exit':
                break                 #如果发送信息是 exit,退出会话
            else:
                data = sk.recv(1024).decode()    #接收服务器返回信息
                print('receive:  {0}'.format(data))
        sk.close()                    #关闭套接字对象
if __name__ == '__main__':
    client = Client()                 #创建 Client 对象
    ipport = ('127.0.0.1',9003)       #设置服务器地址和端口号
    client.connect(ipport)            #调用 connect()方法与服务器进行会话操作
```

例 12-5 运行结果.pdf

2. ForkingTCPServer

ForkingTCPServer 和 ThreadingTCPServer 的使用和执行流程基本一致,区别在于 ForkingTCPServer 在内部为客户端建立进程,而 ThreadingTCPServer 在内部为客户端建立线程。ForkingTCPServer 对象的创建如下:

```
server = socketserver.ForkingTCPServer((host,port),RequestHandler)
```

在例 12-5 中,只需要把如下语句:

```
myserver = socketserver.ThreadingTCPServer((host,port),MyMultiServer)
```

修改为

```
myserver = socketserver.ForkingTCPServer((host,port),MyMultiServer)
```

即可。

12.3.2 使用 select 模块进行异步 I/O

Python 中的 select 模块用于 I/O 多路复用,提供了 select()、poll() 和 epoll() 三种方法,其中,后两个在 Linux 中可用,Windows 仅支持 select。

Python 中的 select() 方法可对底层操作系统进行直接访问,可以监控 sockets、files 和 pipes 来等待 I/O 完成。select() 可以监控到读、写或异常事件的发生。

select() 属于非阻塞操作方式。所谓非阻塞方式(non-block)就是进程或线程执行此函数时不必非要等待事件发生,执行后就返回,以返回值的不同来反映函数的执行情况。如果事件发生,与阻塞方式相同;若事件没有发生,返回一个代码来告知事件未发生,而进程或线程继续执行,所以效率较高。

select() 中的 fd_set 的数据结构是一个长整型数组,每个数组元素都与某个打开的文件句柄(可以是 socket 句柄、文件句柄或管道句柄)相关联。当调用 select() 时,内核根据 I/O 状态修改 fd_set 的内容,并据此来通知执行了 select() 进程的是哪个 socket,或者文件可读或可写。在 socket 通信中,能监视文件描述方面的变化。

select() 方法语法如下:

```
select.select(rlist,wlist,xlist[,timeout])
```

功能:返回 3 个已经准备好的列表,即 3 个参数对象的子集。如果超时,返回 3 个空列表。

参数说明:

(1) rlist   等待读取的对象。

(2) wlist   等待写入的对象。

(3) xlist   等待异常的对象。

(4) timeout   以秒为单位的超时时间。如果给定超时时间,最多阻塞这个超时时间;如果为 0,则不阻塞。

【例 12-6】 利用 select() 的多连接示例。服务器端代码如下:

```
import select                              # 导入 select 模块
```

```python
import socket
import queue
host, port = ('127.0.0.1', 9000)                    # 初始化主机地址和端口号
# 创建服务器端套接字对象
myserver = socket.socket(socket.AF_INET, socket.SOCK_STREAM)
try:
    myserver.bind((host, port))
    myserver.setblocking(0)
except socket.error as e:
    print(e)
    exit(0)
myserver.listen(500)                                # 服务器开始监听
print('服务器在地址 {0} 端口 {1} 启动'.format(host, port))
inputs = [myserver, ]                               # 监测服务器端, server 也是一个 fd, 文件描述符
outputs = []                    # 存放内核返回的活跃的客户端连接, 即服务器需与 send data 的客户端连接
message_queue = {}                                  # 存放连接的消息字典初始化为空
# 开始循环检测事件
while True:
    print("等待下一个事件发生: ")
    # 如果没有任何 fd 就绪, 程序会一直阻塞
    myinput, myoutput, myexception = select.select(inputs, outputs, inputs)
    # 处理新的客户端连接, 并接收客户端传送的信息
    for soc in myinput:
        if soc is myserver:                         # 每一个 soc 就是一个 socket
            client, addr = soc.accept()
            print("有新连接: ", addr)
            client.setblocking(0)
            inputs.append(client)
            # 在字典中添加一个队列, 用于暂时存放这个客户端连接传来的数据
            message_queue[client] = queue.Queue()
        else:    # 如果不是 server, 则是已连接客户端发送了数据
            data = soc.recv(1024)                   # 接收客户端发来的数据
            if data.decode() != 'exit':
                print("接收到{0}发来的数据:{1}".format(soc.getpeername(), data.decode()))
                # 收到的数据先存放到对应的队列中, 以便返回数据给客户端
                message_queue[soc].put(data)
                if soc not in outputs:    # 给客户端发送的返回信息, 添加到 output 队列中
                    outputs.append(soc)

            else:
                # 接收到 exit, 表明客户端要退出
                print("客户端{0}连接断开".format(soc.getpeername()))
                if soc in outputs:
                    outputs.remove(soc)    # 在 output 列表中清除已经断开的连接
                inputs.remove(soc)         # 在 input 列表中清除已经断开的连接
                del message_queue[soc]     # 在字典中删除该连接相关元素
    # 开始向客户端发送数据
```

```
    for soc in myoutput:
        try:
            next_msg = message_queue[soc].get_nowait()    #从队列中删除
        except queue.Empty:
            print("客户端{0}发送消息队列已空！".format(soc.getpeername()))
            outputs.remove(soc)
        else:
            print("发送给客户端{0},消息为{1}".format(soc.getpeername(),next_msg))
            soc.send(next_msg.upper())
    #处理出现异常的连接
    for soc in myexception:
        print("handling exception for",soc.getpeername())
        inputs.remove(soc)
        if soc in outputs:
            outputs.remove(soc)
        soc.close()
        del message_queue[soc]
```

客户端代码如下：

```
import socket
class Client():
    def connect(self,ip_port):
        self.ip_port = ip_port
        sk = socket.socket()
        print('客户端套接字创建成功！')
        sk.connect(ip_port)
        print('客户端成功连接到服务器端！')
        sk.settimeout(5)
        while True:
            inp = input('请输入要发送的信息：')
            sk.sendall(inp.encode())
            if inp == 'exit':
                break
            else:
                data = sk.recv(1024).decode()
                print('receive:  {0}'.format(data))
        sk.close()
if __name__ == '__main__':
    client = Client()
    ipport = ('127.0.0.1',9000)
    client.connect(ipport)
```

例12-6运行结果.pdf

任务 12-3　简单的聊天室

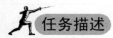

任务描述

编写一个 Python 程序，实现一个简单的聊天室。

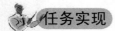

任务实现

1. 设计思路

根据题目要求，设计一个简单的网络聊天室，使用 select 模块来处理多个用户的连接。需要分别设计聊天服务器端代码和聊天客户端代码。

（1）聊天服务器端：使用 select() 非阻塞方法来处理用户的多个连接。用户的套接字分别用 3 个列表来存放，即等待输入的套接字列表、等待输出的套接字列表和等待异常检查的套接字列表。对于等待输入的套接字列表，如果是服务器监听到连接请求，该套接字标识为可读，并建立连接，从而无阻塞地接收用户发送的信息。如果套接字为客户端用户，表示有客户端发送的信息需要读取。对于等待输出的套接字列表，将无阻塞地完成向客户端发送信息。等待异常检查的套接字列表进行异常处理。

（2）聊天客户端：客户端利用套接字与聊天服务器端建立连接，并使用两个线程来分别处理信息的发送和接收。

2. 源代码清单

聊天服务器端源代码如表 12-8 所示，聊天客户端源代码如表 12-9 所示。

表 12-8　任务 12-3 聊天服务器端程序代码

序号	程序代码
	＃程序名称 task12_3_1.py
1	import time　　　　　　　　　　　＃导入时间模块
2	import socket　　　　　　　　　　＃导入套接字模块
3	import select　　　　　　　　　　＃导入 select 模块
4	import queue　　　　　　　　　　 ＃导入队列模块
5	my_select_timeout = 100　　　　　＃select() 方法的超时时间初始化
6	＃定义聊天服务器类，用来处理多个连接
7	class **MyChatServer**(object):
8	＃定义服务器类的构造方法，共有 4 个参数
9	def __**init**__(*self*, host = *'127.0.0.1'*, port = 9001, timeout = 10, client_nums = 10):
10	＃定义私有实例变量保存主机地址
11	*self*.__serverhost = host
12	＃定义私有实例变量保存主机端口号
13	*self*.__serverport = port
14	＃定义私有实例变量保存服务器超时时间
15	*self*.__servertimeout = timeout

序号	程 序 代 码
16	♯定义私有实例变量服务器的最大连接数
17	*self* . __connected_client_nums = client_nums
18	♯定义私有实例变量保存接收缓冲区大小
19	*self* . __mybuffer_size = 1024
20	♯创建聊天服务器 TCP 套接字
21	*self* .chatserver = socket.socket(socket.AF_INET,socket.SOCK_STREAM)
22	print('聊天服务器端套接字创建成功!')
23	♯设置非阻塞模式
24	*self* .chatserver.setblocking(False)
25	'''
26	聊天服务器选项设置,最后一个参数设置为1,表示将\
27	socket.SO_KEEPALIVE 标记为 True,可使 TCP 通信的信息包保持连续性
28	'''
29	*self* .chatserver.setsockopt(socket.SOL_SOCKET,socket.SO_KEEPALIVE,1)
30	'''
31	聊天服务器选项设置,最后一个参数设置为1,表示将\
32	SO_REUSEADDR 标记为 True,操作系统会在服务器 socket 被关闭或服务\
33	器进程终止后,马上释放该服务器的端口
34	'''
35	*self* .chatserver.setsockopt(socket.SOL_SOCKET,socket.SO_REUSEADDR,1)
36	print('聊天服务器端参数设置成功!')
37	server_host = (*self* . __serverhost,*self* . __serverport)
38	try:
39	♯把聊天服务器绑定在指定主机和端口号上
40	*self* .chatserver.bind(server_host)
41	print('服务器端口绑定成功!')
42	♯聊天服务器开始监听
43	*self* .chatserver.listen(*self* . __connected_client_nums)
44	print('服务器端开始监听:')
45	except:
46	raise ♯重新引发捕获到的异常
47	♯初始化等待输入套接字列表对象
48	*self* .inputs = [*self* .chatserver]
49	♯初始化等待输出套接字列表对象
50	*self* .outputs = []
51	♯初始化消息队列
52	*self* .message_queues = {}
53	♯初始化客户端信息列表
54	*self* .client_info = {}

续表

序号	程序代码
55	＃定义聊天服务器类的处理方法
56	def **handle**(*self*):
57	while True:
58	＃调用 select()方法,初始化等待输入的套接字列表对象、等待输出
59	＃的套接列表对象和等待异常检查的套接字列表对象
60	myinput,myoutput,myexception = select.select(*self*.inputs,*self*.outputs,\
61	*self*.inputs,my_select_timeout)
62	if not (myinput or myoutput or myexception):
63	＃如果 3 个列表对象都为空,重新开始下一轮循环
64	continue
65	＃处理等待输入的套接字列表中的每个元素
66	for soc in myinput:
67	＃判断是否是聊天服务器套接字
68	if soc is *self*.chatserver:
69	＃建立与客户端的连接
70	connection,client_address = soc.accept()
71	＃输出客户端地址信息
72	print("客户端:{0}已连接!".format(client_address)
73	＃把套接字设置为非阻塞模式
74	connection.setblocking(0)
75	＃添加到等待输入列表对象中
76	self.inputs.append(connection)
77	＃添加客户端地址信息到客户端信息列表对象中
78	self.client_info[connection] = str(client_address)
79	＃为当前的套接字对象建立消息队列
80	self.message_queues[connection] = queue.Queue()
81	＃否则,是客户端套接字
82	else:
83	try:
84	＃接收用户发送的消息
85	data = soc.recv(*self*.__mybuffer_size)
86	except:
87	＃对捕获到的异常进行处理
88	err_msg = "客户端信息接收异常!"
89	print(err_msg)
90	＃判断用户发送的信息是否是 exit 或空
91	if data.decode()!='exit'and data:
92	＃构造服务器返回消息
93	data = "时间:%s 客户端:%s 发来信息:\n%s"%\

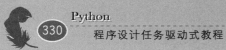

序号	程 序 代 码
94	`(time.strftime("%Y-%m-%d %H:%M:%S"),self.client_info[soc],data.decode())`
95	♯服务器端输出该消息
96	`print(data)`
97	♯把返回消息添加到该套接字的消息队列中
98	`self.message_queues[soc].put(data)`
99	♯如果该套接字不在等待输出列表对象中,添加
100	`if soc not in self.outputs:`
101	`self.outputs.append(soc)`
102	`else:`
103	♯用户输入 exit,退出
104	`print("客户端:{0}退出!".format(str(self.client_info[soc])))`
105	`if soc in self.outputs:`
106	`self.outputs.remove(soc)`
107	♯从等待输出队列中删除
108	`self.inputs.remove(soc)`
109	`soc.close()`
110	♯删除该套接字的消息队列
111	`del self.message_queues[soc]`
112	♯删除该套接字的用户列表
113	`del self.client_info[soc]`
114	♯对等待输出套接字列表对象中的套接字进行处理
115	`for soc in myoutput:`
116	`try:`
117	♯从套接字消息对象队列中取出消息
118	`next_msg = self.message_queues[soc].get_nowait()`
119	`except queue.Empty:`
120	`err_msg = "信息输出队列已空!"`
121	`print(err_msg)`
122	♯把当前套接字从等待输出列表中删除
123	`self.outputs.remove(soc)`
124	`except Exception as e:`
125	♯处理捕获到的异常
126	`err_msg = "发送信息失败!错误信息: %s" % str(e)`
127	`print(err_msg)`
128	♯如果该套接字在等待输出列表对象中,移除
129	`if soc in self.outputs:`
130	`self.outputs.remove(soc)`
131	`else:`
132	♯对于用户信息列表对象中的每个用户,发送消息

续表

序号	程 序 代 码

```
133            for client in self.client_info:
134                # 只给其他用户发送,不给自己发送
135                if client is not soc:
136                    try:
137                        # 向其他客户端发送信息
138                        client.sendall(next_msg.encode())
139                    except Exception as e:
140                        # 处理发送中出现的异常
141                        err_msg = "发送给 %s  的信息异常!出错\
142    信息:%s" % (str(self.client_info[client]),str(e))
143                        print(err_msg)
144                        print("客户端:{0}退出异\
145    常.".format(str(self.client_info[client])))
146                        if client in self.inputs:
147                            self.inputs.remove(client)
148                            client.close()
149                        if client in self.outputs:
150                            self.outputs.remove(soc)
151                        if client in self.message_queues:
152                            del self.message_queues[soc]
153                        del self.client_info[client]
154        # 处理异常等待列表对象中的套接字
155        for soc in myexception:
156            # 输出用户异常退出信息
157            print("客户端:{0}退出异常.".format(str(self.client_info[client])))
158            if soc in self.inputs:
159                # 从等待输入列表对象中删除出现异常的套接字
160                self.inputs.remove(soc)
161                soc.close()
162            if soc in self.outputs:
163                # 从等待输出列表对象中删除出现异常的套接字
164                self.outputs.remove(soc)
165            if soc in self.message_queues:
166                # 删除出现异常的套接字的消息队列
167                del self.message_queues[soc]
168            # 在客户列表对象中删除出现异常的套接字
169            del self.client_info[soc]
170 if "__main__" == __name__:
171    host = '127.0.0.1'
172    port = 9001
173    timeout = 50
174    client_nums = 5
175    # 初始化聊天服务器并开始处理连接
176    MyChatServer(host,port,timeout,client_nums).handle()
```

表 12-9　任务 12-3 聊天客户端程序代码

＃程序名称 task12_3_2.py

序号	程 序 代 码
1	import sys
2	import time
3	import socket　　　　　＃导入套接字模块
4	import threading　　　　＃导入线程模块
5	＃定义聊天客户端类
6	class MyChatClient(object):
7	＃定义构造方法
8	def __init__(self, host, port = 9001, timeout = 1, reconnect = 2):
9	＃初始化私有实例变量服务器地址
10	self.__serverhost = host
11	＃初始化私有实例变量服务器端口号
12	self.__serverport = port
13	＃初始化私有实例变量超时时间
14	self.__servertimeout = timeout
15	＃初始化私有实例变量接收缓冲区大小
16	self.__serverbuffer_size = 1024
17	＃初始化标记变量
18	self.__flag = 1
19	self.client = None
20	＃初始化线程锁对象
21	self.__clientlock = threading.Lock()
22	＃把 flag()方法变为属性调用
23	@property
24	def flag(self):
25	return self.__flag
26	＃定义 flag 属性可写
27	@flag.setter
28	def flag(self, new_num):
29	self.__flag = new_num
30	＃定义私有方法,用于连接到聊天服务器
31	def __connect(self):
32	＃创建客户端套接字
33	chat_client = socket.socket(socket.AF_INET, socket.SOCK_STREAM)
34	print('聊天客户端套接字创建成功!')
35	＃设置为阻塞方式
36	chat_client.setblocking(True)
37	＃设置超时时间
38	chat_client.settimeout(self.__servertimeout)
39	＃设置端口重用
40	chat_client.setsockopt(socket.SOL_SOCKET, socket.SO_REUSEADDR, 1)

序号	程 序 代 码
41	server_host = (*self*.__serverhost,*self*.__serverport)
42	print('客户端套接字参数设置成功!')
43	try:
44	#创建到服务器的连接
45	chat_client.connect(server_host)
46	print('客户端成功连接到聊天服务器端!')
47	except:
48	raise
49	return chat_client
50	#处理消息发送
51	def **send_msg**(*self*):
52	if not *self*.client:
53	return
54	while True:
55	#阻塞 0.05 秒
56	time.sleep(0.05)
57	#读取用户输入的一行数据
58	data = sys.stdin.readline().strip()
59	#如果用户输入 exit,标记变量置 0
60	if "exit" == data.lower():
61	#以下代码使用同步机制
62	with *self*.__clientlock:
63	#调用之前定义的方法修改标记变量*self*.__flag
64	*self*.flag = 0
65	break
66	#向服务器端发送数据
67	*self*.client.sendall(data.encode())
68	return
69	#处理服务器返回消息
70	def **recv_msg**(*self*):
71	if not *self*.client:
72	return
73	while True:
74	data = None
75	#以下代码使用同步机制
76	with *self*.__clientlock:
77	if not *self*.flag:
78	#如果标记变量*self*.__flag 为 0,退出
79	print('再见!')
80	break
81	try:

序号	程 序 代 码
82	♯接收服务器返回的消息
83	data = *self*.client.recv(*self*.__serverbuffer_size)
84	except socket.timeout:
85	continue
86	except:
87	raise
88	if data:
89	♯在用户端输出服务器返回的消息
90	print("{0}\n".format(data.decode()))
91	time.sleep(0.1)
92	return
93	♯定义客户端处理方法,建立连接,创建读写线程
94	def **handle**(*self*):
95	♯调用方法,实现与聊天服务器的连接
96	*self*.client = *self*.__connect()
97	♯初始化发送消息处理线程,线程处理方法为 send_msg()
98	send_proc = threading.Thread(target = *self*.send_msg)
99	♯初始化接收消息处理线程,线程处理方法为 recv_msg()
100	recv_proc = threading.Thread(target = *self*.recv_msg)
101	♯启动线程
102	recv_proc.start()
103	send_proc.start()
104	♯阻塞线程,直到线程处理完毕
105	recv_proc.join()
106	send_proc.join()
107	♯关闭客户端套接字对象
108	*self*.client.close()
109	if "__main__" == __name__:
110	♯初始化客户端类并开始聊天
111	MyChatClient('127.0.0.1',9001,20,3).handle()

任务 12-3 运行结果.pdf

12.4　FTP 文件传输

FTP(File Transfer Protocol)即文件传输协议,可以上传文件或下载文件,还可以通过FTP 的指令对文件或目录进行操作,例如修改文件名、删除文件、创建目录等。

Python 中内置了 ftplib 模块,提供对 FTP 的操作功能。ftplib 中的 FTP 类用来实现 FTP 客户端,可进行上传或下载文件。

FTP 类提供的方法.pdf

连接到 FTP 服务器有两种方式,一种是调用构造方法;另一种是调用 connect()方法,代码示例如下:

(1) 调用构造方法直接连接。

ftp = FTP(host = '', user = '', passwd = '', acct = '', timeout = '')

(2) 先实例化 ftp＝FTP(),再使用 connect(host＝'',port＝0,timeout＝－999)连接,最后调用 login(user＝'',passwd＝'')方法登录 FTP 服务器。

【例 12-7】 FTP 基本命令示例。源代码如下:

```
from ftplib import FTP
if "__main__" == __name__:
    ftp = FTP('ftp.cuhk.edu.hk','anonymous','zkm@126.com')          #登录 FTP 服务器
    print(ftp.getwelcome())                                         #输出欢迎信息
    ftp.cwd('pub/Linux/documents/howto - translations')             #改变当前文件夹
    ftp.dir()                                                       #列出当前文件夹内容
    bufsize = 1024                                                  #设置缓冲区大小
    filename = "Xine - Video - Player - HOWTO.txt.gz"               #需要下载的文件
    #以写模式打开要下载到本地的文件
    file_handle = open('d:\temp\' + filename,"wb").write
    ftp.retrbinary('RETR ' + filename,file_handle,bufsize)          #下载文件到本地
    print ("hello")
    ftp.set_debuglevel(0)                                          #关闭调试
    ftp.quit()                                                      #退出 FTP 服务器
```

例 12-7 运行结果.txt

任务 12-4　FTP 文件批量下载

任务描述

编写一个 Python 程序,把 FTP 服务器上指定文件夹中所有子目录下的文件全部下载到本地指定文件夹中。

任务实现

1. 设计思路

根据题目要求,需要利用 ftplib 模块中的 FTP 来完成任务。登录到 FTP 服务器后,指定要下载文件的根文件夹,然后获得该文件夹下的所有文件信息,分别存放到文件列表对象和目录列表对象中。对于文件,直接下载即可;对于文件夹,通过递归方法调用来完成文件夹的遍历。

2. 源代码清单

程序代码如表 12-10 所示。

表 12-10　任务 12-4 程序代码

＃程序名称 task12_4.py

序号	程序代码
1	import os
2	import ftplib　　　　　　　　　　　　　　　＃导入 FTP 模块
3	＃定义文件下载类
4	class **myFtp**:
5	ftp = ftplib.FTP()　　　　　　　　　＃初始化 FTP 对象
6	def __init__(*self*, host):
7	*self*.ftp.connect(host)　　　　　＃连接到 FTP 服务器
8	def **Login**(*self*, user, passwd):
9	*self*.ftp.login(user, passwd)　　＃登录到 FTP 服务器
10	print(*self*.ftp.welcome)
11	＃下载文件,LocalFile 是本地存放路径和文件名
12	＃RemoteFile 是服务器上要下载的文件名
13	def **DownLoadFile**(*self*, LocalFile, RemoteFile):
14	＃以写方式打开本地文件
15	file_handler = open(LocalFile, 'wb')
16	＃向服务器发送文件下载命令
17	*self*.ftp.retrbinary("RETR " + RemoteFile, file_handler.write)
18	file_handler.close()　　　　　　＃关闭本地文件对象
19	＃输出当前下载的文件名
20	print('{0} is downloading!'.format(RemoteFile))
21	return True
22	＃遍历文件夹,并下载文件
23	def **DownLoadFileTree**(*self*, LocalDir, RemoteDir):
24	*self*.remote = RemoteDir
25	*self*.local = LocalDir
26	print("远程文件夹:", RemoteDir)
27	if os.path.isdir(LocalDir) == False:
28	＃如果本地文件夹不存在,创建该文件夹
29	os.makedirs(LocalDir)
30	＃在服务器中进入要下载的文件夹
31	*self*.ftp.cwd(RemoteDir)
32	＃文件信息列表对象初始化

序号	程 序 代 码
33	`dir_res = []`
34	`#把 dir 的信息添加到文件信息列表对象 dir_res 中`
35	`self.ftp.dir(RemoteDir,dir_res.append)`
36	`#筛选出文件存放到 files 列表对象中`
37	`files = [f.split(None,8)[-1] for f in dir_res if f.startswith('-')]`
38	`#筛选出文件夹存放到 dirs 列表对象中`
39	`dirs = [f.split(None,8)[-1] for f in dir_res if f.startswith('d')]`
40	`#对所有的文件,调用 DownLoadFile()方法进行下载`
41	`for file in files:`
42	`    Local = os.path.join(self.local,file)`
43	`    self.DownLoadFile( Local,file )`
44	`#对于所有的文件夹,递归调用本方法,实现文件夹遍历`
45	`for file in dirs:`
46	`    self.remote = self.remote+'/' + file`
47	`    self.local = self.local+'/' + file`
48	`    self.DownLoadFileTree(self.local,self.remote)`
49	`self.ftp.cwd( ".." )   #返回父文件夹`
50	`#计算当前子文件夹的父文件夹`
51	`i = len(self.remote) - 1`
52	`k = 0`
53	`while True:`
54	`    if(self.remote[i]!='/'):`
55	`        k = k + 1`
56	`        i = i - 1`
57	`    else:`
58	`        break;`
59	`#设置服务器下次要遍历的文件夹`
60	`self.remote = self.remote[0:len(self.remote) - k - 1]`
61	`#设置下次要复制的文件夹`
62	`self.local = self.local[0:len(self.local) - k - 1]`
63	`print(self.remote)`
64	`print(self.local)`
65	`return`
66	`#输出远程文件夹下的文件和目录名`
67	`def get_dirs_files(self,RemoteDir):`
68	`    u'''得到当前目录和文件,放入 dir_res 列表'''`
69	`    dir_res = []`
70	`    self.ftp.dir(RemoteDir,dir_res.append)`
71	`    files = [f.split(None,8)[-1] for f in dir_res if f.startswith('-')]`
72	`    dirs = [f.split(None,8)[-1] for f in dir_res if f.startswith('d')]`
73	`    for d in dirs:`
74	`        print(d,end=' ')`

续表

序号	程序代码
75	for d in files:
76	print(files, end = ' ')
77	return (files, dirs)
78	# 退出 FTP 登录
79	def **close**(self):
80	self.ftp.quit()
81	if __name__ == "__main__":
82	# 初始化 myFtp 类对象
83	ftp = myFtp('ftp.cuhk.edu.hk')
84	# 用指定用户名和密码进行登录
85	ftp.Login('anonymous', 'zkm@126.com')
86	# 输出远程文件夹下的文件和目录
87	ftp.get_dirs_files('/pub/Linux/documents/、howto - translations/gb')
88	# 下载指定文件夹及子文件夹中的所有文件
89	ftp.DownLoadFileTree('d:/temp/mytest', '/pub/Linux/documents/howto - translations/gb')
90	ftp.close()
91	print("ok!")

任务 12-4 运行结果.txt

12.5 SMTP 发送邮件

在 Internet 上传输的邮件采用了协议 SMTP(Simple Mail Transfer Protocol),也称简单邮件传输协议。SMTP 是用于由源地址到目的地址传送邮件的规则,并控制信件的中转方式。SMTP 的默认 TCP 端口号是 25。

但是,用户从邮件服务器下载邮件使用的是 POP 或 IMAP。POP3 为用户提供了一种简单、标准的方式来访问邮箱和获取电子邮件。POP3 的默认 TCP 端口号是 110。使用 IMAP 的电子邮件客户端通常把信息保留在服务器上,直到用户显式删除。MAP 提供了摘要浏览功能,让用户在阅读完所有的邮件到达时间、主题、发件人、大小等信息后再决定是否下载。IMAP 的默认 TCP 端口号是 143。

Python 的 smtplib 模块实现了 SMTP,用于发送电子邮件。

Python 创建 SMTP 对象的语法如下:

smtpObj = smtplib.SMTP([host [, port [, local_hostname]]])

参数说明:

(1) host 表示 SMTP 服务器主机,一般是主机的 IP 地址或者域名。此参数可选。

（2）port　指定 SMTP 服务使用的端口号。一般情况下，SMTP 端口号为 25。

（3）local_hostname　如果 SMTP 服务在本机，服务器地址设置为 localhost。

Python 中的 SMTP 对象使用 sendmail() 方法发送邮件的语法格式如下：

```
SMTP.sendmail(from_addr,to_addrs,msg[,mail_options,rcpt_options])
```

参数说明：

（1）from_addr　邮件发送者地址。

（2）to_addrs　字符串列表，邮件发送地址。

（3）msg　发送消息，使用中要注意邮件的格式，如标题、发信人、收件人、邮件内容、附件等。

SMTP 对象常用方法如表 12-11 所示。

表 12-11　SMTP 对象常用方法一览表

方 法 名	功 能 描 述
set_debuglevel(level)	设置调试模式。level 为真，可收到服务器的调试信息
docmd(cmd[,argstring])	给服务器发送命令行命令
connect([host[,port]])	用指定的主机地址和端口号连接 SMTP 服务器
helo([hostname])	向 SMTP 服务器标识用户身份
ehlo([hostname])	向 ESMTP 服务器标识用户身份
has_extn(name)	验证给定的邮箱是否在扩充邮箱列表中
verify(address)	检测邮件地址是否正确
login(user,password)	使用用户名和密码登录邮箱
starttls([keyfile[,certfile]])	使用安全传输协议连接邮件服务器
sendmail(from_addr,to_addrs,msg[,mail_options,rcpt_options])	发送邮件，要求必须有发送方邮件地址、接收方邮件地址列表、邮件内容。可选参数与 ESMPT 协议有关
quit()	退出邮件会话

邮件发送示例及 email 模块.pdf

任务 12-5　复杂内容邮件发送

 任务描述

编写一个 Python 程序，发送 HTML 形式的邮件，并添加附件。

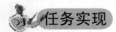 任务实现

1. 设计思路

根据题目要求，需要使用本节所讲的两个模块。其中，用 MIMEMultipart 打包不同的发送内容，用 MIMEText 打包文本类的发送内容，用 MIMEImage 打包图片类的发送内容，

最后用 smtplib 模块的 SMTP 发送邮件。

2. 源代码清单

程序代码如表 12-12 所示。

表 12-12　任务 12-5 程序代码

#程序名称 task12_5.py

序号	程 序 代 码
1	#导入相关模块
2	import smtplib
3	from email.mime.multipart import MIMEMultipart
4	from email.mime.text import MIMEText
5	from email.mime.image import MIMEImage
6	#设置发送方邮件地址
7	sender ='xxxxx@126.com'
8	#设置接收方邮件地址
9	receiver ='xxxxx@126.com'
10	#设置邮箱登录名
11	username ='xxxx@126.com'
12	#设置邮箱登录密码
13	password ='xxxxx'
14	#设置邮箱服务器域名
15	smtpserver ='smtp.126.com'
16	#定义邮件发送方法
17	def **SendMail**():
18	flag = True
19	try:
20	#设置邮件标题
21	subject ='python email test'
22	#构造 MIMEMultipart 对象作为根容器
23	msg = MIMEMultipart('alternative')
24	msg['Subject'] = subject
25	#定义普通文本形式的邮件体
26	text = "Hi!\nHow are you?\nHere is the link you wanted:\nhttp://www.python.org"
27	#定义 HTML 形式的邮件体
28	html = """\ <html >
29	<head ></head >
30	<body >
31	<p >Hi!
32	How are you?
33	Here is the <a href = "http://www.python.org">link </a >you wanted.
34	</p >
35	</body >
36	</html >

序号	程 序 代 码
37	`"""`
38	`#构造 MIMEText 对象作为邮件显示内容`
39	`part1 = MIMEText(text,'plain')`
40	`part2 = MIMEText(html,'html')`
41	`#添加到根容器中`
42	`msg.attach(part1)`
43	`msg.attach(part2)`
44	`#构造附件`
45	`att = MIMEText(open('D:\\temp\\catpicture\\img1.png',\`
46	`'rb').read(),'base64','utf-8')`
47	`att["Content-Type"] = 'application/octet-stream'`
48	`att["Content-Disposition"] = 'attachment;filename="img1.png"'`
49	`#附件也添加到根容器中`
50	`msg.attach(att)`
51	`#创建邮件发送对象`
52	`smtp = smtplib.SMTP()`
53	`#连接到邮件服务器`
54	`smtp.connect(smtpserver)`
55	`#使用用户名和密码登录邮件服务器`
56	`smtp.login(username,password)`
57	`#发送邮件`
58	`smtp.sendmail(sender,receiver,msg.as_string())`
59	`#关闭与邮件服务器的连接`
60	`smtp.quit()`
61	`except Exception:`
62	`flag = False`
63	`return flag`
64	`if "__main__" == __name__:`
65	`#调用发送邮件方法`
66	`sending = SendMail()`
67	`if sending:`
68	`print("邮件已成功发送!")`
69	`else:`
70	`print("邮件发送失败")`

任务 12-5 运行结果.pdf

12.6 习　　题

（1）编写一个网络程序，从客户端向服务器端提交文档。

（2）编写一个聊天程序，好友之间可以一对一聊天。

（3）编写一个自动群发邮件的程序，并可添加附件。

（4）编写一个批量上传程序。

Web 编 程

　　随着互联网的兴起,传统的 Client/Server 架构由于需要安装,且升级不便等缺点,逐渐被 Browse/Server 架构所取代。在 B/S 架构下,用户只需要打开浏览器,向服务器发送请求,所有处理任务和所需要的数据都放在服务器上,服务器根据处理结果向用户返回 Web 页面,服务器端的升级不影响客户端,因此非常有利于应用的部署和扩展。

　　Python 中有很多开源的 Web 框架。其中,Tornado 是较流行的一个框架。通过使用非阻塞 I/O,Tornado 可以处理数以万计打开的链接。SQLAlchemy 提供了 SQL 工具包及对象关系映射(ORM)工具,极大地提高了数据库应用程序的开发效率。

13.1　Web 客户端访问

　　在互联网飞速发展的时代,人们经常需要下载一些 Web 页面,或从网站中读取信息。在 Python 中,如果要访问网页,可以使用 urllib 和 http.client 模块提供的相应类及相关方法。

13.1.1　Web 访问模块简介

　　1. urllib 模块

　　Python 3 中的 urllib 模块包含 5 个子模块,分别是 urllib.parse、urllib.request、urllib.response、urllib.error 和 urllib.robotparser。各模块的功能介绍如下。

　　1) urllib.parse

　　urllib.parse 模块主要用于把 URL 地址分解为不同的组成部分,也称解码;或把不同组成部分的字符串合成一个 URL 地址,也称编码。一个 URL 地址可分解的不同组成部分如表 13-1 所示。

表 13-1　一个 URL 地址可分解的不同组成部分

组成部分名称	索引编号	说　　明
scheme	0	URL 协议
netloc	1	网络主机地址
path	2	访问路径
params	3	参数
query	4	请求部分
fragment	5	碎片标记

组成部分名称	索引编号	说　　明
username	6	用户名
password	7	密码
hostname	8	主机名
port	9	端口号

urllib. parse 模块中的常用方法如表 13-2 所示。

表 13-2　urllib. parse 模块中的常用方法

方　法　名	功　能　描　述
urlparse(urlstring, scheme = ", allow_fragments = True)	把 URL 地址分解为 6 个部分,返回一个如下所示六元组对象 scheme://netloc/path;parameters? query#fragment
urlunparse(parts)	把一个元组对象组合成一个 url 地址
urljoin(base, url, allow_fragments = True)	把 base 和 url 组合成一个绝对 url 地址
urldefrag(url)	去掉 url 中包含的碎片标记

2) urllib. request

urllib. request 模块的主要功能是获取 URL,从而方便地读取 WWW 和 FTP 上的数据。支持多种打开方式,如打开普通网页、以认证方式打开、网页重定向、打开 cookies 等。

urllib. request 模块中的 urlopen()方法是一个用来访问 Web 页面的接口,可以用各种协议获取 url。另外,还提供一个接口来处理其他情况下的页面访问,如认证、cookies、代理等。这些处理可由 opener 和 handler 的对象来完成。

urllib. request 模块中最重要的方法是 urlopen()。

urlopen()方法语法格式如下:

urllib. request. urlopen(url, data = None, [timeout,] * , cafile = None, capath = None, cadefault = \
False, context = None)

功能:创建一个表示远程 URL 的文件对象,通过这个类文件对象来获取远程数据。

参数说明:

(1) url　要访问的远程数据的路径,通常是网址,可以是字符串或 Request 对象。

(2) data　以 post 方式提交到 url 的数据。

(3) timeout　超时时间,单位为秒。

(4) cafile　用于 CA 认证方式,指定 CA 认证的文件。

(5) capath　用于 CA 认证方式,指定 CA 认证的文件所在的路径。

(6) cadefault　忽略此参数。

(7) context　如果指定该参数,必须是 ssl. SSLContext 的实例对象,用于说明各 SSL 选项。

该函数返回一个内容管理(Context Manager)对象。

对于 HTTP 和 HTPPS 请求,返回一个 http. client. HTTPResponse 类的对象;对于

FTP 或数据类的 URL 请求，返回一个 urllib. response. addinfourl 类的对象。这些对象常用的方法如表 13-3 所示。

表 13-3　urlopen()方法返回对象的常用方法

方 法 名	功 能 描 述
info()	返回一个 email. message_from_string()对象，表示远程服务器返回的头信息
getcode()	返回 http 状态码。200 表示请求成功完成，404 表示网址未找到
geturl()	返回请求的 url，通常用于确认重定向

urlopen()方法的常用用法如表 13-4 所示。

表 13-4　urlopen()方法的常用用法

urlopen 调用方式	功　能
resu = urllib. request. urlopen(url, data = None, timeout = 10) print(resu. read())	最简单的页面访问
f = urllib. request. urlopen(url) print(f. read(). decode('utf-8'))	指定编码请求
req = urllib. request. Request(url='https://localhost/cgi-bin/test. cgi', data=b'This data is passed to stdin of the CGI') f = urllib. request. urlopen(req) print(f. read(). decode('utf-8'))	发送数据请求，CGI 程序处理
DATA=b'some data' req = urllib. request. Request (url = 'http://localhost：8080 ', data = DATA, method='PUT') f = urllib. request. urlopen(req) print(f. status) print(f. reason)	发送 put 请求
auth_handler = urllib. request. HTTPBasicAuthHandler() auth_handler. add_password(realm='PDQ Application', 　uri='https://mahler：8092/site-updates. py', 　user='klem', 　passwd='kadidd! ehopper') opener = urllib. request. build_opener(auth_handler) urllib. request. install_opener(opener) urllib. request. urlopen('http://www. example. com/login. html')	基本 HTTP 验证，登录请求
proxy_handler = urllib. request. ProxyHandler({ 'http'： 'http://www. example. com:3128/'}) proxy_auth_handler = urllib. request. ProxyBasicAuthHandler() proxy_auth_handler. add_password('realm', 'host', 'username', 'password') opener = urllib. request. build_opener(proxy_handler, proxy_auth_handler) opener. open('http://www. example. com/login. html')	支持代理方式验证请求

续表

urlopen 调用方式	功　能
req ＝ urllib. request. Request('http://www. example. com/') req. add_header('Referer','http://www. python. org/') r ＝ urllib. request. urlopen(req)	添加 http headers
opener ＝ urllib. request. build_opener() opener. addheaders ＝ [('User-agent','Mozilla/5. 0')] opener. open('http://www. example. com/')	添加 user-agent
params ＝ urllib. parse. urlencode({'spam': 1,'eggs': 2,'bacon': 0}) f ＝ urllib. request. urlopen("url/query?%s" % params) print(f. read(). decode('utf-8'))	带参数的 GET 请求
data ＝ urllib. parse. urlencode({'spam': 1,'eggs': 2,'bacon': 0}) data ＝ data. encode('utf-8') request ＝ urllib. request. Request("http://requestb. in/xrbl82xr") request. add_header("Content-Type","application/x-www-form-urlencoded; charset＝utf-8") f ＝ urllib. request. urlopen(request,data) print(f. read(). decode('utf-8'))	带参数的 POST 请求
import urllib. request proxies ＝ {'http': 'http://proxy. example. com:8080/'} opener ＝ urllib. request. FancyURLopener(proxies) f ＝ opener. open("http://www. python. org") f. read(). decode('utf-8')	指定代理方式请求
import urllib. request opener ＝ urllib. request. FancyURLopener({}) f ＝ opener. open("http://www. python. org/") f. read(). decode('utf-8')	无添加代理

3) urllib. response

urllib. response 模块定义了类似文件对象的类和方法,包括 read()方法和 readline()方法。典型的响应对象是 addinfourl 的实例,可使用返回文件头的 info()方法和返回 url 的 geturl()方法。由该模块定义的方法由 urllib. request 模块内部使用。

4) urllib. error

urllib. error 模块定义了由 urllib. request 引发的异常。

5) urllib. robotparser

urllib. robotparser 模块中只有一个 RobotFileParser 类,用于有关特定用户代理是否可以在发布 robots. txt 文件的网站上获取 URL。

2. http. client 模块

Python 中的 http. client 模块实现了 HTTP 协议的客户端,主要用来与 HTTP 或 HTTPS 服务器交互。该模块不能单独使用,urllib. request 模块用它来处理与 HTTP 或 HTTPS 有关的 URL 请求。

在与服务器交互时,需要使用 http. client 模块中 HTTPConnection 类中的构造方法来与服务器建立连接。如果向服务器发送请求,需要使用 HTTPConnection 类提供的 request 对象;如果接收服务器返回的信息,需要使用 HTTPResponse 对象。

1) http. client. HTTPConnection

http. client. HTTPConnection 类的构造方法的语法格式如下:

```
http.client.HTTPConnection(host,port = None,[timeout,]source_address = None)
```

功能:HTTPConnection 类的构造方法,表示与服务器之间的交互,即请求/响应。

参数说明:

(1) host 表示 HTTP 服务器主机。

(2) port 表示 HTTP 服务端口号,默认值为 80。

(3) timeout 可选参数,表示超时时间。

(4) source_address 是一个(主机,端口号)的二元组,用于 HTTP 连接的源地址。

2) HTTPConnection. request

该对象主要完成以指定的方式向 HTTP 服务器发送请求。

HTTPConnection. request 语法格式如下:

```
HTTPConnection.request(method,url,body = None,headers = {}, * ,encode_chunked = False)
```

参数说明:

(1) method 发送方式,可以是 PUT、POST 或 PATCH。

(2) url 请求的资源 URL。

(3) body 提交到服务器的数据,可以是字符串、字节或文件类的对象,将在发送完头信息后发送指定的数据。

(4) headers 该参数是要发送的额外 HTTP 头的映射。

(5) encode_chunked 只有在头文件中指定了 Transfer-Encoding,encode_chunked 参数才有效。如果 encode_chunked 为 False,HTTPConnection 对象假定所有编码都由调用代码处理。如果为 True,body 将被编码。

3) http. client. HTTPResponse

调用 HTTPConnection. request()方法,会返回 HTTPResponse 类的实例对象,该对象封装了服务器返回的信息。http. client. HTTPResponse 对象常用方法和属性如表 13-5 所示。

表 13-5 **HTTPResponse 对象常用方法和属性**

方法名或属性名	功 能 描 述
HTTPResponse. read([amt])	获取响应的消息体。如果请求的是普通网页,返回的是页面的 HTML。可选参数 amt 表示从响应流中读取指定字节的数据
HTTPResponse. readinto(b)	读取数据到缓冲区 b 中,不超过缓冲区的长度,返回读取的字节数
HTTPResponse. getheader(name, default=None)	返回 name 指定的头信息中的内容。如果没有找到 name,返回 None
HTTPResponse. getheaders()	以列表的形式返回所有的头信息

续表

方法名或属性名	功 能 描 述
HTTPResponse. fileno()	返回底层套接字的 filenno
HTTPResponse. msg	包含响应头的 http. client. HTTPMessage 对象
HTTPResponse. version	获取服务器所使用的 HTTP 协议版本。11 表示 http/1.1,10 表示 http/1.0
HTTPResponse. status	获取响应的状态码。例如,200 表示请求成功,404 是 Not Found
HTTPResponse. reason	返回服务器处理请求的结果说明
HTTPResponse. debuglevel	调试级别。大于 0,将输出调试信息
HTTPResponse. closed	流关闭后,为真

3. 异常处理

当 urlopen()不能处理响应时,会引发 URLError 异常。HTTPError 异常是 URLError 的一个子类,在访问 HTTP 类型的 URL 时可能引发。在代码中,可以使用 try 结构对可能引发的异常进行捕获和处理。在处理异常时,HTTPError 异常类的处理要先于 URLError 异常类。

1) URLError 异常

通常引起 URLError 的原因是:无网络连接(没有到目标服务器的路由)、访问的目标服务器不存在。在发生异常的情况下,可从异常对象的 reason 属性(一个包含错误码、错误原因的元组对象)中获得异常信息。

2) HTTPError 异常

每个从服务器返回的 HTTP 响应中都有一个状态码。其中,有些状态码表示服务器不能完成的请求,默认处理程序可以处理一部分这样的状态码(如返回的响应是重定向,urllib. request 会自动从重定向后的页面中获取信息);而有些状态码,urllib. request 模块无法处理,urlopen()方法将引发 HTTPError 异常,服务器返回 HTTP 错误码和错误页面。

HTTPError 异常对象的 code 属性中包括服务器返回的错误状态码,reason 属性中是解释错误原因的字符串,header 属性中是引起 HTTPError 异常的 HTTP 响应头。

3) ContentTooShortError

由 urlretrieve()方法引发。下载数据时,若下载后的数据字节数小于头部 Content-Length 指定的字节数,将抛出此异常。属性 content 中包含所下载的数据。

13. 1. 2 访问普通 Web 页面

Python 中使用 urllib. request 模块进行网络请求操作,需要 urllib. request. urlopen()方法来请求相应的 URL。

【例 13-1】 普通 Web 页面 URL 请求示例。源代码如下:

```
import urllib. request                    # 导入 Web 请求模块
url = 'http://www. taobao. com'          # 请求淘宝网页
print('普通方式请求 URL')
try:
    # 使用 urlopen()方法发送 Web 请求
    result = urllib. request. urlopen(url,data = None,timeout = 10)
```

```
    ♯使用 read()方法读取返回结果,是一个 HTML 页面
    myhtml = result.read().decode()
    myheader = result.info()              ♯使用 info()方法读取返回的头信息
    print("输出 myhtml 信息")
    print(myhtml[0:600])
    print("输出 myheader 信息")
    print(myheader)
♯异常处理
except urllib.error.URLError as e:
    print("无法连接到服务器!")
    print("错误原因:",e.reason)
```

例 13-1 运行结果.txt

13.1.3 提交表单数据

向网络服务器提交表单的方法有两种:get()和 post()。其中,get()方法的特点是把表单数据编码后提交到服务器,需要在页面请求之后加"?",然后才是要提交的信息。它采用键—值对的方式来提交表单元素,多个键值对之间用"&"分隔。

【例 13-2】 用 get()方法提交表单示例。源代码如下:

```
import urllib.request                      ♯导入 Web 访问模块
import urllib.parse
def addGetData(url,data):                  ♯定义编码函数
    return url + '?' + urllib.parse.urlencode(data)
♯URL 是要访问的网址,用于天气预报查询
url = 'http://www.wunderground.com/cgi - bin/findweather/getForecast'
zipcode = '30301'                          ♯要查询的天气预报所在地方的邮编
myUrl = addGetData(url,[('query',zipcode)]) ♯生成 URL
print('使用 get 方式请求 URL')
try:
    ♯向服务器发送访问请求
    result = urllib.request.urlopen(myUrl,data = None,timeout = 10)
    myhtml = result.read().decode()
    myheader = result.info()
    print("输出 myhtml 信息")
    print(myhtml[1:300])
    ♯把服务器返回的信息写入文件
    f = open('d://temp//myhtml.html','w')
    f.write(myhtml)
    f.close()
    print("输出 myheader 信息")
    print(myheader)
except urllib.error.URLError as e:
    print("无法连接到服务器!")
    print("错误原因:",e.reason)
```

例 13-2 运行结果.txt

post()方法把数据作为一个单独的消息以标准输出的形式传给后台程序。使用 get() 方法的时候,参数会显示在地址栏上,而 post()方法不会。因此,如果用户输入的数据包含敏感数据(如密码等),应该使用 post()方法。另外,post()方法对数据包的大小没有限制。

【例 13-3】 用 post()方法提交表单示例。源代码如下:

```python
import urllib.request
import urllib.parse
url = 'http://www.wunderground.com/cgi - bin/findweather/getForecast'
zipcode = '30301'
mydata = urllib.parse.urlencode([('query',zipcode)])
data = mydata.encode('utf - 8')
print(data)
print('使用 post 方式请求 URL')
try:
    result = urllib.request.urlopen(url,data)    #附加数据通过参数发往服务器
    myhtml = result.read().decode()
    myheader = result.info()
    print("输出 myhtml 信息")
    print(myhtml[1:300])
    f = open('d://temp//myhtmlnew.html','w')
    f.write(myhtml)
    f.close()
    print("输出 myheader 信息")
    print(myheader)
except urllib.error.URLError as e:
    print("无法连接到服务器!")
    print("错误原因:",e.reason)
```

任务 13-1　网页爬虫

 任务描述

编写一个 Python 程序,实现从网站上爬取图片。

任务实现

1. 设计思路

根据题目要求,需要使用 urllib.request.urlopen()方法获取 Web 页面;然后,在 Web 页面中寻找<img>标签,获取标签属性为 data-original 的内容,即图片地址,并把当前网站的所有图片地址暂存在列表对象中;最后,把图片改名后下载到本地文件夹中。

代码中提取网页时用了 Beautiful Soup 模块。Beautiful Soup 是一个可以从 HTML 或

XML 文件中提取数据的 Python 库,是能够通过转换器实现文档导航、查找、修改文档的
方式。

Beautiful Soup 模块的安装
步骤.pdf

2. 源代码清单

程序代码如表 13-6 所示。

表 13-6 任务 13-1 程序代码

♯程序名称 task13_1.py

序号	程 序 代 码
1	import urllib.request　　　　　　　♯导入网页请求模块
2	import urllib.parse
3	from bs4 import BeautifulSoup　　　　♯导入网页解析模块
4	♯定义图片下载类
5	class **ImageDownload**(object):
6	def __init__(self ,urlList):　　　　♯定义构造方法
7	self .urllist = urlList;　　　　♯把网页地址列表保存到实例变量中
8	self .count = 0　　　　　　　♯标记图片数量
9	def **download**(self ,_url,name):　　　♯下载方法
10	if(_url == None):　　　　　　♯地址若为 None,返回
11	return
12	try:
13	result = urllib.request.urlopen(_url)♯打开链接
14	data = result.read()　　　　♯获取图片信息
15	with open(name,"wb") as code:　♯创建文件对象
16	code.write(data)　　　　♯把图片保存在本地
17	code.close()　　　　　　♯关闭文件对象
18	except urllib.error.URLError as e:　♯异常处理
19	if hasattr(e,"reason"):
20	print("Failed to reach the server")
21	print("The reason:",e.reason)
22	elif hasattr(e,"code"):
23	print("The server couldn't fulfill the request")
24	print("Error code:",e.code)
25	print("Return content:",e.read())
26	else:
27	pass　　　　　　　　♯其他异常的处理
28	♯完成获取网页和网页解析功能
29	def **manager**(self):
30	for url in self .urllist:

续表

序号	程 序 代 码
31	res = urllib. request. urlopen(url)　　　　　　　　＃打开目标地址
32	respond = res. read( ). decode( )　　　　　　　　＃获取网页地址源代码
33	soup = BeautifulSoup(respond)　　　　　　　　　＃实例化 BeautifulSoup 对象
34	lst = [ ]　　　　　　　　　　　　　　　　　　　　　＃创建 list 对象
35	for link in soup. find_all("img"):　　　　　　　＃获取标签为 img 的内容
36	＃获取标签属性为 data－original 的内容,即图片地址
37	address = link. get('data－original')
38	lst. append(address)　＃添加到图片列表对象 list 中
39	s = set(lst)　＃去掉名字相同的图片
40	for address in s:
41	if(address!= None):
42	＃设置保存图片的路径和文件名
43	pathName = "d:\\temp\\images\\" + str(self .count + 1) + ". jpg"
44	＃调用本类定义的方法进行下载
45	self .download(address,pathName)
46	self .count = self .count + 1　　　　　＃图片计数器加 1
47	print("正在下载第: {0}个图片,图片名字为\
48	{1}". format(self .count,pathName))
49	print('Done! ')
50	if "__main__" == __name__:
51	＃定义下载地址列表对象
52	urlList = ['https://www. zhihu. com/question/36390957',
53	'https://www. zhihu. com/question/28626263 ',
54	'https://www. zhihu. com/question/21100397',
55	'https://www. zhihu. com/question/23933357',
56	'https://www. zhihu. com/question/20829553']
57	＃实例化图片下载类对象
58	imgdownload = ImageDownload(urlList)
59	＃调用相应方法完成下载任务
60	imgdownload. manager( )

任务 13-1 运行结果. pdf

13.2　Web 开发

使用 Python 进行 Web 开发,有很多框架可以选择。下面简要介绍一些常用的框架。

Bobo 是一个轻量级的框架,用来创建 WSGI Web 应用。该框架的特点是:把 URL 映射到对象;调用对象生成 HTTP 响应。

CherryPy 允许开发者以与开发其他 Python 程序一样的方式来开发 Web 应用。优点是在更短的时间内开发出更精简的程序代码。CherryPy 允许很多常规的 Python 编程,但是没有整合任何一个模板系统。CherryPy 能够很好地适应默认的 Python 功能和结构,使用更少的代码来创建 Web 应用。

Klein 是一个使用 Python 来开发可用于生产环境 Web 服务的微型框架,它基于使用非常广泛且经过良好测试的组件,比如 Werkzeug 和 Twisted。

Morepath 是很强大的支持 Python 的微型 Web 框架,是一个 Python WSGI 微型框架。使用针对模型的路由。

ObjectWeb 是一个快速、极简的纯 Python Web 框架,不依赖任何第三方库。它围绕 Python 进行设计,支持 CGI 和 WSGI 标准,并有一个内建的开发服务器。

Tornado 是一个 Python Web 框架,最初是为 FriendFeed 开发的。通过使用非阻塞 I/O,Tornado 可以处理数以万计打开的链接,成为长轮询、WebSocket 和其他需要为用户提供长连接的应用的理想选择。

13.2.1　Tornado 服务器

FriendFeed 使用由 Python 语言开发的、相对简单的非阻塞式 Web 服务器 Tornado。Tornado 和其他主流 Web 服务器框架(包括大多数 Python 的框架)的显著区别是:它是非阻塞式服务器,速度很快。Tornado 每秒可以处理数以千计的链接,因此非常适用于实时 Web 服务。FriendFeed 开发 Tornado 的目的就是为了处理 FriendFeed 的实时任务。在 FriendFeed 的应用中,每个活动用户都需要保持与服务器的连接。

Tornado 服务器需要下载和安装后才能使用。

1. 第一个 Web 程序

【例 13-4】　HelloWorld 程序。程序源代码如下:

```
import tornado.options
import tornado.web
from tornado.options import define,options
define("port",default = 9003,help = "run on the given port",type = int)
class MainHandler(tornado.web.RequestHandler):
    def get(self):
        self.write("Hello,world")
def main():
    tornado.options.parse_command_line()
    application = tornado.web.Application([(r"/",MainHandler),])
    http_server = tornado.httpserver.HTTPServer(application)
    http_server.listen(options.port)
    tornado.ioloop.IOLoop.instance().start()
if __name__ == "__main__":
    main()
```

例 13-4 运行结果.jpg

2. 服务器工作机制

Tornado 的 Web 程序会将 URL 或者 URL 范式映射到 tornado. web. RequestHandler 的子类上。在其子类中定义了 get()方法或 post()方法,用于处理不同的 HTTP 请求。如例 13-4 中,MainHandler 类中定义了 get()方法。

Main()函数中的 tornado. web. Application()方法将 URL 根目录映射到 MainHandler,如果使用正则表达式,则将正则表达式匹配的分组作为参数引入到相应的方法中。

应用程序执行时,先解析选择参数,然后创建一个 Application 实例并传递给 HTTPServer 实例。启动这个实例,则 HTTPServer 启动完成。

Tornado 的 HTTPServer 解析用户的 HTTP Request,构造一个 request 对象。交给 RequestHandler 处理。可以使用 HTTPServer. write()方法把数据返回给客户端。

HTTPServer. listen()方法完成下列任务:创建套接字、绑定地址、执行监听。listen() 方法中的参数是端口号,tornado demo 的默认端口号都是 8888。

define()方法是 OptionsParser 类的成员,定义在 tornado/options. py 中,机制与 parse_command_line()类似。例 13-4 代码的第三行定义了一个 int 变量,名为 port,默认值为 9003,并附带说明性文字。port 变量存放在 options 对象的一个 dictionary 成员中。访问 port 变量的方式是 options. port,见例 13-4 倒数第四行代码。执行 http_server. listen (options. port)语句后,就会在 options. port 端口启动一个服务器,开始侦听用户连接。

每一个 Tornado 应用都会把 tornado. ioloop 导入代码中,通过 ioloop 事件触发机制处理 httprequest,或者其他协议的连接消息。

当 TCPServer 建立并开始监听后,还需要代码来处理 accept/recv/send 操作。通常会写一个无限循环,不断调用 accept 来响应客户端链接。这个无限循环就是这里的 IOLoop。

IOLoop 是基于 epoll 实现的底层网络 I/O 的核心调度模块,用于处理 socket 相关的连接、响应、异步读写等网络事件。每个 Tornado 进程都会初始化一个全局唯一的 IOLoop 实例。在 IOLoop 中,通过静态方法 instance()进行封装。

Tornado 服务器启动时会创建监听 socket 对象,并将 socket 的 file descriptor 注册到 IOLoop 实例中。IOLoop 添加对 socket 的 IOLoop. READ 事件的监听,并传入回调处理方法。当某个 socket 通过 accept 接收连接请求后,调用注册的回调方法进行读写。

【例 13-5】 post()方法示例。程序源代码如下:

```python
import tornado.httpserver
import tornado.ioloop
import tornado.web
from tornado.options import define,options
define("port",default = 9003,help = "run on the given port",type = int)
class MainHandler(tornado.web.RequestHandler):
    def get(self):
        # 向浏览器输出 HTML 代码,生成初始表单界面,提交用 post()方法
        self.write('< html >< body >< form action = "/" method = "post">'
                '< input type = "text" name = "message">'
                '< input type = "submit" value = "Submit">'
                '</form ></body ></html >')
    # 处理 post 提交的内容
    def post(self):
        self.set_header("Content - Type","text/plain")
        # 使用 get_argument() 方法来获取查询字符串参数,并解析 post 的内容
```

```
        self.write("You wrote " + self.get_argument("message"))
def main():
    tornado.options.parse_command_line()
    application = tornado.web.Application([(r"/",MainHandler),])
    http_server = tornado.httpserver.HTTPServer(application)
    http_server.listen(options.port)
    tornado.ioloop.IOLoop.instance().start()
if __name__ == "__main__":
    main()
```

例 13-5 运行结果.pdf

3. RequestHandler

在 Web 程序执行过程中，tornado.web.Application 会根据 URL 寻找一个匹配的 RequestHandler 类，并利用该类的相应方法完成用户请求。

一次请求处理的执行流程如下所述。

（1）为每个请求创建一个 RequestHandler 对象并初始化。

（2）RequestHandler 对象的构造方法会调用 initialize()方法，目的是把 application 传入的参数保存到成员变量中。

（3）调用 prepare()方法。prepare()方法可以产生输出信息。如果它调用了 finish()方法（或 send_error()等方法），整个处理流程结束。

（4）调用某个 HTTP 方法，例如 get()、post()、put()等。如果 URL 的正则表达式模式中有分组匹配，相关匹配将作为参数传入调用的方法。

（5）调用 handler 的 finish()方法（该方法最好不要覆盖）。调用 on_finish()方法（此方法可以被覆盖）用于处理资源释放等任务（例如关闭数据库连接）。此后，不能再向浏览器发送数据，因为 HTTP 响应已发送，连接也可能被关闭。

RequestHandler 类中可以被重写的方法.pdf

4. 重定向

Tornado 中使用 self.redirect()或者 RedirectHandler()来实现重定向。

self.redirect()方法适用于自定义方法中，由逻辑事件触发的重定向，例如环境变更、用户认证以及表单提交等。

self.redirect()方法语法格式如下：

self.redirect('/some‐canonical‐page',permanent = True)

功能：在 RequestHandler()的请求方法中（如 get()方法）使用 self.redirect()方法来重

定向到其他页面。

参数说明：

（1）'/some-canonical-page' 要重定向到的页面 URL。

（2）permanent 可选参数 permanent(默认为 False)用来指定这次操作是否是永久性重定向。如果该参数设置为 True,触发 301 Moved Permanently HTTP 状态。用户可以利用这个状态来完成一些任务,如搜索引擎优化(SEO)。

RedirectHandler()方法适用于每次匹配到请求 URL 时触发重定向。

RedirectHandler()使用方式如下：

```
application = tornado. wsgi. WSGIApplication ([( r"/foo", tornado. web. RedirectHandler,
{"url":"/bar","permanent":False}),], ** settings)
```

RedirectHandler()的默认状态码是 301 Moved Permanently,如果想使用 302 Found 状态码,需要将 permanent 设置为 False。

Tornado 的 Cookie 和认证访问方式.pdf

任务 13-2　表单提交

任务描述

编写一个 Python 程序,实现 Web 用户注册功能。

任务实现

1. 设计思路

根据题目要求,设计 HTML 格式的 Web 注册界面,以便用户输入注册信息。用户单击提交按钮后,使用 post 方式发送请求信息,然后,设计用户填写信息回显的 HTML 页面,最后利用 tornado 模块编写后台处理程序,对用户的 post 请求进行响应。

2. 源代码清单

程序代码分别如表 13-7～表 13-9 所示。

表 13-7　任务 13-2 程序 index 代码

#程序名称 index. html

序号	程序代码
1	< html >
2	< head >
3	< title > sign in your name </title>
4	</head >
5	< body >

续表

序号	程 序 代 码
6	< h2 >用户注册</h2 >
7	< form method = "post" action = "/user">
8	< table >
9	< tr >< td >用户名:</td>
10	< td >< input type = "text" name = "username"></td></tr >
11	< tr >< td >密码:</td>
12	< td >< input type = "text" name = "password"></td></tr >
13	< tr >< td >密码确认:</td>
14	< td >< input type = "text" name = "passwordConfirm"></td></tr >
15	< tr >< td >姓名:</td>
16	< td >< input type = "text" name = "name"></td></tr >
17	< tr >< td >证件类型:</td>
18	< td >< input type = "text" name = "cardType"></td></tr >
19	< tr >< td >证件号码:</td>
20	< td >< input type = "text" name = "cardNumber"></td></tr >
21	< tr >< td >邮箱:</td>
22	< td >< input type = "text" name = "email"></td></tr >
23	< tr >< td >手机号码:</td>
24	< td >< input type = "text" name = "phone"></td></tr >
25	< tr colspan = "2"> < td >< input type = "submit" value = "提交"></td></tr >
26	< table >
27	</form >
28	</body >
29	</html >

表 13-8　任务 13-2 程序 user 代码

♯程序名称 user.html

序号	程 序 代 码
1	'''
2	@author:Bigcat
3	''
4	<! DOCTYPE html >
5	< html >
6	< head >
7	< title >信息确认</title>
8	</head >
9	< body >
10	< h2 >你的注册信息</h2 >
11	<!-- {{}}用于引入变量,该变量是在 self.render()中规定的,
12	两者变量名称必须一致　-- !>
13	< p >用户名{{username}}</p >
14	< p >密码: {{password}}</p >
15	< p >姓名: {{name}}</p >

续表

序号	程 序 代 码
16	`<p>证件类型：{{cardType}}</p>`
17	`<p>证件号码：{{cardNumber}}</p>`
18	`<p>邮箱：{{email}}</p>`
19	`<p>手机号码：{{phone}}</p>`
20	`</body>`
21	`</html>`

表 13-9　任务 13-2 程序 task13_2 代码

♯程序名称 task13_2.py

序号	程 序 代 码
1	♯导入相关模块
2	`import os.path`
3	`import tornado.httpserver`
4	`import tornado.ioloop`
5	`import tornado.options`
6	`import tornado.web`
7	`from tornado.options import define,options`
8	♯定义服务端口号
9	`define("port",default = 9003,help = "run on the given port",type = int)`
10	♯定义 Web 请求处理类
11	`class IndexHandler(tornado.web.RequestHandler):`
12	♯处理 get 请求
13	`def get(self):`
14	`self.render("index.html")`
15	♯定义 Web 请求处理类,处理用户注册请求
16	`class UserHandler(tornado.web.RequestHandler):`
17	♯处理用户的 post 请求
18	`def post(self):`
19	♯分别获取用户表单中输入的信息
20	`user_name = self.get_argument("username")`
21	`user_pass = self.get_argument("password")`
22	`user_passConfirm = self.get_argument("passwordConfirm")`
23	`user_realname = self.get_argument("name")`
24	`user_cardType = self.get_argument("cardType")`
25	`user_cardNumber = self.get_argument("cardNumber")`
26	`user_email = self.get_argument("email")`
27	`user_phone = self.get_argument('phone')`
28	♯判断用户输入的两个密码是否一致
29	`if(user_pass.strip() == user_passConfirm.strip()):`
30	♯密码输入正确,则跳转到 user.html 页面,同时传递参数
31	`self.render("user.html",username = user_name,`
32	`password = user_pass,name = user_realname,`

续表

序号	程 序 代 码
33	cardType = user_cardType, cardNumber = user_cardNumber,
34	email = user_email, phone = user_phone)
35	else:
36	♯密码不正确,重新注册
37	self.write('<html><body>密码输入不正确,重新填写!
38	</body></html>')
39	self.render("index.html")
40	♯把 action 和具体的请求处理器相关联
41	handlers = [
42	(r"/", IndexHandler),
43	(r"/user", UserHandler)
44	]
45	♯获取存放程序的目录 template 的路径
46	template_path =
47	os.path.join(os.path.dirname(__file__),"template")
48	if __name__ == "__main__":
49	tornado.options.parse_command_line()
50	app = tornado.web.Application(handlers, template_path)
51	http_server = tornado.httpserver.HTTPServer(app)
52	http_server.listen(options.port)
53	tornado.ioloop.IOLoop.instance().start()

任务 13-2 运行结果.pdf

13.2.2　SQLAlchemy 模块

SQLAlchemy 是 Python 编程语言下的一款开源软件,提供了 SQL 工具包及对象关系映射(ORM)工具,使用 MIT 许可证发行。

SQLAlchemy"采用简单的 Python 语言,为高效和高性能的数据库访问设计,实现了完整的企业级持久模型"。SQLAlchemy 的理念是,SQL 数据库的量级和性能比对象集合重要,而对象集合的抽象又比表和行重要。因此,SQLAlchmey 采用类似于 Java 中 Hibernate 的数据映射模型。

SQLAlchemy 模块的导入方式如下:

(1) from sqlalchemy import * 。

(2) from sqlalchemy.orm import * 。

SQLAlchemy 模块数据库操作方法如表 13-10 所示。

表 13-10　SQLAlchemy 模块数据库操作方法

方　法　名	功　能　描　述
mysql_engine ＝create_engine(" $ address", echo,module)	建立数据库引擎 ＃address 数据库：//用户名：密码（没有密码则为空）@主机名：端口/数据库名，＃echo 标识用于设置 SQLAlchemy 日志系统
connection ＝ mysql_engine. connect()	建立与相应数据库的连接
connection. close()	关闭数据库连接
connection. execute(sql)	发送数据库表的查询命令，sql 是查询语句
metadata ＝ Metadata(mysql_engine)	设置 metadata 对象，并将其绑定到数据库引擎
user ＝ Table ('user',metadata,Column (Column('name',String(40)),Column ('password',String)))	定义要创建的数据库表 user。其中，第一个参数是要创建的数据库的表名，第二个参数是 Metadata 对象，之后的所有参数是数据库表中每列的字段名和数据类型，用逗号分隔
metadata. create_all(mysql_engine)	在数据库中创建表，向数据库发出 CREATE TABLE 命令，数据库新建名为上面定义的 user 表
mapper(myuser,user)	设置数据库表和类的映射
Session ＝ sessionmaker(bind＝mysql_egnine)	创建 session，只需对 Python 的 myuser 类操作，后台数据库的具体实现由 session 完成
session. commit()	完成与数据库交互
session. query(name). all()	查询 name 映射到数据库表中的所有记录
session. query(name). filter(condition)	查询 name 映射到的数据库表中满足条件 condition 的记录
session. add(name)	向数据库表中添加一条数据，参数 para 是与相应数据库表有映射关系的 Python 类的对象
session. delete(obj)	删除 obj 所指的记录
session. query (name). filter (condition). update(para3)	修改数据表中符合过滤条件的相应记录字段的值。其中，修改信息由 para3 参数给出
session. merge(para)	根据参数 para 修改有映射关系的数据表的数据
session. query (name). filter (condition). delete()	删除数据表中满足条件的数据

SQLAlchemy 操作 MySQL
数据库示例. pdf

任务 13-3　一个简单的 MVC 网站

 任务描述

编写一个 Python 程序，实现一个简单的基于 MVC 的商品信息管理网站。

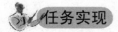 任务实现

1. 设计思路

根据题目要求，使用 tornado 框架及 SQLAlchemy 对 MySQL 数据库进行商品信息的

管理任务,完成商品信息的增、删、改、查等操作。

首先,创建数据库和表。在此任务中使用 MySQL 数据库,并针对数据库表 employees 进行管理。该数据库表结构如图 13-1 所示。

```
mysql> desc employees;
+--------------+-------------+------+-----+---------+-------+
| Field        | Type        | Null | Key | Default | Extra |
+--------------+-------------+------+-----+---------+-------+
| EmployeeID   | char(6)     | NO   | PRI | NULL    |       |
| Name         | char(10)    | NO   |     | NULL    |       |
| Education    | char(4)     | NO   |     | NULL    |       |
| Birthday     | date        | NO   |     | NULL    |       |
| Sex          | char(2)     | NO   |     | 1       |       |
| WorkYear     | tinyint(1)  | YES  |     | NULL    |       |
| Address      | varchar(20) | YES  |     | NULL    |       |
| PhoneNumber  | char(12)    | YES  |     | NULL    |       |
| DepartmentID | char(3)     | NO   |     | NULL    |       |
+--------------+-------------+------+-----+---------+-------+
9 rows in set (0.05 sec)
```

图 13-1   数据库表结构 employees

然后,建立 HTML 模板页作为与用户交互的界面,一共设计了两个 Web 页面,一个是 employeeManager.html 页面,它是网站的主页面,展现员工信息的管理功能;另一个是 EditEmployee.html 页面,实现员工信息修改。

接着,使用 SQLAlchemy 编写 ORM 层(对象关系模型层),完成底层的数据库操作,如查询、增加、删除、修改等操作。ORM 使用对象映射方式来操作数据表,数据表中的字段都被映射到对象的属性上,使对数据库表的操作转换成对指定对象的操作。

最后,编写 Python 网站服务程序,利用 Tornado 开发 Server 主程序,完成网站管理功能。

2. 源代码清单

程序代码分别如表 13-11~表 13-14 所示。

表 13-11   任务 13-3 程序 employeeManager 代码

程序名称 employeeManager.html

序号	程序代码
1	＜html＞
2	＜head＞
3	＜!-- 这里的{{title}}变量由服务器端产生返回 --＞
4	＜title＞{{title}}＜/title＞
5	＜body＞
6	＜center＞＜h1＞欢迎来到员工管理系统＜/h1＞＜/center＞
7	＜hr/＞
8	＜center＞
9	＜!-- 表单以 POST 方式提交到 AddEmployee --＞
10	＜form name = 'new_employee' action = '/AddEmployee' method = 'post'＞
11	员工编号:＜input type = 'text' name = 'employeeID' /＞＜/br＞
12	员工姓名:＜input type = 'text' name = 'employeeName' /＞＜/br＞
13	员工学历:＜input type = 'text' name = 'employeeEducation' /＞＜/br＞

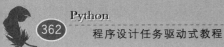

续表

序号	程 序 代 码
14	员工生日:< input type = 'text' name = 'employeeBirthday' /></br >
15	员工性别:< input type = 'text' name = 'employeeSex' /></br >
16	员工工龄:< input type = 'text' name = 'employeeWorkyears' /></br >
17	家庭住址:< input type = 'text' name = 'employeeAddress' /></br >
18	员工电话:< input type = 'text' name = 'employeePhone' /></br >
19	所在部门:< input type = 'text' name = 'employeeDepartment' /></br >
20	< input type = 'submit' value = '提交' />
21	< input type = 'reset' value = '重置' />
22	</form >
23	< hr/>
24	< table border = 1>
25	< tr style = 'font – weight:bold' align = 'center'>
26	< td width = '30'>员工编号</td>
27	< td width = '30'>员工姓名</td>
28	< td width = '30'>员工学历</td>
29	< td width = '30'>员工生日</td>
30	< td width = '30'>员工性别</td>
31	< td width = '30'>员工工龄</td>
32	< td width = '50'>家庭住址</td>
33	< td width = '30'>员工电话</td>
34	< td width = '30'>所在部门</td>
35	< td width = '60'></td>
36	< td width = '60'></td>
37	</tr>
38	<!-- employees 是一个由服务器端通过查询数据库而产生的列表对象 -->
39	{ % for each in employees % }
40	< tr align = 'center'>
41	<!-- each.employee_id 表示员工编号. -->
42	< td >{{ each.EmployeeID }}</td >
43	< td >{{ each.Name }}</td >
44	< td >{{ each.Education}}</td >
45	< td >{{ each.Birthday}}</td >
46	< td >{{ each.Sex }}</td >
47	< td >{{ each.WorkYear}}</td >
48	< td >{{ each.Address}}</td >
49	< td >{{ each.PhoneNumber}}</td >
50	< td >{{ each.DepartmentID}}</td >
51	<!-- 编辑链接,可以编辑指定用户名的信息 -->

续表

序号	程 序 代 码
52	`<td><ahref = \`
53	`'EditEmployee?employee_id = {{each.EmployeeID}}'>`编辑`</a></td>`
54	`<!--`删除链接,可以删除指定用户名的信息`-->`
55	`<td><ahref = \`
56	`'DeleteEmployee?employee_id = {{each.EmployeeID}}'>`删除`</a></td>`
57	`</tr>`
58	`<!-- for`循环结束`-->`
59	`{ % end %}`
60	`</table>`
61	`</center>`
62	`</body>`
63	`</html>`

表 13-12　任务 13-3 程序 EditEmployee 代码

♯程序名称 EditEmployee.html

序号	程 序 代 码
1	`<html>`
2	`<head>`
3	`<!-- employee_info`是一个对象,employee_id是该对象的属性`-->`
4	`<title>`编辑如下员工对象:`{{employee_info.EmployeeID}}</title>`
5	`</head>`
6	`<body>`
7	`<h1>`编辑员工信息(修改个人信息)`</h1>`
8	`<hr/>`
9	`<center>`
10	`<!--`以 POST 方式将修改后的信息提交到 UpdateEmployeeInof`-->`
11	`<form name = 'edit_user_info' action = '/UpdateEmployeeInfo' method = 'post'>`
12	员工编号:`<input type = 'text' name = 'employeeID'`
13	`value = {{employee_info.EmployeeID }} readonly/> </br>`
14	员工姓名:`<input type = 'text' name = 'employee_name'`
15	`value = {{employee_info.Name }} /> `
16	员工学历:`<input type = 'text' name = 'employee_education'`
17	`value = {{employee_info.Education }} /> `
18	员工生日:`<input type = 'text' name = 'employee_birthday'`
19	`value = {{employee_info.Birthday }} /> `
20	员工性别:`<input type = 'text' name = 'employee_sex'`
21	`value = {{employee_info.Sex }} /> `

序号	程 序 代 码
22	员工工龄: < input type = 'text' name = 'employee_workyears'
23	value = {{employee_info.WorkYear }} />< br >
24	家庭住址: < input type = 'text' name = 'employee_address'
25	value = {{employee_info.Address }} />< br >
26	员工电话: < input type = 'text' name = 'employee_phone'
27	value = {{employee_info.PhoneNumber}} />< br >
28	所在部门: < input type = 'text' name = 'employee_department'
29	value = {{employee_info.DepartmentID }} />< br >
30	< input type = 'submit' value = '确认' />
31	< input type = 'Reset' value = '退出' />
32	</form >
33	</center >
34	< hr/>
35	</body >
36	</html >

表 13-13　　任务 13-3 程序 ormEmployee 代码

＃程序名称 ormEmployee.py

序号	程 序 代 码
1	from sqlalchemy import create_engine
2	from sqlalchemy.orm import sessionmaker
3	from sqlalchemy.orm import mapper
4	from sqlalchemy import Table
5	from sqlalchemy import MetaData
6	＃设置 mySQL 数据库的连接字符串
7	DB_CONNECT = 'mysql + pymysql://root:root@localhost:3306/yggl?charset = utf8'
8	＃实体类,对应数据库中的表 employees
9	class **Employees**(object):
10	def __init__(self ,EmployeeID,Name,Education,Birthday,
11	Sex,WorkYear,Address,PhoneNumber,DepartmentID):
12	self .EmployeeID = EmployeeID
13	self .Name = Name
14	self .Education = Education
15	self .Birthday = Birthday
16	self .Sex = Sex
17	self .WorkYear = WorkYear
18	self .Address = Address
19	self .PhoneNumber = PhoneNumber
20	self .DepartmentID = DepartmentID
21	＃定义数据库操作类

序号	程 序 代 码
22	class **EmployeeManagerORM**( ):
23	#定义类的构造方法
24	def __init__(*self*):
25	#生成连接字符串,有特定的格式
26	*self* . engine = create_engine(DB_CONNECT, echo = True)
27	*self* . metadata = MetaData(*self* . engine)
28	*self* . user_table = Table(*'employees'*, *self* . metadata, autoload = True)
29	#将实体类 Employees 映射到 user 表
30	mapper(Employees, *self* . user_table)
31	#生成会话类,并与已建立的数据库引擎进行绑定
32	*self* . Session = sessionmaker()
33	*self* . Session.configure(bind = *self* . engine)
34	#创建数据库会话
35	*self* . session = *self* . Session()
36	def **CreateNewEmployees**(*self* , employee_info):
37	'''
38	#该方法根据传递过来的员工信息列表新建一个员工
39	#*employee_info* 是一个列表对象,包含表单中提交的信息
40	'''
41	new_employee = Employees(
42	employee_info[*'employee_id'*],
43	employee_info[*'employee_name'*],
44	employee_info[*'employee_education'*],
45	employee_info[*'employee_birthday'*],
46	employee_info[*'employee_sex'*],
47	employee_info[*'employee_workyears'*],
48	employee_info[*'employee_address'*],
49	employee_info[*'employee_phone'*],
50	employee_info[*'employee_department'*]
51	)
52	*self* . session. add(new_employee) #增加新员工
53	*self* . session. commit() #提交修改
54	#查找员工编号所对应的员工信息
55	def **GetEmployeeByID**(*self* , employeeID):
56	return *self* . session. query(Employees). filter_by(EmployeeID = employeeID)\
57	. first()
58	#返回数据库表中的所有员工信息
59	def **GetAllEmployees**(*self*):
60	return *self* . session. query(Employees)
61	#根据参数内容修改数据库表中的员工信息

续表

序号	程 序 代 码
62	def **UpdateEmployeeInfoByID**(self , employee_info):
63	myemployeeID = employee_info['employee_id']
64	employee_info_without_id = {
65	'Name' : employee_info['employee_name'],
66	'Education' : employee_info['employee_education'],
67	'Birthday' : employee_info['employee_birthday'],
68	'Sex' : employee_info['employee_sex'],
69	'WorkYear' : employee_info['employee_workyears'],
70	'Address' : employee_info['employee_address'],
71	'PhoneNumber' : employee_info['employee_phone'],
72	'DepartmentID' : employee_info['employee_department']
73	}
74	#对于满足条件的员工,根据用户提交的信息进行修改
75	self .session.query(Employees).filter_by(EmployeeID = \
76	myemployeeID).update(employee_info_without_id)
77	#提交修改
78	self .session.commit()
79	#删除员工编号指定的员工记录
80	def **DeleteUserByID**(self , employeeID):
81	employee_need_to_delete = \
82	self .session.query(Employees).filter_by(EmployeeID = employeeID).all()[0]
83	#删除满足条件的员工记录
84	self .session.delete(employee_need_to_delete)
85	self .session.commit()

表 13-14　任务 13-3 程序 task13_3 代码

#程序名称 task13_3.py

序号	程 序 代 码
1	#引入 tornado 的一些模块文件
2	import tornado.httpserver
3	import tornado.ioloop
4	import tornado.options
5	import tornado.web
6	from tornado.options import define, options
7	#导入 orm 层代码
8	from chapter13 import ormEmployee
9	#指定服务器运行端口号
10	define('port', default = 9003, help = '在指定端口运行 Web 服务器', type = int)

序号	程 序 代 码
11	＃创建一个全局 ORM 对象 employee_orm
12	employee_orm = ormEmployee. EmployeeManagerORM( )
13	＃主处理器,用来响应首页的 URL 请求
14	class **MainHandler**(tornado. web. RequestHandler):
15	'''
16	首页显示所有员工信息和添加新员工信息的用户界面
17	'''
18	＃处理主页面(employeeManager. html)的 GET 请求
19	＃显示数据库表中的所有员工信息
20	def **get**(*self*):
21	＃设置网页标题,并发送至网页{{title}}变量中
22	mytitle =*'员工信息管理 V0.1'*
23	＃调用 GetAllEmployees()方法获取所有员工的信息
24	myemployees = employee_orm. GetAllEmployees()
25	＃把 title 和 employees 两个变量分别发送到指定模板的对应变量中
26	＃显示该模板页面
27	*self* . render(*'template/employeeManager. html'*,\
28	title = mytitle, employees = myemployees)
29	def **post**(*self*):
30	＃不处理 POST 请求
31	pass
32	＃响应添加员工操作的 Web 请求
33	class **AddEmployeeHandler**(tornado. web. RequestHandler):
34	＃不处理 get 请求
35	def **get**(*self*):
36	pass
37	＃响应 POST 请求,用来收集用户在网页中填写的信息并添加到数据库中
38	def **post**(*self*):
39	employee_info = {
40	*'employee_id'*:*self* . get_argument(*'employeeID'*),
41	*'employee_name'*:*self* . get_argument(*'employeeName'*),
42	*'employee_education'*:*self* . get_argument(*'employeeEducation'*),
43	*'employee_birthday'*:*self* . get_argument(*'employeeBirthday'*),
44	*'employee_sex'*:*self* . get_argument(*'employeeSex'*),
45	*'employee_workyears'*:*self* . get_argument(*'employeeWorkyears'*),
46	*'employee_address'*:*self* . get_argument(*'employeeAddress'*),
47	*'employee_phone'*:*self* . get_argument(*'employeePhone'*),
48	*'employee_department'*:*self* . get_argument(*'employeeDepartment'*)
49	}
50	＃调用 ORM 的方法,将新建的员工信息写入数据库

续表

序号	程 序 代 码

```
51              employee_orm.CreateNewEmployees(employee_info)
52              #跳转到首页
53              self.redirect('http://localhost:9003')
54      #响应编辑员工操作的 URL 请求
55      class EditEmployssHandler( tornado.web.RequestHandler ):
56          '''
57                  显示员工信息编辑页面,员工编号由 post 参数指定
58          '''
59          def get( self ):
60              #利用 ORM 获取指定员工的信息
61              employee_info = employee_orm.GetEmployeeByID(self.get_argument('employee_id'))
62              #将该用户信息发送到 EditEmployee.html 页面进行修改
63              self.render( 'template/EditEmployee.html',employee_info = employee_info )
64          def post( self ):
65                  pass
66      #响应修改员工操作的 URL 请求,是用户在编辑页面单击确认后的处理请求
67      class UpdateEmployeeInfoHandler( tornado.web.RequestHandler ):
68          '''
69                  根据列表对象内容修改员工信息
70          '''
71          def get( self ):
72                  pass
73          def post( self ):
74              #调用 ORM 层的 UpdateEmployeeInfoByID()方法更新指定员工的信息
75              employee_orm.UpdateEmployeeInfoByID({
76                  'employee_id':self.get_argument('employeeID'),
77                  'employee_name':self.get_argument('employee_name'),
78                  'employee_education':self.get_argument('employee_education'),
79                  'employee_birthday':self.get_argument('employee_birthday'),
80                  'employee_sex':self.get_argument('employee_sex'),
81                  'employee_workyears':self.get_argument('employee_workyears'),
82                  'employee_address':self.get_argument('employee_address'),
83                  'employee_phone':self.get_argument('employee_phone'),
84                  'employee_department':self.get_argument('employee_department')
85              })
86              #数据库表更新后,转到首页
87              self.redirect('http://localhost:9003')
88      #响应删除员工操作的 URL 请求
```

续表

序号	程 序 代 码
89	class **DeleteEmployeeHandler**(tornado.web.RequestHandler):
90	def **get**(*self*):
91	♯调用 ORM 层的方法,从数据库中删除指定的员工
92	employee_orm.DeleteUserByID(*self*.get_argument(*'employee_id'*))
93	♯删除后,转到首页
94	*self*.redirect(*'http://localhost:9003'*)
95	def **post**(*self*):
96	pass
97	♯主服务器,Web 网站的入口程序
98	def **MainProcess**():
99	tornado.options.parse_command_line()
100	♯定义路由表,确定 URL 和 Handler 响应之间的映射关系
101	♯路由表中的 URL 是用正则表达式进行过滤的
102	application = tornado.web.Application([
103	(r'/',MainHandler),
104	(r'/*AddEmployee*',AddEmployeeHandler),
105	(r'/*EditEmployee*',EditEmployssHandler),
106	(r'/*DeleteEmployee*',DeleteEmployeeHandler),
107	(r'/*UpdateEmployeeInfo*',UpdateEmployeeInfoHandler),
108	
109	])
110	http_server = tornado.httpserver.HTTPServer(application)
111	♯设置服务器的监听端口
112	http_server.listen(options.port)
113	♯启动服务器
114	tornado.ioloop.IOLoop.instance().start()
115	if __name__ == '__main__':
116	MainProcess()

任务 13-3 运行结果.pdf

13.3 习   题

(1) 编写一个 Web 程序,用户填写一个表单,Web 服务器处理后回显提交的信息。

(2) 编写一个简单的图书管理程序,要求将图书信息存放在数据库中。

Python 工程应用

Python 除了用于数据库开发和网络开发外,还具有强大的工程应用处理能力,可以用于科学计算、绘制图形等。

在 Python 中,可以把数值计算任务交给下层的 C 语言开发的扩展包。NumPy 和 SciPy 可以很好地完成这些任务。NumPy 提供了对高度优化的多维数组的支持,SciPy 通过这些数组提供了一套快速的数值分析方法库。使用 Matplotlib 可以绘制高品质图形。

14.1 Numpy 模块

NumPy 是一个定义了数值数组和矩阵类型及其基本运算的语言扩展包。

SciPy 是另一种使用 NumPy 来完成高等数学、信号处理、优化、统计和许多其他科学任务的语言扩展包。

这两个库是第三方库,可以在下面的网站中查找适当的版本并下载:

http://www.lfd.uci.edu/~gohlke/pythonlibs/

NumPy 的数组类(用来实现矩阵类的基础)在实现中充分考虑到了速度,所以存取 NumPy 数组比存取 Python 列表的速度要快很多。另外,NumPy 实现了数组语言,在大多数情况下不需要使用循环结构来操作数组。

导入 NumPy 模块后,就可以创建并使用数组了。

NumPy 由一个多维数组对象类和操作数组的方法组成。NumPy 中有 5 种核心数据类型,分别是 bool(布尔型)、int(整型)、unit(无符号整型)、float(浮点型)和 complex(复数型)。在使用时,可以在数据类型的末尾标注位数,如 float 64 或 int 16 等。如果不标注,根据计算机的平台来确定。

NumPy 的主要对象是同类型元素的多维数组。这是一个所有的元素都是一种类型,通过一个正整数元组索引的元素表格(通常元素是数字)。在 NumPy 中,维度(dimensions)叫作轴(axes),轴的个数叫作秩(rank)。

在 NumPy 中操作数组的方法很多,详细内容可通过扫描下方二维码阅读。

NumPy 中操作数组的方法.pdf

NumPy 中常用方法示例如表 14-1 所示,示例中的 np 是 NumPy 的别名。

表 14-1 NumPy 常用方法示例

方法示例	功　　能
np. array([1,2,3],dtype＝int)	创建一个一维数组,数据类型是整型
np. array([[1,2,3],[2,3,4]])	创建一个二维数组
np. zeros((2,3))	创建一个 2 行 3 列的全 0 矩阵
identity(5)	创建一个 5 行 5 列的单位方阵
eye(3,4,k＝0)	创建一个对角线是 1,其余为 0 的矩阵。k 指定对角线的位置
np. arange(4,6,0.1)	创建一个[4,6]之间步长是 0.1 的数组
np. linspace(1,4,10)	创建一个[1,4]之间均匀分布的 10 个元素的数组
np. linalg. companion(a)	创建 a 的伴随矩阵
np. linalg. triu()	把对角线下的所有元素置为 0
np. random. rand(3,4)	创建一个 3 行 4 列的随机数组
np. fliplr(a)	实现矩阵 a 的翻转
np. roll(x,3)	向右循环移位 3 位
np. linalg. det(a)	返回矩阵 a 的行列式
np. linalg. norm(a,ord＝None)	计算矩阵 a 的范数
np. linalg. eig(a)	计算矩阵 a 的特征值和特征向量
np. linalg. cond(a,p＝None)	计算矩阵 a 的条件数
np. linalg. inv(a)	计算矩阵 a 的逆矩阵
np. linalg. cholesky(a)	返回矩阵 a 的 Cholesky 分解,L * L. H。其中,L 是低三角形,H 是共轭转置算子(如果 a 是实值,则是普通转置)
np. linalg. qr(a)	计算矩阵 a 的 qr 因式分解
np. linalg. svd(a)	对矩阵 a 进行奇异值分解
np. linalg. lu(a)	对矩阵 a 进行 LU 分解
np. dot(a,b)	计算数组的点积
np. vdot(a,b)	计算矢量的点积
np. innner(a,b)	计算内积
np. outer(a,b)	计算外积
np. linalg. logm(A)	计算矩阵 A 的对数
np. linalg. solve(a,b)	求解线性矩阵方程,或线性标量方程组
np. linalg. slogdet(a)	计算数组行列式的符号和(自然)对数
np. linalg. eigvals(a)	计算一般矩阵的特征值

14.2 SciPy 模块

NumPy 提供了数组对象。SciPy 在 NumPy 的基础上,面向科学家和工程师,提供了更为精准和广泛的方法。SciPy 几乎实现 Numpy 的所有方法。一般情况下,对于 SciPy 和 NumPy 都有的方法,最好用 SciPy 中的版本,这些方法经过改进后效率更高。

SciPy 不仅能进行矩阵运算,还可以求解线性方程组,完成积分运算,优化问题求解等,很多功能接近 Matlab,是工程技术人员和科研人员的又一利器。

SciPy 由一系列子模块组成,这些子模块涵盖了不同科学计算领域的内容。常用子模块如表 14-2 所示。使用这些子模块需要单独导入。

表 14-2　SciPy 子模块一览表

模　块　名	描　　　述
scipy. constans	物理和数学常数
scipy. cluster	聚类算法
scipy. fftpack	快速傅里叶变换程序
scipy. integrate	集成和常微分方程求解器
scipy. interpolate	拟合和平滑曲线
scipy. io	输入和输出
scipy. linalg	线性代数
scipy. maxentropy	最大熵法
scipy. ndimage	N 维图像处理
scipy. odr	正交距离回归
scipy. optimize	最优路径选择
scipy. signal	信号处理
scipy. sparse	稀疏矩阵以及相关程序
scipy. spatial	空间数据结构和算法
scipy. special	特殊函数
scipy. stats	统计上的函数和分布
scipy. weave	C/C++

使用 SciPy 导入模块的方法如下：

```
import numpy
```

或

```
from scipy import 子模块名
```

14.2.1　SciPy 数值计算

1. 最小二乘拟合

假设有一组实验数据$(x[i], y[i])$，已知其函数关系 $y = f(x)$。通过已知信息，需要确定函数中的一些参数项。如果 f 是一个线性函数 $f(x) = kx + b$，那么参数 k 和 b 就是需要确定的值。如果将这些参数用 p 表示，就是要找到一组 p 值，使得下面公式中的 S 函数最小。这种方法称为最小二乘拟合（Least-square Fitting）。

$$S(p) = \sum_{i=1}^{m} [y_i - f(x_i, p)]^2$$

SciPy 中的子函数库 optimize 提供了实现最小二乘拟合算法的函数 leastsq()。可以使用该函数来解决此类问题。

2. 求最小值

optimize 库提供了几个求函数最小值的算法：fmin、fmin_powell、fmin_cg 和 fmin_bfgs。

对于一个离散的线性时不变系统 h，如果输入是 x，则输出 y 可以用 x 和 h 的卷积表示，即

$$y = x * h$$

如果已知系统的输入 x 和输出 y，计算系统的传递函数 h；或者如果已知系统的传递函

数 h 和系统的输出 y，计算系统的输入 x，这种运算称为反卷积运算。

【例 14-1】 求解卷积的逆运算示例。程序代码如下：

```python
import scipy.optimize as opt
import numpy as np
def test_fmin_convolve(fminfunc, x, h, y, yn, x0):
    #x(*)h = y, (*)表示卷积, yn 为在 y 的基础上添加一些干扰噪声的结果
    #x0 为求解 x 的初始值
    def convolve_func(h):
        #计算 yn - x(*)h 的 power, fmin 将通过计算使得此 power 最小
        return np.sum((yn - np.convolve(x, h)) ** 2)
    h0 = fminfunc(convolve_func, x0)    #调用 fminfunc()函数, 以 x0 为初始值
    print(fminfunc.__name__)
    print(" ---------------------- ")
    #输出 x(*)h0 和 y 之间的相对误差
    print("error of y:", np.sum((np.convolve(x, h0) - y) ** 2) / np.sum(y ** 2))
    #输出 h0 和 h 之间的相对误差
    print("error of h:", np.sum((h0 - h) ** 2) / np.sum(h ** 2))
    print
def test_n(m, n, nscale):
    """
    随机产生 x, h, y, yn, x0 等数列, 调用各种 fmin()方法求解 b
    m 为 x 的长度, n 为 h 的长度, nscale 为干扰的强度
    """
    x = np.random.rand(m)
    h = np.random.rand(n)
    y = np.convolve(x, h)
    yn = y + np.random.rand(len(y)) * nscale
    x0 = np.random.rand(n)
    test_fmin_convolve(opt.fmin, x, h, y, yn, x0)
    test_fmin_convolve(opt.fmin_powell, x, h, y, yn, x0)
    test_fmin_convolve(opt.fmin_cg, x, h, y, yn, x0)
    test_fmin_convolve(opt.fmin_bfgs, x, h, y, yn, x0)
if __name__ == "__main__":
    test_n(200, 20, 0.1)
```

例 14-1 运行结果.txt

从程序运行结果看，前两种方法，即 opt.fmin()方法和 opt.fmin_powell()方法在运算过程中发生溢出；后两种方法 opt.fmin_cg()和 opt.fmin_bfgs()较好。

3．求解线性方程组

optimize 库中的 fsolve()函数可以用来对非线性方程组求解。fsolve()函数的调用方式如下：

```python
fsolve(func, x0)
```

在对方程组求解时，fsolve()自动计算方程组的雅可比矩阵。如果方程组中的未知数

很多,而与每个方程有关的未知数较少,即雅可比矩阵比较稀疏,传递一个计算雅可比矩阵的函数将能大幅度提高运算速度。

【例14-2】 求解下列线性方程组:

$$\begin{cases} 3x_1 + 4x_2 - 5x_3 + 7x_4 = 0 \\ 2x_1 - 3x_2 + 3x_3 - 2x_4 = 0 \\ 4x_1 + 11x_2 - 13x_3 + 16x_4 = 0 \\ 7x_1 - 2x_2 + x_3 + 3x_4 = 0 \end{cases}$$

程序代码如下:

```python
from scipy.optimize import fsolve
from math import sin,cos
#定义方程组
def f(x):
    x1 = float(x[0])
    x2 = float(x[1])
    x3 = float(x[2])
    x4 = float(x[3])
    return [
        3 * x1 + 4 * x2 - 5 * x3 + 7 * x4,
        2 * x1 - 3 * x2 + 3 * x3 - 2 * x4,
        4 * x1 + 11 * x2 - 13 * x3 + 16 * x4,
        7 * x1 - 2 * x2 + x3 + 3 * x4
    ]
result = fsolve(f,[1,1,1,1])        #调用函数求解方程组
print(result)                       #输出计算结果
print(f(result))                    #输出结果代入方程后的计算结果
```

例14-2运行结果.txt

SciPy用于数值积分和求解
常微分方程组的方法.pdf

任务14-1 最小二乘拟合

任务描述

编写一个 Python 程序,根据实验数据,使用最小二乘法,求解拟合曲线中的参数。

任务实现

1. 设计思路

假设某物体正在做加速运动,加速度未知,某实验员从时间 $t_0 = 3\text{s}$ 时刻开始,以 1s 间隔对该物体连续进行 12 次测速,得到一组速度和时间的离散数据。实验数据如下所示,计算物体的初速度和加速度。拟合曲线为 $v = v_0 + at$,v_0 和 a 就是要求解的拟合多项式系数。

使用 optimize 中的最小二乘拟合算法的函数 leastsq() 来解决此问题。该函数调用方式为:leastsq(residuals,p0,args=(y1,x)),其中,residuals() 为计算误差的函数;p0 为拟

合参数的初始值；args 为需要拟合的实验数据。

2．源代码清单

程序代码如表 14-3 所示。

表 14-3　任务 14-1 程序代码

♯程序名称 task14_1.py

序号	程 序 代 码
1	import numpy as np
2	from scipy.optimize import leastsq
3	♯采样点(v,t)
4	Yi = np.array([8.41,9.94,11.58,13.02,14.33,15.93,17.54,19.22,20.49,22.01,23.53,24.47])
5	Xi = np.array([3,4,5,6,7,8,9,10,11,12,13,14])
6	def **func**(p,x):　　　　　　　　　　　　　♯定义需要拟合的函数
7	k,b = p
8	return k * x + b
9	def **error**(p,x,y):　　　　　　　　　　　　♯定义误差函数
10	return func(p,x) − y
11	p0 = [10,2]　　　　　　　　　　　　　　　♯拟合初始值
12	Para = leastsq(error,p0,args = (Xi,Yi))　　♯调用最小二乘法函数拟合曲线
13	a,v0 = Para[0]　　　　　　　　　　　　　♯把返回结果读取到两个变量中
14	print("a = ",a,'\n'," "v0 = ",v0)
15	♯♯♯绘图，看拟合效果♯♯♯
16	import matplotlib.pyplot as plt
17	plt.figure(figsize = (8,6))
18	♯画样本点
19	plt.scatter(Xi,Yi,color = "red",label = "Sample Point",linewidth = 3)
20	x = np.linspace(0,10,1000)
21	y = a * x + v0
22	♯画拟合直线
23	plt.plot(x,y,color = "orange",label = "Fitting Line",linewidth = 2)
24	plt.legend()
25	plt.show()

任务 14-1 运行结果.txt

14.2.2　SciPy 矩阵运算

SciPy 在处理稀疏矩阵时有多种存储方式。其中，dok_matrix 和 lil_matrix 格式适合逐渐添加元素。

dok_matrix 采用字典方式保存矩阵中不为 0 的元素：字典的键是一个保存元素(行，列)信息的元组，其对应的值为矩阵中位于(行，列)中的元素值。lil_matrix 使用两个列表保存非零元素：data 保存每行中的非零元素，rows 保存非零元素所在的列。这两种格式都可以实现逐渐添加非零元素,之后转换成其他快速运算格式。

coo_matrix 采用 3 个数组 row、col 和 data 保存非零元素的信息。这 3 个数组的长度相同,row 保存元素的行,col 保存元素的列,data 保存元素的值。coo_matrix 不支持元素的存取和增删,但是支持重复元素,即同一行列坐标可以出现多次,当转换为其他格式的矩阵时,将对同一行列坐标对应的多个值求和。

SciPy 中常用的矩阵运算方法如表 14-4 所示。

表 14-4　SciPy 常用矩阵运算方法

方　　法	功　　能
scipy. sparse. coo _ matrix (arg1, shape = None, dtype＝None, copy＝False)：	创建坐标形式的稀疏矩阵,优势是快速的 CSR/CSC formats 转换,允许重复录入
scipy. sparse. csc _ matrix (arg1, shape = None, dtype＝None, copy＝False)	创建压缩的稀疏矩阵
scipy. sparse. csr _ matrix (arg1, shape = None, dtype＝None, copy＝False)	创建压缩的行稀疏矩阵
scipy. sparse. vstack (blocks, format = None, dtype＝None)	创建垂直堆栈稀疏矩阵(行)
linalg. inv(a)	计算矩阵 a 的逆矩阵
a * b	计算两个矩阵的乘积
linalg. det(a)	计算行列式 a 的值
linalg. norm(a)	计算 a 的模
x, y＝linalg. eig(a)	计算 a 的特征值和特征向量
x, y, z＝linalg. lu(a)	LU 分解
linalg. cholesky(a)	Cholesky 分解

SciPy 矩阵运算示例.pdf

14.2.3　SciPy 图像处理

图像处理是目前研究和应用的热点,主要的处理技术有以下几种。

(1) 图像增强:对图像中不清楚或不突出的部分进行增强。对灰度图像的处理是调整亮度,对彩色图形的处理是调整相应分量的颜色。

(2) 图像变换:包括空间域变换、频域变换、彩色变换等。

(3) 图像分割:根据图像特征分割成不同的部分。

(4) 图像压缩:根据图像存在空间冗余、时间冗余、频谱冗余、编码冗余的特点,对图像进行有损或无损压缩。

(5) 图像恢复:对失真图像建立进化模型,并采用最小二乘、滤波、校正等技术进行恢复。

(6) 图像配准:两幅或多幅图像进行匹配、叠加的过程。

(7) 图像拼接:同一场景、不同图像拼接后,形成整体图像。

(8) 图像重建：通过物体外部测量数据，经数字处理，获得三维物体的形状。

图像的基本操作是指图像的读取、显示、转换等。

SciPy 提供的图像基本操作方法如表 14-5 所示。

表 14-5　SciPy 提供的图像基本操作方法

示 例 代 码	功　　能
from scipy import misc	导入 misc 包
face = misc. face()	获得图像处理示例图像
misc. imsave('face. png',face)	保存图像
face = misc. imread('face. png')	读取图像
print(type(lena))	输出数据类型
from PIL import Image	导入 Image 模块
pil_im = Image. open('empire. jpg')	打开图像并返回一个 PIL 对象
pil_im. convert('L')	转换成灰度图像
pil_im. save('D:\\images\\face. png')	保存图像
pil_im. thumbnail((128,128))	创建缩略图
box = (100,100,400,400)	指定图片的区域
region = pil_im. crop(box)	裁剪指定的区域
pil_im. resize((128,128))	调整图像的大小
im = numpy. array(pil_im)	由 PIL 转换为数组类型
im2 = 255 − im	对图像进行反相处理
im3 = (100.0/255) * im + 100	将图像像素值变换到 100～200 区间
im4 = 255.0 * (im/255.0) ** 2	对图像像素值平方后得到的图像
Pil_im＝Image. fromarray(uint8 (im))	由数组转换为 PIL
from PIL import ImageEnhance	导入 ImageEnhance 模块
enhancer = ImageEnhance. Sharpness(pil_im)	获得调整图像锐度的增强对象
enhancer. enhance(2.5)	返回增强后的图像，参数表示增强强度
ImageEnhance. Sharpness (pil_im). enhance(2.0)	增强图像的锐度
ImageEnhance. Color(pil_im). enhance(3.5)	返回增强颜色后的图像
ImageEnhance. Brightness (pil_im). enhance(1.5)	返回调整亮度后的图像
ImageEnhance. Contrast (pil_im). enhance(1.5)	返回调整对比度后的图像
flip_ud_face = numpy. flipud(face)	颠倒图像
rotate_face = ndimage. rotate(face,45)	45°角旋转图像
F1＝ndimage. gaussian_filter(face,sigma＝5)	使用高斯滤镜进行模糊处理
F2 = ndimage. uniform_filter(face,size=11)	均匀滤镜处理
F3＝ndimage. gaussian_filter(face,3)	图像锐化处理
F4 = ndimage. gaussian_filter(face,2)	消除噪声
imx = np. zeros(face. shape) filters. sobel(face,1,imx)	sobel 滤波
scipy. cluster. hierarchy. linkage (y, method = 'single',metric = 'euclidean')	层次聚类，y 是一维压缩矩阵或二维向量，method 是内部算法，metric 是距离公式
data＝whiten(points)	将原始数据 points 做归一化处理
centroid＝kmeans(data,max(cluster))	使用 kmeans() 函数进行聚类
label＝vq(data,centroid)	使用 vq() 函数对所有数据分类

【例 14-3】 图像模糊处理示例。代码如下：

```python
from PIL import Image
import numpy as np
from scipy.ndimage import filters
from matplotlib import pyplot as plt
from scipy import ndimage
# 打开图片文件
im = np.array(Image.open('D:\\temp\\images\\cat\\cat_1.jpg').convert('L'))
# 使用高斯滤镜进行模糊处理
im2 = filters.gaussian_filter(im, 3)
im3 = filters.gaussian_filter(im, 5)
# 输出原图和经过模糊处理的图像
plt.subplot(1, 3, 1)
plt.axis('off')
plt.imshow(im, cmap = 'gray')
plt.title('original')
plt.subplot(1, 3, 2)
plt.axis('off')
plt.imshow(im2, cmap = 'gray')
plt.title('Gauss(kernel 3)')
plt.subplot(1, 3, 3)
plt.axis('off')
plt.imshow(im3, cmap = 'gray')
plt.title('Gauss(kernel 5)')
plt.show()
imx = np.zeros(im.shape)
# sobel 需要 3 个参数,分别是原图、方向和输出
filters.sobel(im, 1, imx)
imy = np.zeros(im.shape)
filters.sobel(im, 0, imy)
magnitude = np.sqrt(imx ** 2 + imy ** 2)
plt.subplot(1, 4, 1)
plt.axis('off')
plt.imshow(im, cmap = 'gray')
plt.title('original')
plt.subplot(1, 4, 2)
plt.axis('off')
plt.imshow(imx, cmap = 'gray')
plt.title('x')
plt.subplot(1, 4, 3)
plt.axis('off')
plt.imshow(imy, cmap = 'gray')
plt.title('y')
plt.subplot(1, 4, 4)
plt.axis('off')
plt.imshow(255.0 - magnitude, cmap = 'gray')
plt.title('x ** 2 + y ** 2')
# plt.show()
im = np.array(Image.open('D:\\temp\\images\\cat\\cat3.jpg'))
```

```
fli_cat = np.flipud(im)
rotate_cat = ndimage.rotate(im,45)
uni_cat = ndimage.uniform_filter(im,size = 11)
gaus_cat = ndimage.gaussian_filter(im,3)
plt.subplot(1,5,1)
plt.axis('off')
plt.imshow(im)
plt.title('original')
plt.subplot(1,5,2)
plt.axis('off')
plt.imshow(fli_cat)
plt.title('flipud')
plt.subplot(1,5,3)
plt.axis('off')
plt.imshow(rotate_cat)
plt.title('rotate')
plt.subplot(1,5,4)
plt.axis('off')
plt.imshow(uni_cat)
plt.title('uniform')
plt.subplot(1,5,5)
plt.axis('off')
plt.imshow(gaus_cat)
plt.title('gaussian')
plt.show()
```

例 14-3 运行结果.pdf

任务 14-2　图像去噪

任务描述

编写一个 Python 程序，去除图像的噪声。

任务实现

1. 设计思路

图像去噪是指在去除图像噪声的同时，尽可能地保留图像细节和结构的处理技术。可以使用 ROF（Rudin Osher Fatemi）去噪模型。ROF 模型具有很好的性质：使处理后的图像更平滑，同时保持图像边缘和结构信息。定义函数 denoise()，输入参数分别是：含有噪声的输入图像（灰度图像）、U 的初始值、TV 正则项权值、步长、停止条件；返回结果是去噪和去除纹理后的图像、纹理残留。

2. 源代码清单

程序代码如表 14-6 所示。

表 14-6 任务 14-2 程序代码

♯程序名称 task14_2.py

序号	程序代码
1	`from numpy import *`
2	`from scipy.ndimage import filters`
3	`from PIL import Image`
4	`from matplotlib import pyplot as plt`
5	`def denoise(im,U_init,tolerance = 0.1,tau = 0.125,tv_weight = 100):`
6	`    m,n = im.shape` ♯噪声图像的大小
7	`    U = U_init`
8	`    Px = im` ♯对偶域的 x 分量
9	`    Py = im` ♯对偶域的 y 分量
10	`    error = 1`
11	`    while (error > tolerance):`
12	`        Uold = U`
13	`        ♯原始变量的梯度`
14	`        GradUx = roll(U, -1,axis = 1) - U` ♯变量 U 梯度的 x 分量
15	`        GradUy = roll(U, -1,axis = 0) - U` ♯变量 U 梯度的 y 分量
16	`        ♯更新对偶变量`
17	`        PxNew = Px + (tau/tv_weight) * GradUx`
18	`        PyNew = Py + (tau/tv_weight) * GradUy`
19	`        NormNew = maximum(1,sqrt(PxNew ** 2 + PyNew ** 2))`
20	`        Px = PxNew/NormNew` ♯更新 x 分量(对偶)
21	`        Py = PyNew/NormNew` ♯更新 y 分量(对偶)
22	`        ♯更新原始变量`
23	`        RxPx = roll(Px,1,axis = 1)` ♯对 x 分量进行向右 x 轴平移
24	`        RyPy = roll(Py,1,axis = 0)` ♯对 y 分量进行向右 y 轴平移
25	`        DivP = (Px - RxPx) + (Py - RyPy)` ♯对偶域的散度
26	`        U = im + tv_weight * DivP` ♯更新原始变量
27	`        ♯更新误差`
28	`        error = linalg.norm(U - Uold)/sqrt(n * m);`
29	`    return U,im - U` ♯去噪后的图像和纹理残余
30	`if __name__ =='__main__':`
31	`    ♯使用噪声创建合成图像`
32	`    imorginal =`
33	`array(Image.open('D:\\temp\\images\\cat\\img3.png').convert('L'))`
34	`    lx,ly = imorginal.shape`
35	`    print(lx,ly)`
36	`    imnoise = imorginal + 30 * random.standard_normal((lx,ly))`
37	`    U,T = denoise(imnoise,imnoise)`
38	`    G = filters.gaussian_filter(imnoise,10)`
39	`    plt.subplot(1,4,1)`

续表

序号	程序代码
40	plt.axis('off')
41	plt.imshow(imorginal, cmap = 'gray')
42	plt.title('original')
43	plt.subplot(1,4,2)
44	plt.axis('off')
45	plt.imshow(U, cmap = 'gray')
46	plt.title('denoisedImage')
47	plt.subplot(1,4,3)
48	plt.axis('off')
49	plt.imshow(T, cmap = 'gray')
50	plt.title('residuceImage')
51	plt.subplot(1,4,4)
52	plt.axis('off')
53	plt.imshow(G, cmap = 'gray')
54	plt.title('GauseDenoise')
55	plt.show()

任务 14-2 运行结果.jpg

14.3 Matplotlib 模块

Matplotlib 是一个 Python 工具箱,用于科学计算的数据可视化。通过 Matplotlib 中简单的接口,可以快速地绘制 2D 图表。

Matplotlib 的命令 API 与 Matlab 相似,即可进行交互式绘图;也可以作为绘图控件,嵌入 GUI 应用程序,画图质量较高。

Matplotlib API 包含以下 3 层。

(1) backend_bases.FigureCanvas:图表的绘制区域。

(2) backend_bases.Renderer:指导如何在 FigureCanvas 上绘图。

(3) artist.Artist:指导如何使用 Renderer 在 FigureCanvas 上绘图。

FigureCanvas 和 Renderer 需要处理底层的绘图操作,Artist 处理所有的高层结构,例如处理图表、文字和曲线等的绘制和布局。一般绘图时使用 Artist,不需要关心底层的绘制细节。

Artists 分为简单类型和容器类型两种。简单类型的 Artists 为标准的绘图元件,例如 Line2D、Rectangle、Text、AxesImage 等。容器类型可以包含许多简单类型的 Artists,并将它们组织成一个整体,例如 Axis、Axes、Figure 等。

直接使用 Artists 创建图表的步骤如下：

（1）创建 Figure 对象。

（2）用 Figure 对象创建一个或者多个 Axes、Subplot 对象。

（3）调用 Axies 等对象的方法创建各种简单类型的 Artists。

14.3.1　快速绘图

Matplotlib 的 Pyplot 子库提供了和 Matlab 类似的绘图 API，可以快速绘制 2D 图表。导入方式为 import matplotlib. pyplot as plt。Pyplot 绘图对象常用方法如表 14-7 所示。

表 14-7　Pyplot 绘图对象常用方法

方 法 示 例	功　　能
plt. figure(figsize＝(8,4))	创建一个当前绘图对象，并设置窗口的宽度和高度
plt. plot (x, y, label ＝ " \$ sin (x) \$ ", color ＝ "red",linewidth＝2)	绘图。x 和 y 表示绘制数据；label 表示所绘制曲线的名字，将在图例(legend)中显示；color 指定曲线颜色；linewidth 指定曲线的宽度；"b－－"表示曲线的颜色和线型
plt. plot(x,z,"b－－",label＝" \$ cos(x^2) \$ ")	
plt. xlabel("Time(s)")	xlabel()方法设置 x 轴的文字
plt. ylabel("Volt")	ylabel()方法设置 y 轴的文字
plt. title("PyPlot First Example")	title()方法设置图表的标题
plt. legend()	legend()方法显示图例
plt. ylim(－1. 2,1. 2)	ylim()方法设置 y 轴的范围
plt. xlim(－10,10)	xlim()方法设置 x 轴的范围
plt. xticks(np. linspace(－4,4,9,endpoint＝True))	xticks()方法设置 x 轴刻度。numpy. linspace()方法返回一个等差数列数组，第一个参数表示等差数列的第一个数，第二个参数表示等差数列最后一个数，第三个参数设置组成等差数列的元素个数，endpoint 参数设置最后一个数是否包含在该等差数列中
plt. yticks(np. linspace(－1,1,5,endpoint＝True))	yticks()方法设置 y 轴刻度
plt. gca()	获得当前的 Axes 对象 ax
plt. gcf()	获得当前图表
plt. cla()	清空 plt 绘制的内容
plt. grid()	设置网格线
plt. close(0)	关闭图 0
plt. close('all')	关闭所有图形
plt. show()	显示图形

【例 14-4】　基本绘图示例。源代码如下：

```
import matplotlib. pyplot as plt
import numpy as np
plt. figure(figsize = (6,4))
X = np. linspace( - np. pi,np. pi,256,endpoint = True)
C,S = np. cos(X),np. sin(X)
plt. plot(X,S,label = " $ sin(x) $ ",color = "red",linewidth = 2)
plt. plot(X,C,"b-- ",label = " $ cos(x^2) $ ",linewidth = 2)
```

```
plt.title("My PyPlot First Example")
plt.ylim( - 1.2,1.2)
plt.xticks(np.linspace( - 4,4,9,endpoint = True))
plt.yticks(np.linspace( - 1,1,5,endpoint = True))
ax = plt.gca()
ax.spines['right'].set_color('none')
ax.spines['top'].set_color('none')
ax.xaxis.set_ticks_position('bottom')
ax.spines['bottom'].set_position(('data',0))
ax.yaxis.set_ticks_position('left')
ax.spines['left'].set_position(('data',0))
plt.legend()
plt.show()
```

例 14-4 运行结果.jpg

14.3.2 绘制子图

一个 Figure 对象可以包含多个子图(Axes)。在 Matplotlib 中用 Axes 对象表示一个绘图区域,即子图。

绘制子图的方法语法格式如下:

plt.subplot(numRows,numCols,plotNum)

功能:subplot()返回它所创建的 Axes 对象,用变量保存起来;然后调用 sca()方法交替,让它们成为当前 Axes 对象,并调用 plot()在当前子图绘图。

subplot 将整个绘图区域等分为 numRows 行×numCols 列个子区域,然后按照从左到右、从上到下的顺序对每个子区域编号。左上方子区域的编号为 1。

参数说明:

(1) numRows 表示绘图区域的行数。

(2) numCols 表示绘图区域的列数。

(3) plotNum 表示创建的 Axes 对象所在的区域。

例如,subPlot(2,3,4)表示 2 行 3 列绘图区域,第二行第一个子图。

※注意

(1) 如果 numRows、numCols 和 plotNum 这 3 个数都小于 10,可以缩写为一个整数。例如,subplot(323)和 subplot(3,2,3)是相同的。

(2) subplot 在 plotNum 指定的区域中创建一个轴对象。如果新创建的轴和之前创建的轴重叠,之前的轴对象将被删除。

【例 14-5】 子图绘制示例,绘制 10 个 cos 函数曲线,源代码如下:

```
nrows = 10
```

```
fig,axes = plt.subplots(nrows,1)
fig.subplots_adjust(hspace = 0)                          #垂直方向的间距为0
x = np.linspace(0,1,1000)
for i in range(nrows):
    n = nrows − i
    axes[i].plot(x,np.cos(n * np.pi * x),'k',lw = 2)    #n是顶层子图,0是底层子图
    axes[i].xaxis.set_ticks_position('bottom')          #在最下方的子图中出现坐标刻度
    if i < nrows − 1:
        axes[i].set_xticks(np.arange(0,1,1/n))          #在x为0时的正弦函数的位置处作标记
        axes[i].set_xticklabels('')                     #非底部坐标取消坐标刻度
    axes[i].set_yticklabels('')
plt.show()
```

例 14-5 运行结果.jpg

subplot 也可以绘制不规则划分区域的子图。

【例 14-6】 绘制不规则子图。源代码如下：

```
import matplotlib.pyplot as plt
import numpy as np
def f(t):                                        #定义计算函数
    return np.exp( − t) * np.sin(2 * np.pi * t)
if __name__ == '__main__':
    t1 = np.arange(0,10,0.1)
    t2 = np.arange(0,10,0.02)
    plt.figure(12)
    plt.subplot(221)                             #在第一行第一列绘制第一个子图
    plt.plot(t1,f(t1),'bo',t2,f(t2),'r--')
    plt.subplot(222)                             #在第一行第二列绘制第二个子图
    plt.plot(t2,np.sin(2 * np.pi * t2),'r--')
    #重新划分子图区域为2行1列,第三个子图占据第二行第一列的位置
    plt.subplot(212)
    x = np.linspace(1,10,128)
    y = np.sqrt(x)
    plt.plot(x,y)
    plt.show()                                   #显示图形
```

例 14-6 运行结果.jpg

Axes 类似于子图,但允许将图放置在图中的任何位置。如果想把一个较小的图放在一个大图里面,可以使用 Axes 对象来完成。Axes 是 atplotlib 库的核心,包括组成图表的 Artist 对象,并可创建或修改这些对象。Axes 对象的方法如表 14-8 所示。

表 14-8　Axes 对象的方法

方法名称	功　　能
annotate()	创建 Annotate 对象
bars()	创建 Rectangle 对象
errorbar()	创建 Line2D,Rectangle 对象
fill()	创建 Polygon 对象
hist()	创建 Rectangle 对象
imshow()	创建 AxesImage 对象
legend()	创建 Legend 对象
plot()	创建 Line2D 对象
scatter()	创建 PolygonCollection 对象
text()	创建 Text 对象

调用 Axes 的绘图方法 plot()将创建一组 Line2D 对象,并将所有的关键字参数传递给这些 Line2D 对象,然后添加进 Axes.lines 属性,最后返回所创建的 Line2D 对象列表。

Axis 容器还包括坐标轴上的刻度线、刻度文本、坐标网格以及坐标轴标题等内容。刻度包括主刻度和副刻度,分别通过 Axis.get_major_ticks()和 Axis.get_minor_ticks()方法获得。每个刻度线都是一个 XTick 或者 YTick 对象,包括实际的刻度线和刻度文本。另外,Axis 对象可以使用 get_ticklabels()和 get_ticklines()方法直接获得刻度线和刻度文本。

【例 14-7】　Axes 绘图示例。源代码如下:

```
import matplotlib.pyplot as plt
fig = plt.figure(figsize = (6,4))                          #设置绘图区域的大小
#设置图的标题、字体大小和加粗
fig.suptitle('bold figure suptitle',fontsize = 14,fontweight = 'bold')
ax = fig.add_subplot(111)                                  #获得子图的绘图对象
fig.subplots_adjust(top = 0.85)
ax.set_title('axes title')
ax.set_xlabel('xlabel')
ax.set_ylabel('ylabel')
#在绘图区的指定位置显示文字
ax.text(3,8,'boxed italics text in data coords',style = 'italic',\
bbox = {'facecolor':'red','alpha':0.5,'pad':10})
#在绘图区的指定位置显示公式
ax.text(2,6,r'an equation: $ E = mc^2 $ ',fontsize = 15)
ax.text(0.95,0.01,'colored text in axes coords',\
        verticalalignment = 'bottom',horizontalalignment = 'right',\
transform = ax.transAxes,\
        color = 'green',fontsize = 15)
ax.plot([2,3,4],[1,2,5],'o')                               #根据数据绘图
ax.annotate('annotate',xy = (2,1),xytext = (3,4),\
arrowprops = dict(facecolor = 'black',shrink = 0.05))      #绘制箭头
ax.axis([0,10,0,11])                                       #设置横坐标和纵坐标刻度
plt.show()
```

例 14-7 运行结果.jpg

【例 14-8】 Axes 绘图多个子图示例。源代码如下:

```python
import matplotlib.pyplot as plt
import numpy as np
import datetime
#初始化绘制数据
dates = np.array([datetime.datetime(2000,1,1) + datetime.timedelta(days = i) for i\
in range(365 * 5)])
x = np.arange(0,365 * 5)
data = np.cos(x/365 * 0.5 * np.pi)
fig = plt.figure(figsize = (6,4))                    #设置绘图区域大小
ax = plt.subplot2grid((2,1),(0,0))                   #设置两个子图,获得第一个子图的绘图对象
X = np.linspace( - np.pi,np.pi,256,endpoint = True)
C,S = np.cos(X),np.sin(X)
ax.plot(X,S,label = " $ sin(x) $ ",color = "red",linewidth = 2)      #绘制第一个子图
ax.plot(X,C,"b -- ",label = " $ cos(x^2) $ ",linewidth = 2)
ax2 = plt.subplot2grid((2,1),(1,0))                  #获得第二个子图的绘图对象
ax2.plot_date( dates,data )                          #绘制第二个子图
plt.setp( ax2.xaxis.get_majorticklabels(),rotation = - 45 )          #旋转横坐标
#把坐标移到右边
for tick in ax2.xaxis.get_majorticklabels(): tick.set_horizontalalignment("right")
plt.tight_layout()
plt.show()
```

例 14-8 运行结果.jpg

【例 14-9】 Axes 设置坐标和刻度示例。源代码如下:

```python
import matplotlib.pyplot as pl
from matplotlib.ticker import MultipleLocator,FuncFormatter
import numpy as np
x = np.arange(0,4 * np.pi,0.01)                      #准备绘图数据
y = np.cos(x)
pl.figure(figsize = (6,4))                           #设置绘图区域
pl.plot(x,y)
ax = pl.gca()                                        #获得当前子图
#将数值转换为以 pi/4 为单位的刻度文本
def pi_formatter(x,pos):
    m = np.round(x / (np.pi/4))
    n = 4
```

```
        if m%2==0: m,n = m/2,n/2
        if m == 0:
            return "0"
        if m == 1 and n == 1:
            return " $ \pi $ "
        if n == 1:
            return r" $ %d\pi$"%m
        if m == 1:
            return r" $ \frac{\pi}{ %d} $ " % n
        return r" $ \frac{ %d \pi}{ %d} $ " % (m,n)
pl.ylim(-1.5,1.5)                         #设置两个坐标轴的范围
pl.xlim(0,np.max(x))
pl.subplots_adjust(bottom = 0.1)          #设置图的底边距
pl.grid()                                 #设置网格线
ax.xaxis.set_major_locator( MultipleLocator(np.pi/2) )     #主刻度为 pi/2
#调用 pi_formatter()函数计算主刻度文本
ax.xaxis.set_major_formatter( FuncFormatter( pi_formatter ) )
ax.xaxis.set_minor_locator( MultipleLocator(np.pi/40) )    #副刻度为 pi/40
for tick in ax.xaxis.get_major_ticks():
    tick.label1.set_fontsize(12)          #设置刻度文本的大小
pl.show()                                 #显示图表
```

例 14-9 运行结果.jpg

14.3.3 绘制各类图形

　　Matplotlib 的 Pyplot 绘图工具不仅可以绘制折线图,还可以绘制柱状图、饼图、散点图、直方图等。表 14-9 所示是绘制各类图形的方法示例。

表 14-9 绘制各类图形的方法示例

方 法 示 例	功　　能
x=[0,1,2,3,4,5] y=[0.1,0.2,0.2,0.3] plt.plot(x,y)	以 x 为横坐标,y 为纵坐标,绘制折线图
plt.plot(y)	未给出 x 轴坐标时,默认以[0,1,2,…]的常数列作为 x 轴坐标
plt.plot(x,y,'o')	添加第三个参数'o',绘制散点图
plt.plot(x,y,'b',x,y2,'g')	在一个图形中绘制多条曲线,'b'和'g'表示曲线的颜色
plt.scatter(x,y,c=T,s=25,alpha=0.4)	绘制散点图,x 和 y 表示绘图数据,c 表示颜色,s 表示散点的大小,alpha 表示透明度
plt.bar(X,Y,width = 0.35,facecolor = 'lightskyblue',edgecolor = 'white')	绘制垂直柱状图。其中,X 和 Y 表示绘图数据,width 表示宽度,facecolor 表示图形颜色,edgecolor 表示边框颜色

续表

方　法　示　例	功　　　能
plt. barh(X,Y,0.5,color='y',linewidth=0, align='center')	绘制水平柱状图。其中，X 和 Y 表示绘图数据，0.5 表示宽度，color 表示图形颜色，align 表示对齐方式
plt. bar(X,Y)	绘制饼图
plt. hist(x,50,normed=1,facecolor='g', alpha=0.75)	绘制直方图

在绘制各类图形时，还可以指定样式、颜色等参数。表 14-10 是常用颜色一览表。

表 14-10　常用颜色一览表

颜色值	含　义	颜色值	含　义
'b'	蓝色	'm'	品红色
'g'	绿色	'y'	黄色
'r'	红色	'k'	黑色
'c'	青色	'w'	白色

表 14-11 是常用图形样式一览表。

表 14-11　常用图形样式一览表

图形	参　　数	说　明	图形	参　　数	说　明
折线	'-'	实线	柱状图	width	柱的宽度
	'--'	虚线		bottom	柱底部的 y 轴坐标
	'-.'	线—点		color	柱的填充颜色
	':'	点虚线		edgecolor	柱的边框颜色
散点	'.'	实心点		linewidth	边框宽度
	'o'	圆圈		xerr,yerr	x 轴和 y 轴误差线
	','	一个像素点		ecolor	误差线颜色
	'×'	叉号		align	柱的对齐方式
	'+'	十字	饼图	colors	扇形颜色
	'*'	星号		explode	扇形偏离圆心距离
	'^' 'v' '<' '>'	三角形(上、下、左、右)		labels	扇形的标签
	'1' '2' '3' '4'	三叉号(上、下、左、右)		autopct	显示百分比数值

【例 14-10】　用 plot 绘制各类图形示例。源代码如下：

```python
import matplotlib.pyplot as plt
import numpy as np
fig = plt.figure(figsize=(9,5))
ax = fig.add_subplot(231)
x = [0,1,2,3,4,5,6,7,8]
y = [0.1,0.2,0.2,0.3,0.2,0.1,0.5,0.3,0.2]
plt.plot(x,y,'o')            # 调用 plot()方法绘制散点图
ax = fig.add_subplot(232)
n = 100
# 准备绘图数据
```

```python
x = np.random.randn(1, n)
y = np.random.randn(1, n)
T = np.arctan2(x, y)
plt.scatter(x, y, c = T, s = 25, alpha = 0.4)
ax = fig.add_subplot(233)
n = 4
X = np.arange(n) + 1                    # X 是 1、2、3、4,表示柱的个数
# 在(0.5～10 范围内均匀分布 n 个随机数)
Y1 = np.random.uniform(1, 3, n)
Y2 = np.random.uniform(1, 3, n)
# 绘制柱形图
plt.bar(X, Y1, width = 0.35, facecolor = 'lightskyblue', edgecolor = 'white')
# width: 柱的宽度
plt.bar(X + 0.35, Y2, width = 0.35, facecolor = 'yellowgreen', edgecolor = 'white')
# 给出数字标注
for x, y in zip(X, Y1):
    plt.text(x + 0.3, y + 0.05, '%.2f' % y, ha = 'center', va = 'bottom')
for x, y in zip(X, Y2):
    plt.text(x + 0.6, y + 0.05, '%.2f' % y, ha = 'center', va = 'bottom')
plt.ylim(0, +3.5)
plt.ylim(0, +4)
ax = fig.add_subplot(234)
size = 5
x = np.arange(size)
a = np.random.random(size)
b = np.random.random(size)
c = np.random.random(size)
total_height, n = 0.8, 3
height = total_height / n
x = x - (total_height - height) / 2
# 绘制水平柱形图
plt.barh(x, a, height = height, label = 'a')
plt.barh(x + height, b, height = height, label = 'b')
plt.barh(x + 2 * height, c, height = height, label = 'c')
plt.legend()
ax = fig.add_subplot(235)
labels = 'Apple', 'Banana', 'Peach', 'Orange'
sizes = [22, 25, 38, 15]
colors = ['yellowgreen', 'gold', 'lightskyblue', 'lightcoral']
explode = (0, 0.1, 0, 0.1)              # 把第二个和第四个图形分离出来
# 绘制饼图
plt.pie(sizes, explode = explode, labels = labels, colors = colors,
autopct = '%1.1f%%', shadow = True, startangle = 90)
# 将宽高比设置为相等,以便将饼形绘制为圆形
plt.axis('equal')
ax = fig.add_subplot(236)
mean = 0
# 标准差为 1,表示数据集中,还是分散的值
sigma = 1
x = mean + sigma * np.random.randn(10000)
# 绘制直方图
```

```
ax.hist(x,40,normed = 1,histtype = 'bar',facecolor = 'yellowgreen',alpha = 0.75)
# 显示图形
plt.show()
```

例 14-10 运行结果.jpg

14.3.4 使用 Latex

Matplotlib 绘图过程中,可以为各个轴的 Label,图像的 Title、Legend 等元素添加 Latex 风格的公式。在 Latex 公式的文本前、后各增加一个"$"符号,Matplotlib 就可以自动解析并显示公式。

【例 14-11】 在 plot 绘图中使用 Latex 公式。源代码如下:

```
import matplotlib.pyplot as plt
import numpy as np
if __name__ == '__main__':
    x = np.arange(0.01,4 * np.pi,0.01)
    y = 0.2 * np.log((1 + np.sin(x))/(1 + np.cos(x)))
    plt.figure(figsize = (6,4))
    plt.grid()
    plt.subplots_adjust(top = 0.9)
    plt.plot(x,y,label = r' $ \alpha  = 0.2 * log\frac{1 + sin(x)}{1 + cos(x)} $ ')
    plt.legend()
    plt.xlabel('x',fontsize = 12)
    plt.ylabel(r' $ \alpha $ ',fontsize = 12)
    plt.ylim( - 1.5,1.5)
    plt.xlim(0,np.max(x))
    plt.show()
```

例 14-11 运行结果.jpg

14.4 习　　题

(1) 根据工程实践项目利用 SciPy 求解线性方程组。
(2) 根据工程实践项目绘制图形。

参 考 文 献

[1] David I Schneider. Python 程序设计[M]. 车万翔,译. 北京：机械工业出版社,2016.

[2] Magnus Lie Hetland. Python 基础教程(修订版)[M]. 司维,曹军崴,谭颖华,译. 2 版. 北京：人民邮电出版社,2014.

[3] 孙广磊. 征服 Python——语言基础与典型应用[M]. 北京：人民邮电出版社,2007.

[4] Richard Blum,Christine Bresnahan. 树莓派 Python 编程入门与实战[M]. 陈晓明,马立新,译. 2 版. 北京：人民邮电出版社,2016.

[5] 张志强,赵越. 零基础学 Python[M]. 北京：机械工业出版社,2015.

[6] Y. Daniel Liang. Python 语言程序设计[M]. 李娜,译. 北京：机械工业出版社,2005.

[7] Mark Lutz. Python 学习手册[M]. 侯靖,等,译. 北京：机械工业出版社,2009.

[8] Wesley Chun. Python 核心编程[M]. 孙波翔,等,译. 北京：人民邮电出版社,2016.

[9] 张若愚. Python 科学计算[M]. 北京：清华大学出版社,2016.

[10] Chun W J. Python 核心编程[M]. 宋吉广,译. 2 版. 北京：人民邮电出版社,2008.

[11] John Goerzen. Python 网络编程基础[M]. 莫迟,等,译. 北京：电子工业出版社,2007.

[12] http://www.csdn.net/.

[13] http://www.cnblogs.com.

[14] http://www.jb51.net/article/.